経済学部は理系である⁉

井堀利宏 著

本書に掲載されている会社名・製品名は、一般に各社の登録商標または商標です。

本書を発行するにあたって、内容に誤りのないようできる限りの注意を払いましたが、本書の内容を適用した結果生じたこと、また、適用できなかった結果について、著者、出版社とも一切の責任を負いませんのでご了承ください。

本書は、「著作権法」によって、著作権等の権利が保護されている著作物です。本書の複製権・翻訳権・上映権・譲渡権・公衆送信権(送信可能化権を含む)は著作権者が保有しています。本書の全部または一部につき、無断で転載、複写複製、電子的装置への入力等をされると、著作権等の権利侵害となる場合があります。また、代行業者等の第三者によるスキャンやデジタル化は、たとえ個人や家庭内での利用であっても著作権法上認められておりませんので、ご注意ください。

本書の無断複写は、著作権法上の制限事項を除き、禁じられています。本書の複写複製を希望される場合は、そのつど事前に下記へ連絡して許諾を得てください。

(社)出版者著作権管理機構
(電話 03-3513-6969, FAX 03-3513-6979, e-mail: info@jcopy.or.jp)

JCOPY ＜(社)出版者著作権管理機構 委託出版物＞

はしがき

　経済学の知識は、経済学部の学生のみならず、広く政策に関わる行政府、立法府の関係者、経済問題に関心のある一般市民にも重要になっている。経済学を学ぶことは広くさまざまな経済現象を分析するために必要であるが、同時に、経済学を学ぶ上で必要となる論理的思考を身に付けることは、経済現象以外の問題を分析する際にも有益になる。経済学は理系の学問のように標準的体系が整備されており、理系の学生や理系の学部を卒業した社会人など、数学的センスの心得のある人にとって、経済学は親和性の高い学問である。理系で要求される論理的な思考は経済学を学ぶ場合にも有益である。その一方で、理論の習得のみにとどまらず、現実の経済制度や経済問題にも関心を持つバランス感覚も大切である。

　本書は数学的素養のある理系の読者を想定して、経済学の基本知識とその応用問題を解説しているが、単なる経済数学の解説書ではない。高校数学の知識を前提として経済学の考え方を説明することを基本にしながら、現実の経済問題を分析する際に、そうした理論が有効に適用できる具体例を示すことにも重点をおいている。

　本書の特徴は以下の3点である。第1に、数学的な概念を生かす形で、理論の展開などにおいて技術的な説明を工夫するとともに、直感的に解説している。経済数学でつきまとう数学上の厳密な説明は使用していないので、経済数学に抵抗のある読者でも容易に読み進むことができる。読者は高校レベルの数学の基本知識があれば、経済学の基本的な考え方やその応用例について、大体の理解を得ることができる。

　第2に、最近のわが国の経済における変化、たとえば、少子高齢化・社会保障・財政赤字の累増・金融市場の変動など、今日的な経済問題を考える上で重要と思われる諸現象についても、基本的な経済学の応用問題として説明している。

　第3に、自然科学、中でも物理学との対比で経済学の考え方を説明している。理系と同じような学問構成に見えつつも、経済学が社会科学であることのおもしろさがある一方で、制約や限界も存在する。経済学がなぜ理系の学問でないのか考えることも有益である。

　その結果、理系の読者に経済理論の基本概念を説明するとともに、広く社会人に現実の経済問題を考える際の判断材料を提供するという本書の目的が達せられることを著者は期待している。本書で取り扱う理論的な分析用具が、今日の日本経済が

直面する課題を考える際に有益であると読者が実感し、経済学により興味を持つようになれば、本書のねらいは実現されたといえよう。なお、本書では経済学に関連する用語の解説を巻末にまとめている。わからない語がある場合はそちらを参照されたい。

　最後に、このテキストの企画から校正に至るまで多大な協力を惜しまれなかったオーム社書籍編集局の皆さまに、厚くお礼の言葉を述べたい。

2017 年 10 月

井　堀　利　宏

目次

はしがき iii

序章 経済学部はなぜ理系でないのか　　1

1 経済学とはそもそもなにを学ぶのか 2
経済学の基本理念 2
経済合理行動 2
インセンティブ（誘因）とコスト（費用） 3
仮定の設定 4
経済分析の方法と目的 6

2 ミクロ経済学とマクロ経済学の違い 7
ミクロ経済学とマクロ経済学 7
応用経済学 9

3 経済学部はなぜ理系でないのか 10
自然科学に似た学問体系 10
社会科学としての経済学 11

第1章 経済学で数学はどう使われているか　　13

1 制限付きの最適化問題 14
経済合理性の定式化 14
微分と経済学 15
目的関数と制約式 18
制約付きの最適化問題 19

2 内生変数と外生変数 21
理論モデルと変数 21
理論モデルのもっともらしさ 22

3 動学的モデル分析 22
定差方程式と微分方程式 22
動学モデルでの制約付き最適化問題 24
位相図 26

4 経済学で有益な定理や概念 29
行列式と確率変数 29

	クラメルの公式	29
	比較静学分析	31
	テイラー展開	32
	正規分布	34
	等比数列	35
	準凹関数	37
	コブ＝ダグラス関数	37
	参考文献	38

第2章 家計の最適化行動   39

1 消費配分行動の理論 40
- 家計の消費配分行動 40
- 2財の配分の選択 42
- 代替効果と所得効果 44
- 無差別曲線による説明 46
- 費用最小化問題 50
- スルーツキー方程式 51
- 劣等財 52
- 価格変化による代替効果 53
- ギッフェン財 54
- クロスの代替効果 54
- 価格弾力性と所得弾力性 55

2 労働供給の決定 57
- 賃金率と労働供給 57
- 数式による定式化 58
- 賃金率の変化 59
- 効用関数の特定化 61
- 所得税と労働供給 62

3 消費と貯蓄 63
- 家計の消費・貯蓄行動 63
- 消費・貯蓄決定の2期間モデル 65
- 貯蓄と利子率 67
- 所得控除できる所得税 70
- 人的資本効果 70
- 参考文献 72

第3章　企業行動と完全競争市場　73

1　企業と生産活動 74
　企業の目的 74
　利潤最大化と費用最小化 75
　2つの生産要素と費用関数 77
　平均費用と限界費用 78
　サンクコスト 80

2　完全競争市場 81
　完全競争市場での企業行動 81

3　完全競争での市場メカニズム 83
　プライス・テーカー 83
　競り人 85
　価格の調整メカニズム：数式による定式化 86
　クモの巣の理論 88
　一般均衡モデル 90

4　完全競争市場のメリット 91
　市場取引の利益 91
　厚生経済学の基本定理 94
　見えざる手 96
　🎓 代表的なミクロ経済学者 99

第4章　不完全競争市場　101

1　独占市場 102
　独占企業の行動 102
　数式による説明 103
　独占度 104
　図による説明 105
　価格差別化 106
　独占の弊害 107

2　寡占 108
　寡占と複占 108
　複占競争のモデル分析 109
　カルテル 112

3　ゲーム理論 114
　ゲーム理論の特徴 114

  ナッシュ均衡 115
  動学的なゲーム 117
  部分ゲーム完全均衡 119
  凶悪犯罪と死刑 120
  逢い引きのディレンマ：再考 120
  🎓 ゲーム理論の経済学者 122

第5章　市場の失敗と公的介入　　123

1　外部不経済 124
  市場の失敗 124
  生産活動における外部性 125
  市場の失敗への対策：ピグー課税 127
  ピグー課税と利益の分配 128
  市場の創設 129
  実際の排出権取引 130

2　補償メカニズム 130
  補償ルールの設定 130
  直感的な説明 133

3　コースの定理 133
  企業1に環境汚染権があるケース 133
  企業2に環境維持の権利があるケース 135
  コースの定理とその応用例 135

4　公共財 136
  公共財のモデル分析 136
  公共財の最適供給：サムエルソンの公式 137
  公共財の自発的供給：ナッシュ均衡 140
  ナッシュ均衡の効率性 142
  ナッシュ均衡とただ乗りの可能性 144
  シュタッケルベルグ均衡 146
  非協力交渉ゲーム 147

5　課税の効率性 148
  一括固定税との比較 148
  超過負担の定式化 151

6　所得再分配機能 153
  所得格差 153
  リスクと再分配 154

	リスク回避と課税	157
	政府がすべての所得の変数を観察できるケース	158
	政府が総所得しか観察できないケース	159
	🎓 市場の失敗と経済学者	160

第6章 マクロ経済：短期の分析　161

1 GDP ... 162
- GDP の概念 ... 162
- GDP（国民所得）の決定 ... 164

2 財政政策と乗数 ... 166
- 政府支出乗数 ... 166
- 税制の自動安定化装置 ... 168
- 減税の乗数効果 ... 169
- 均衡予算乗数 ... 170

3 IS=LM モデル ... 171
- IS 曲線 ... 171
- オイラー方程式と利子率 ... 172
- 貨幣の役割 ... 174
- LM 曲線 ... 175
- 一般均衡モデル ... 176
- IS=LM モデルでの財政政策 ... 178
- IS=LM モデルでの金融政策 ... 180
- 数式による政策効果分析 ... 180

4 金融政策とマクロ経済 ... 181
- 金融政策の 3 つの手段 ... 181
- 貨幣の信用創造乗数 ... 183
- 貨幣供給のコントロール ... 184

5 マクロ政策の評価 ... 185
- 評価のポイント ... 185
- 財政金融政策の有効性 ... 186
- 適切なタイミング ... 187
- 中央銀行の独立性 ... 188

6 IS=LM 分析の再検討 ... 188
- IS 曲線のミクロ経済的基礎 ... 188
- ニュー・ケインズ・モデル ... 189
- 政府の行動 ... 191

	マクロ財市場の均衡 192
	政府支出拡大の効果 193
7	**新古典派マクロ・モデル** 194
	分析の目的 194
	異時点間の最適化モデル 195
	一時的支出と恒常的支出 197
	一時的支出増の効果 198
	恒常的支出増の効果：その1 200
	恒常的支出増の効果：その2 200
	政府支出の代替効果 200
	政府支出の生産に与える効果 201
	🎓 代表的なマクロ経済学者 202

第**7**章　マクロ経済：長期の分析　203

1　ハロッド・ドーマー・モデル 204
適正成長率 204
支出成長率 205
ナイフの刃 206
財政金融政策の効果 206

2　ソロー・モデル 208
基本方程式 208
財政金融政策の効果 210
黄金律 211
成長会計と技術進歩 212

3　最適成長モデルと政府支出 214
標準的な最適成長モデル 214
政府支出の効果：恒常的拡大 216
政府支出の最適規模 219

4　内生的成長モデル 220
内生的な経済成長 220
成長率と政府の大きさ 223
🎓 マクロ経済学者 225

第**8**章　マクロ・ダイナミックス　227

1　景気循環とマクロ経済変動 228
景気循環とは 228

	加速度原理と乗数の相互作用	230
	式と図による説明	231
	投資行動と景気循環	235
	景気対策の意味	236
2	**均衡循環理論**	**236**
	新古典派の景気循環論	236
	貨幣的要因の景気循環論	237
	現金制約モデル	238
	実物的景気循環理論	239
	モデルによる定式化	240
	内生的循環モデル	242
3	**資産価格とバブル**	**245**
	株価の配当仮説	245
	数式による定式化	247
	株式市場の効率性	248
	配当仮説とバブル	249
	一般物価水準と貨幣供給	251
	🎓 経済変動の経済学者	252

第9章 世代と経済学　253

1	**公債発行と課税**	**254**
	世代重複モデル	254
	課税調達の場合	255
	公債調達の場合	259
	位相図による分析	260
	公債の負担とはなにか	264
2	**中立命題**	**266**
	リカードの中立命題	266
	バローの中立命題	267
	理論的な論争	270
3	**財政破綻**	**272**
	財政の持続可能性	272
	政府の予算制約式	273
	金利形成と財政危機	277
	非ケインズ効果	278
	🎓 世代の経済学者	279

第10章　経済学の将来　　281

1　自然科学への接近 ... 282
- 経済学と自然科学 ... 282
- 経済学の有効性 ... 283
- 経済合理性への批判 ... 285
- 行動経済学と実験経済学 ... 285

2　経済物理学 ... 288
- 物理学との対比 ... 288
- 物理学の有用性 ... 289

3　データの有効性 ... 291
- データの分析 ... 291
- 経済学の将来 ... 291
- 🎓 行動経済学者 ... 293

用語解説 ... 294
索引 ... 302

序章

経済学部は
なぜ理系でないのか

1 経済学とはそもそもなにを学ぶのか

▶ 経済学の基本理念

　経済学は、市場経済での経済活動の仕組みを分析する学問である。経済学の基本的な目的は、利用量に制約のある希少な資源を効率的に使う（あるいは配分する）方法を検討することである。経済学は、価格調整を通じた市場メカニズムがその方法として有効であると主張する。家計や企業などの経済主体（経済的な意思決定を自ら行う人や組織）は、価格をシグナルとして受け取り、与えられた制約の中でできるだけ自らの経済的な満足度を高めるように利己的に行動する。理想的な市場では、すべての経済主体が納得でき、しかも効率的な資源配分が実現するように価格が調整される。市場メカニズムが価格というシグナルを用いて効率的な資源配分を実現すると考えるのが、経済学の基本的理念である。

　序章では、経済学の基本的な考え方を紹介しよう。経済学は、さまざまな人々や組織（家計、企業、政府など）による経済活動がどのようなメカニズム・原理で行われているのかを簡単な理論仮説を用いて説明する。そして、その理論仮説が現実に適合しているかどうかをデータに基づいて実証的に検証する。単純な原理で複雑な経済現象を解明することにより、経済活動を論理的に整合する形で理解する。

▶ 経済合理行動

　経済学では、人々の経済合理的な行動が前提とされる。すなわち、人々（家計や企業などの経済主体）は経済的な利得を最大にするように合理的な行動をすると想定される。人間は必ずしも、経済的な動機のみで行動しないかもしれない。また、経済的な意思決定をする場合に、必ずしも合理的に行動しないかもしれない。しかし、大多数の標準的な経済主体の長期間に及ぶ経済活動を分析する際には、経済的な意味で合理的な行動を前提とするのが有益なアプローチだろう。したがって、経済合理的な行動とはなにかを理解することが経済学では重要になる。

　そのためには、第1に経済活動の目的を明示すること、第2にその目的が1つの基準で順序づけできることに注目する。人々が複数の目的を持っている場合、それぞれの目的の重要性についてその人が整合性のある序列を付けていると想定する。

ここでの合理的行動とは、ある経済的な目的を達成するために、与えられた制約の中でもっとも望ましい行為を選択する行動（＝最適化行動）である。したがって、経済学は「制約付きの最大化問題を用いて分析する学問である」といわれる。以降の各章で説明するように、家計であれば予算の制約のもとで効用（経済的な満足度）を最大にするように行動し、企業であれば生産の制約のもとで利潤（もうけ）を最大にするように行動すると考える。

経済学とは……

▶▷ インセンティブ（誘因）とコスト（費用）

　経済学の考え方の基本は、それぞれの経済主体が自分の意志で自分にとって望ましいと思う経済行動をするという主体的な行動である。共産主義社会や独裁政権のように政府あるいは他人から強制されて、ある財・サービスを消費したり、ある職業に従事したりすることはない。主体的な意志決定は市場経済の根本原理であり、自分にそうした選択をする意欲があるのかどうかを自分で判断する基準が重要である。判断基準における基本的な概念としてインセンティブ（誘因）がある。たとえば賃金が高くなれば働く意欲がより高まる。この場合の働く意欲がインセンティブである。ある企業が残業代を上げずにいままでよりも多くの残業を従業員に求めたとしても、これは働く際のインセンティブを無視した要求であるから実現しない。

　また、経済学では費用の概念も重要である。どんな経済活動にも費用（コスト）はかかってくる。費用とはなんらかの経済行為をする際に発生する損失である。たとえば、家計が財を消費する際には市場価格で消費する財を購入する。その購入金

額が、家計にとって消費行為に発生する損失＝費用である。また、企業が生産活動において労働や資本などの生産要素に支払う金額（賃金や利子費用）が、企業にとっての生産における費用である。

　これらの費用は直接見えるものであるから直感的にわかりやすい。これに対し、機会費用という見えない費用も重要である。この費用は実際に見えないけれども、実質的に発生する損失を意味する。たとえば、企業が自分で準備した資金で投資をするとしよう。自前ですでに用意してある資金だから、投資をする際に新たに金銭的な費用は発生していないように見える。しかし、もし企業が投資をする代わりにその資金を他人に貸せば、なんらかの収益を得たはずである。そうした収入の機会があるにもかかわらず、それを利用せずに自分で投資に資金をまわす場合は、実質的にそれだけの収入をあきらめたことになる。これは収入の低下＝損失を意味するから、経済的には費用として計上すべきである。これが機会費用の考え方である。

　機会費用は経済主体によって異なる。たとえば、A君とB君が病気のために仕事を1日犠牲にしたとしよう。有給休暇はないとする。A君の日当が1万円、B君の日当が2万円とすると、病気になって仕事を休んだ際の機会費用は両者で異なり、A君が1万円、B君が2万円になる。

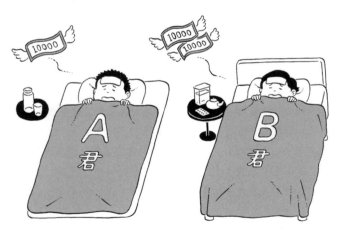

病気になって仕事を休んだA君とB君

▶ 仮定の設定

　経済学が対象とする経済社会では、無数の経済活動や取引が行われている。現実の経済現象を解明しようとしたとき、複雑な状況をそのまま対象としても理解する

ことはできない。たとえば、家計においてある財（＝リンゴ）の需要がどのようにして決まるかという問題を考えてみよう。もちろん、リンゴの価格はリンゴの需要を決める大きな要因であろう。しかし、ミカンの価格、バナナの価格、パイナップルの価格など、他のあらゆる果物の価格もリンゴの需要に影響する。果物以外の食料品や衣料品、果ては車の価格までもリンゴの需要に影響するかもしれない。価格にとどまらず、世のすべての人々の所得や天気などありとあらゆる要因がリンゴの需要に影響するだろう。

　経済分析をする上でそれらのすべてを考慮することは不可能であるし、あまり意味のあることでもない。こうした状況を理論的に分析する場合によく用いられるのが、「他の条件が変わらなければ」という仮定である。さしあたって重要と思われる要因のみを抽出し、他の要因は変化しないものと考え、それらの効果を無視する分析手法である。これが「他の条件が変わらなければ」という仮定の意味である。

　経済学の大きな特徴は、思考実験としてこうした仮の設定を自由に行うことにある。たとえば、ミカンの価格は現実の世界では一定ではない。しかしリンゴの市場を分析する際には、ミカンの価格が一定だと仮定する方法がとられる。これは、現実の経済現象をそのまま説明すると複雑すぎるので、ある状況（この場合であればミカンの価格が一定である状況）に限定し、そうした場合におけるリンゴの価格について考えるものである。

　現実が複雑であるだけに、議論を単純化させるための仮定はさまざまである。どの仮定が妥当でどの仮定が妥当でないのかを事前に判断することは難しい。理論モデルを構築する際、単純化のために設定する仮定にはかなりの自由度がある。極端に単純化されたモデルでも、そこで得られた分析結果が現実の経済状況に即していて、結論がおもしろければ、良いモデル分析だと評価される。したがって、経済学者は大胆な仮定を恣意的に設定しがちになる。それゆえ、他の学問と比較すると、経済学はあまりにも安易になんでも仮定する学問と批判されることもある。

　それを揶揄する次のようなジョークがある。ある人が無人島に漂流したとしよう。缶詰はたくさんあるのに、缶切りがないという状況を考える。この人はどのように行動するだろうか。自然科学者であれば、無人島を探検して缶切りの代わりになりそうな材料を探すだろう。あるいは、缶切りがその島のどこか別の場所に流れ着いているかもしれないので、缶切りを探すことを試みるだろう。しかし、彼（彼女）が経済学者であれば次のように行動する。経済学者は安易に仮定を行う人種である。したがって、彼（彼女）は缶切りがあると仮定して、缶詰を食べる想像をするだけで満足する。

無人島で缶詰を前にしてなにを考えるだろうか……

▶︎ 経済分析の方法と目的

　経済分析の方法には、次の2つのアプローチがある。もっともよく用いられるアプローチは部分均衡分析である。「部分均衡分析」とは、ある特定の対象に限定して分析を行うものであり、通常は1つの市場のみに分析の焦点を合わせる。したがって、その市場で取引される財の価格と数量は分析の関心事であるが、それ以外の財の価格などは「他の条件として一定」とみなされる。たとえば、リンゴの市場に分析を限定して、リンゴの価格や生産量、需要量、市場での取引量がどのようにして形成されるのかを考えるケースである。

　これに対して、「一般均衡分析」とは、あるモデルを用いてすべての経済変数の動きをまとめて説明するものである。たとえば、ある財の需要に影響すると思われるすべての財の価格やその他の経済変数を説明する。もちろん、すべてを考察することは複雑であるから、一般均衡分析は高度に数学的なモデルを必要とする。ただし、経済分析の対象を限定すれば、簡単な図で一般均衡分析を行うことはできる。たとえば、2人の個人が2種類の財を物々交換する際の効率的な配分の条件を考えるような限定されたケースでは、エッジワースボックスという図（純粋交換経済での資源配分の効率性を図で調べるもの）による説明が有名である。

また、経済分析の目的によって次の2つのアプローチがある。「事実解明的分析（あるいは実証的分析）」は、経済の現状や動きがどのようになっているのかを解明する分析であり、客観的な事実の理解を主要な目的とする。これに対して「規範的分析」は、どのような経済政策が望ましいかをある一定の主観的な価値判断のもとに展開する。たとえば、家計が所得をどのように消費と貯蓄に配分するのかを分析したり、カルテル行為がなぜ生じ、それによってどの経済主体が得をして、どの経済主体が損をするのかを分析したりするのは、事実解明的分析である。それに対して、家計がなにをどのくらい消費するのが望ましいのかを議論したり、カルテル行為（企業間で価格や生産量などについて協定を結ぶこと）を禁止すべきかどうかを議論したりするのが、規範的分析である。

経済分析のアプローチは2つある

ミクロ経済学とマクロ経済学の違い

▶ ミクロ経済学とマクロ経済学

　経済学の大きな専門分野としては、ミクロ経済学とマクロ経済学がある。ミクロ

とマクロの相違は、個別の経済主体の経済行動や個別の財・サービスの市場を分析の対象とするのか、巨視的な国民経済におけるマクロ経済活動を分析の対象とするのかにある。

個々の家計や企業などという個別の経済主体の行動から、ある個別の財・サービス市場全体の需要と供給へと分析を積み上げていくのが、ミクロ経済学の特徴である。ミクロ経済学は、個々の経済主体の主体的な最適化行動を前提とし、ある市場における経済活動を分析したり、産業間の関連を考察したりする。したがって、国民経済全体がどんな動きをするのかよりも、それぞれの経済主体間における活動の相違点や類似点により大きな関心がある。

これに対してマクロ経済学は、失業、インフレーション、国民総生産、景気変動、経済成長などといった国民経済全体の経済変数の動きに関心がある。個々の経済主体のミクロな行動にはあまり注意を払わない。なお、最近ではマクロ経済学の分析手法を用いる場合であっても、ミクロ経済学の基礎（個々の経済主体のレベルにおける最適化行動を前提とした分析）にある程度基づいていることが重要視されている。

2つのアプローチは、対立するものではなく補完し合うものである。本書では、ミクロとマクロそれぞれの基本的な考え方を前半と後半に分けて順に説明する。

ミクロ経済学とマクロ経済学

▶▷ 応用経済学

　ミクロ経済学とマクロ経済学以外の経済学の諸分野は、おおむね応用経済学と呼ばれている。財政、金融、国際経済、産業組織、労働、医療、環境などいろいろな分野で、ミクロ・マクロ経済学の分析手法を応用し、それぞれの関心対象に即した議論が展開されている。分野の内容によって、マクロ経済学の分析手法がより有益となるケースと、ミクロ経済学の分析手法がより有益となるケースがある。応用経済学では、それぞれの分野の特徴的な経済現象を分析するため、それらに適した分析手法や理論モデルも構築されている。ただし、経済現象を扱う以上、基本になるのはミクロ経済学とマクロ経済学の考え方である。したがって、どのような応用経済学を学ぶ場合でも、まずはミクロとマクロ両方の経済学の知識が前提となる。

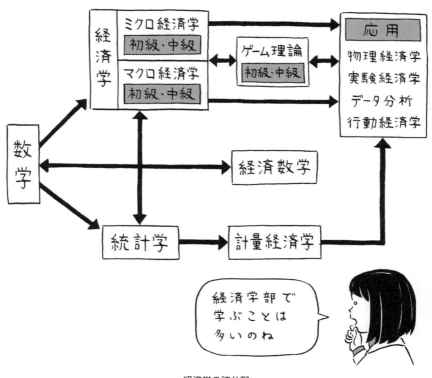

経済学の諸分野

経済学部は なぜ理系でないのか

▶ 自然科学に似た学問体系

　経済学は、社会科学の他の分野（たとえば、政治学、法学、社会学）とは異なり、学問内容や研究手法が標準化、制度化されている。その意味で、経済学は、数学や物理学などの自然科学に似た学問体系になっており、世界中のどこの大学においてもほとんど共通の理論的な枠組みで講義内容が確立されている。どのようなアプローチで分析をするのかについて共通の理解があり、これが体系化されている。こうした学問体系は自然科学では標準的であるが、社会科学や人文科学の中では特異なものであろう。

　アメリカの大学では自然科学、社会科学、人文科学という分類区分が日本ほど厳格ではなく、学問の間の垣根が低い。理系の分野をおもに専攻している学生が第2の専攻分野として経済学を受講することもよくある。一方、日本の大学では、入学した時点で理系か文系かを選択し、自分の専門科目を決め、それ以外の分野にはほとんど関心を払わないのが通例である。こうした閉鎖的な環境だと、理系の学生が経済学を本格的に学ぶことはまれだろう。しかし経済学は、社会科学の中でもかなり自然科学に対する親和性の高い学問体系であるから、日本でも理系の学生にもっとアピールできる余地がある。経済学を学ぶことにより、論理的思考や数学で分析できるのは自然現象だけではないと知ることは、理系の学生にとっても考え方の視野が広がるというメリットがある。

　経済学は、社会科学の中で唯一ノーベル賞の対象になっている。これは、経済学は学問の成果をある程度客観的に評価できるからである。事実、経済学における業績の評価は、自然科学と同様に、国際的な審査基準を満たす学術論文の数や内容で行われ、他の社会科学のように出版された単行本で評価されることはない。本の出版には時間がかかるし、冊数が多いほど著者自身の独創的な貢献を識別しにくい。世界中の学者が同じ土俵で研究成果を競っているから、早めに独自の成果を出版する方法は学術雑誌への論文掲載である。それにはレフェリーの厳しい審査をクリアーする必要がある。逆にいえば、それだけ共通の理論的な枠組みに大多数の経済学者が同意していることを意味する。本書でも、そうした世界共通の経済分析の手法をわかりやすく説明していきたい。

▶︎ 社会科学としての経済学

　その意味で経済学は理系の学生にとっつきやすい学問である。しかし、経済学部は自然科学ではなく社会科学に分類されている。その大きな理由は、経済学の分析対象が自然現象ではなく、経済社会における人間の経済活動だからである。そのため、理系の学問と異なり、社会科学であるがゆえの特徴や制約もある。たとえば、経済現象は自然現象と異なり、実験室での再現実験ができない。ある仮説を検証する際には仮定されている諸要因をコントロールする必要があるが、現実の経済ではそれが不可能である。人々の行動は必ずしも経済合理性でとらえきれない面も多い。そのため経済学では、対立する諸仮説の優劣をはっきりさせることが困難であり、正解が複数ある状況が一般的である。経済学が理系に分類されない根拠にも相応の妥当性がある。自然科学、特に物理学との対比については最後の第10章で議論したい。以降、本書では社会科学である経済学を理系の学問とも対比させながら解説してみたい。

第 **1** 章

経済学で数学はどう使われているか

$$L = u(x_1, x_2) - \lambda [g(x_1, x_2) - M]$$

$$\frac{\partial L}{\partial x_1} = \frac{\partial u}{\partial x_1} - \lambda \frac{\partial g}{\partial x_1} = 0$$

$$\frac{\partial L}{\partial x_2} = \frac{\partial u}{\partial x_2} - \lambda \frac{\partial g}{\partial x_2} = 0$$

1 制限付きの最適化問題

▶ 経済合理性の定式化

本章では経済学の学習に有益な数学的手法について解説しておきたい。なお、以降では必要最小限の数学を直感的に説明するだけであり、経済学で用いられる数学のより厳密な説明は数理経済学の標準的なテキストを参照されたい。

経済学での数学

- 微分と偏微分

  微分　$y = f(x) \longrightarrow y = f'(x)$

  偏微分：いずれかの変数について微分する

  $$y = f(x_1, x_2) \xrightarrow[\text{微分}]{x_1 \text{について}} \frac{\partial y}{\partial x_1} = f_{x_1}(x_1, x_2)$$

  ← ラウンドディーと読む

- 目的関数と制約式

  目的関数　$u(x_1, x_2) = 0$

  制約式　$g(x_1, x_2) = 0$　　　x_1, x_2：選択変数

  ラグランジュ乗数法（19 ページ）

- 数式による理論モデルの表現

  理論仮説を立て、数式を使ったモデルで表現

  $X(x, y, A) = 0$　　x, y：内生変数
  $Y(x, y, A) = 0$　　A　：外生変数

  ← 変数の区別が重要

  代表的なマクロモデル

  IS=LM モデル（第 6 章）
  IS 式：　マクロ財市場の均衡を示す式
  LM 式：貨幣市場の均衡を示す式

- 動学モデルでの制約付き最適化問題・位相図

  ラグランジュ乗数法（19 ページ）
  微分方程式・差分方程式

- 有益な定理や概念

  行列式と確率変数、クラメルの公式、比較静学分析、テイラー展開、正規分布、等比級数

まず、経済学でよく利用される最適化問題を定式化しよう。家計や企業などの経済主体は与えられた制約の中で自らの目的関数を最大化すべく最適化行動をとるとするのが、経済合理性の考え方である。したがって経済合理的な行動は、制限付きの最適化問題として数学的に定式化することができる。制限付きの最大化（あるいは最小化）問題は、経済学で各経済主体の合理的行動をモデル化する際のもっとも基本的な定式化である。

> **最適化問題（Optimization Problem）**
>
> 制約条件 $\begin{cases} 目的関数 \quad u(x_1, x_2) = U \\ 制約式 \quad g(x_1, x_2) = M \end{cases}$ のもとで（x_1, x_2：選択変数）
>
> ある目的関数を最大または最小にする解を求めること
>
>  最適解（Optimized Solution）

▶ 微分と経済学

最適化問題の前提となる知識として、微分の概念について簡単にまとめておこう。ある関数

$$y = f(x) \tag{1-1}$$

を考える。この式の微分は

$$\frac{dy}{dx} = f'(x) \tag{1-2}$$

である。これは、x が限界的に 1 単位増加したときに（x が微小量増加したときに）y がどれだけ増えるかを意味し、**図1.1** に示す $x = x_0$ を $f'(x)$ に代入した値は $x = x_0$ の時点における f 関数（あるいは f 曲線）の傾きを意味する。

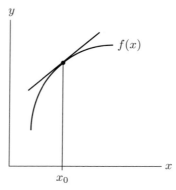

図 1.1 微分と曲線の傾き

次に、x が 2 つの変数 x_1、x_2 からなる場合を考える。

$$y = f(x_1, x_2) \tag{1-3}$$

ここで x_2 を固定して x_1 について微分をとると、

$$\frac{\partial y}{\partial x_1} = f_{x_1}(x_1, x_2) \tag{1-4}$$

となる。これは x_1 についての偏微分である。関数名の下付きの添え字はその文字で微分したことを意味する。同様に、x_2 についても偏微分を求めることができる。偏微分は、ある変数（たとえば x_1）のみが限界的に変化する場合に y に及ぼす効果を示すものであり、経済学ではもっともよく使われる微分概念である。(1-4) 式をもう一度偏微分すると、次式を得る。

$$\frac{\partial^2 y}{\partial x_1^2} = f_{x_1 x_1}(x_1, x_2) \tag{1-5}$$

これは 2 階の偏微分を表す。また、

$$\frac{\partial^2 y}{\partial x_1 \partial x_2} = f_{x_1 x_2}(x_1, x_2) \tag{1-6}$$

はクロスの偏微分（2つの変数について1回ずつ偏微分したもの）を表す。多くの場合、偏微分する順序は結果に影響しない。本書では偏微分が交換可能な関数のみを扱う。

偏微分と関連する微分概念に全微分がある。これはすべての変数が限界的に変化するときの効果を表す。(1-3) 式を全微分すると、次式を得る。なお本書では、f_{x_1} のように関数の引数を省略して書く場合がある。

$$\mathrm{d}y = f_{x_1}\mathrm{d}x_1 + f_{x_2}\mathrm{d}x_2 \tag{1-7}$$

また、合成関数の微分もよく用いられる。

$$y = f(g(z)) \tag{1-8}$$

これは、$y = f(x)$ と $x = g(z)$ という2つの関数の合成関数である。この式を z について微分すると、次式を得る。

$$\frac{\partial y}{\partial z} = f_x g_z \tag{1-9}$$

これは2つの関数についてそれぞれ微分する形である。

● 全微分と偏微分

被説明変数 y が1つで、説明変数 x_1、x_2 が2つある場合の次のような関数を想定する。

$$y = f(x_1, x_2)$$

偏微分は、ある1つの説明変数（たとえば x_1）のみが微小に変化（増加）するときに、被説明変数 y に与える影響（増分）を計算している。これに対して全微分では、すべての説明変数 x_1、x_2 が微小に変化するときに被説明変数 y に与える影響を計算している。つまり、微小変化を1つの変数だけに絞ったのが偏微分で、微小変化をすべての変数について考慮したのが全微分である。関数 f の部分的な性質を調べるときには偏微分を使い、全体的な変化を計算するときには全微分を使う。そして、部分的な変化の合計が全体の変化になる。言い換えると、偏微分の影響を

足し合わせればトータルの変化量として全微分が求められるので、全微分を求めるためには偏微分を足し合わせることになる。説明変数が2つの場合、連続関数であれば全微分の増分は、まず x_1 方向の増分を考えてから x_2 方向の増分を足すという操作で求められる。この順序は入れ替えてもよい。

目的関数と制約式

目的関数と制約式を、たとえば、次のような数式で表すとする。

$$u(x_1, x_2) = U \tag{1-10-1}$$

$$g(x_1, x_2) = M \tag{1-10-2}$$

ここで、x_1 と x_2 は選択変数である。$u()$ は目的関数であり、U は目的値あるいは最適化すべき変数である。また、$g() = M$ は制約式であり、M は外生的に所与の変数である。

第2章で取り扱う家計の消費行動を定式化するケースでは、$u()$ 関数が家計の経済的な満足度を示す効用関数であり、$g() = M$ 関数が家計の所得による制約を示す予算制約式である。この場合に選択対象となる変数 x_1 と x_2 は、2つの財1、2の消費水準（財やサービスをどれだけ消費しているかを示す値）となる。U は効用水準（消費などによって家計がどれだけ経済的に満足しているかを示す値）を表し、M は外生的な所得である。効用関数は、2つの消費財が増加すれば効用 U も増加することを関数の形で定式化したものである。効用関数は、原点に対して凸となる準凹関数であり、限界効用（効用関数を消費水準で偏微分した値）はプラスであるが、逓減すると仮定される。このとき、次の式が成り立つ。

$$u_1 \equiv \frac{\partial u}{\partial x_1} > 0, \quad u_{11} \equiv \frac{\partial^2 u}{\partial x_1^2} < 0, \quad u_2 \equiv \frac{\partial u}{\partial x_2} > 0, \quad u_{22} \equiv \frac{\partial^2 u}{\partial x_2^2} < 0$$

$$2u_{12}u_1u_2 - u_{11}u_2^2 - u_{22}u_1^2 > 0$$

ここで、u_i は効用関数を財 i の消費水準 x_i で偏微分したもの、u_{ij} は x_i と x_j で偏微分したものを表す。

家計の予算制約式は、1つの消費財の消費を増加させるには、もう1つの消費を減らすしかないことを定式化したものである。このケースで (1-10-2) 式は線形の制約式になる。効用関数（目的関数）と予算制約式（制約式）の経済学的な性質に

ついては、第2章で説明したい。

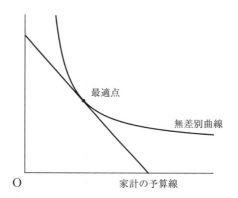

▶ 制約付きの最適化問題

こうした問題の数学的手法について簡単に解説しよう。制約付き最適化問題では、対応するラグランジュ関数 L をつくればよい。ラグランジュ関数は次のようになる。

$$L = u(x_1, x_2) - \lambda[g(x_1, x_2) - M] \tag{1-11}$$

変数 λ はラグランジュ乗数と呼ばれるものである。

ラグランジュ関数をそれぞれの選択変数で偏微分してゼロとおくと、最適化の1次条件として次の2式を得る。

$$\frac{\partial L}{\partial x_1} = \frac{\partial u}{\partial x_1} - \lambda \frac{\partial g}{\partial x_1} = 0 \tag{1-12-1}$$

$$\frac{\partial L}{\partial x_2} = \frac{\partial u}{\partial x_2} - \lambda \frac{\partial g}{\partial x_2} = 0 \tag{1-12-2}$$

そして、(1-10-2) 式の制約式自体も最適条件の一部となる。

$$\frac{\partial L}{\partial \lambda} = -g(x_1, x_2) + M = 0 \tag{1-12-3}$$

これら3式は、3つの未知数 x_1、x_2、λ を決める。なお、この解に対応するラグランジュ乗数は、たとえば、外生的な所得 M が増加するなどして制約式が外生

的に少し緩んだときに、目的関数の最適値 U がどれだけ変化するかという感応度を表している。こうした制限付きの最適化問題は経済合理性を定式化したものであり、経済学の標準的な問題である。

第2章、第3章で説明するように、家計の場合は予算制約式のもとで効用を最大化するように、消費、貯蓄、労働供給を決める。企業の場合は生産関数の制約下で（独占企業の場合は家計の逆需要関数の制約下で）利潤を最大にするように、生産量、資本、労働などの生産要素を投入する量を決める。

ラグランジュ乗数法の流れ

$$\begin{cases} 目的関数 \ u(x_1, x_2) = U \\ 制約式 \quad g(x_1, x_2) = M \end{cases} \longrightarrow \begin{array}{l} ラグランジュ関数 \\ L = u(x_1, x_2) - \lambda[g(x_1, x_2) - M] \end{array}$$

それぞれの変数で偏微分する

- x_1 で偏微分　$\dfrac{\partial L}{\partial x_1} = \dfrac{\partial u}{\partial x_1} - \lambda \dfrac{\partial g}{\partial x_1} = 0$　【重要！】

- x_2 で偏微分　$\dfrac{\partial L}{\partial x_2} = \dfrac{\partial u}{\partial x_2} - \lambda \dfrac{\partial g}{\partial x_2} = 0$　x_1, x_2 を求める

- λ で偏微分　$\dfrac{\partial L}{\partial \lambda} = -g(x_1, x_2) + M = 0$

$\longrightarrow$ 目的関数 $u(x_1, x_2)$ の値が最適値になる

選択変数ごとに偏微分して目的関数の値を最適にする x_1、x_2 を求めるのが基本の流れです

2 内生変数と外生変数

▶ 理論モデルと変数

　経済学では、分析対象となる経済変数（GDPやリンゴの価格など）がどう決まるのかについてもっともらしい理論仮説を立て、数式を用いたモデルでそれを表現する。そのモデルの理論的な帰結を考察し、その妥当性を現実のデータで検証する。したがって、もっともらしい理論モデルを構築するのが経済学の最初の大きな課題である。

　その際に、内生変数と外生変数（あるいは先決変数、政策変数）の区別が重要になる。内生変数は、モデルで説明したい変数であり、モデルの解としてその値を決めようとする変数である。外生変数は、モデルの中では所与（与件）とみなす変数であり、さしあたって説明しないでモデルの外で決まっていると想定する変数である。どの変数が内生変数でどの変数が外生変数かは、構築する理論モデルによって異なる。ある変数が、あるモデルでは内生変数で、別のモデルでは外生変数であることもよくある。

　もっとも簡単なモデルとして、2つの内生変数 x、y と1つの外生変数 A からなる2つの式の体系を考える。

$$X(x, y, A) = 0 \tag{1-13}$$
$$Y(x, y, A) = 0 \tag{1-14}$$

　方程式の数と内生変数の数が（正の値で）一致することが、2式からなる理論モデルが経済的な意味を持つ最低限の必要条件になる。このモデルでは内生変数の数が2だから、2つの（独立した）式が必要になる。通常は、モデルの望ましい性質として、解がユニークであることが想定されている。これは解の一意性という条件である。しかし、モデルによっては複数均衡を表現するために、複数の均衡解を許容する場合もある。また、経済的に意味のある変数は正の値をとるから、このモデルの解として決まる x、y も正の値をとることが要求される。A は、モデルの外で決まってくる外生変数であり、モデルの外的な環境で規定される先決変数や政府が操作できる政策変数も含まれる。

▶ 理論モデルのもっともらしさ

モデルを構成する各式がどのように導出され、どのような特徴を持つかは、理論モデルの仮定や各経済主体の最適化行動の結果に依存する。以降の章で説明するように、ミクロ経済学やマクロ経済学では、分析対象となる複数の経済変数の経済合理的な相互依存関係を適切にモデル化することに力を注いでいる。経済学での理論モデルのもっともらしさは、この点に関わってくる。

たとえば、2つの内生変数がGDPと利子率であるとしよう。GDPと利子率を同時に決める代表的なマクロモデルは、第6章で取り上げるIS=LMモデルである。

$$Y = C(Y) + I(r) + G：\text{IS 式} \tag{1-15}$$

$$M = L(Y,r)：\text{LM 式} \tag{1-16}$$

(1-15) 式はマクロ財市場の均衡を示すIS式であり、(1-16) 式は貨幣市場の均衡を示すLM式である。ここでYはGDP（国内総生産）、rは利子率、Gは政府支出、Mは貨幣供給である。また、$C(Y)$は消費関数、$I(r)$は投資関数、$L(Y,r)$は貨幣需要関数である。このモデルの内生変数はYとrであり、政策変数（＝外生変数）はGとMである。$C(Y)$、$I(r)$、$L(Y,r)$は、それぞれ家計の消費行動、企業の投資行動、民間部門の貨幣需要行動を定式化した関数である。これらの関数がどんな変数に依存して、どのような性質を持つのかがマクロ経済学の関心事であり、以降の章で説明するように各経済主体の最適化行動から導出される。

また、(1-13) (1-14) 式をある財の需要関数と供給関数と考えると、xを市場価格、yを均衡での需要量＝生産量とみなせる。また、Aは需要や供給に影響しうる価格以外の経済変数に対応している。こうした関数をもっともらしく導出するのはミクロ経済学の守備範囲である。

３ 動学的モデル分析

▶ 定差方程式と微分方程式

前節で定式化したモデルは、時間の要素が明示的に表現されていない静学モデル

である。経済学の多くの問題はこうした静学モデルで分析可能である。たとえば、前述の例に挙げた IS=LM モデルはマクロ静学モデルの代表例であり、ミクロ経済学の市場メカニズムを分析する際に用いられる一般均衡モデルも複雑ではあるが静学モデルである。一般均衡モデルは、ミクロ経済学の代表的な数理モデルであり、n 個の価格変数と n 個の生産量との関係を示す n 個の方程式体系で構築される。一般均衡解の存在や安定性（変動によって均衡状態から多少ずれた場合にもすぐに均衡状態に戻ろうとする性質）については多くの重要な研究が蓄積されており、ミクロ数理経済学の発展に寄与してきた。

しかし同時に、現実の経済活動では価格や生産量などの経済変数が時間とともに変化していく。ミクロ経済学で市場均衡の安定性や均衡値への調整過程を分析することは重要であるし、マクロ経済学では成長や循環などの経済変動も重要な分析対象である。こうした仕組みをモデル化するのが動学モデルである。たとえば、需給ギャップに応じて価格が変動したり、生産量が変動したりする状況をモデル化するには、時間の要素を無視できない。また、GDP が時間とともに増大する経済成長、変動する景気循環、あるいは一般物価水準や資産価格が上昇していくインフレーションを考察するマクロ動学分析にも、動学的な定式化は不可欠である。

よって、動学モデルでは時間を示す変数をモデルの中で明示的に考慮する。その際に、2つ以上の異なる時点（たとえば今期と来期）の変数間の関係を定式化することが必要になる。

$$F(x_{t+1}, x_t, A) = 0 \tag{1-17}$$

ここで、x_t は時点 t での経済変数 x を表す。(1-17) 式は、t 期と $t+1$ 期における x の関係を定式化したもので、定差方程式である。

また、x_t の変化を $\Delta x_t = x_t - x_{t-1}$ で定義し、

$$F(\Delta x_t, x_t, A) = 0 \tag{1-18}$$

という形で表す場合もある。

さらに、離散形ではなく連続形で異なる時点における経済変数を定式化する場合もある。$\dot{x} \equiv \dfrac{\mathrm{d}x}{\mathrm{d}t}$ で変数 x についての時間に関する微分係数を定義すると、次のように表される。

$$F(\dot{x}, x, A) = 0 \tag{1-19}$$

これは、経済変数 x についての微分方程式である。動学的な経済現象は、定差方程式でも微分方程式でもモデル化できる。

こうした動学分析では、経済変数がある定常状態の値に長期的に収束するかどうかという安定性が関心事となる。一般的に経済モデルの定式化としては、安定的な体系が望ましい。したがって、安定条件をチェックすることは重要なポイントになる。たとえば、長期的にマクロ経済がどういう均衡に収束するかは、モデルの安定性に関わってくる。なお、最適解の一意性を前提とすると、最適解の経路のみが安定的であればよい。それ以外の経路は不安定で発散してもかまわない。こうした安定性を持つ解は、鞍点(あんてん)と呼ばれる。また、景気循環や大きな経済変動、たとえば資産価格の高騰と下落というバブル現象などを考察する際には、不安定な動きを分析する方がより現実的であり、発散を許容するモデル化が必要になる。

(1-19) 式が、$\dot{x}$ について次のように書き直せるとしよう。

$$\dot{x} = f(x, A) \tag{1-19}'$$

このとき、安定条件は次のようになる。

$$\frac{d\dot{x}}{dx} < 0$$

すなわち、x が増えるときに $\dot{x}$ の変化の方向がマイナスであれば x の増え方は小さくなるから、体系は安定的といえる。

▶ 動学モデルでの制約付き最適化問題

動学モデルでの制約付き最適化問題は、異なる時点の間における最大化問題として経済学でも重要な分野である。微分方程式の体系による動学最適化問題もよく用いられているが、以降では定差方程式を想定して、この問題を直感的に説明しよう。定差方程式の場合、ラグランジュ乗数法をそのまま適用することができる。次のような最適化問題を考える。

最大化する目的関数は次のとおりである。

$$\sum_{t=0}^{\infty} \beta^t U(x_t) \tag{1-20}$$

ここで、β は割引要因であり、$U(x_t)$ は t 期の変数 x_t の評価関数である。割引率

を ρ とすると、

$$\beta = \frac{1}{1+\rho} < 1 \tag{1-21}$$

の関係がある。(1-20) 式は、0 期から無限先の期間に関する $U(x_t)$ の割引現在価値の合計であり、これを最大化する問題を考える。β が 1 よりも小さいとき、この合計値は有限の値をとることができる。制約式を次のように定式化する。

$$y_{t+1} = \Gamma(y_t, x_t) \tag{1-22}$$

y_t は資本などのストック変数であり、x_t は消費などのフロー変数である。y_t は (1-22) 式に従って異時点間で変化すると考える。これに対して x_t は、t 期に任意の値を選択可能なフローの変数である。

たとえば、y_t を資本ストック、x_t を消費量とすると、(1-22) 式は資本蓄積式に対応する。t 期の資本ストックと消費量が決まると、経済全体の制約から自動的に $t+1$ 期の資本ストックも決まる。このような性質を持つのがストック変数である。これに対して、t 期の消費量は任意の値を選択可能である。このような変数をフロー変数という。ただし、x_t として大きな値を選択すると、y_{t+1} が小さくなるので、最適行動で x_t が極端に大きくなることはない。

ここで考えるのは、(1-22) 式の制約下で (1-20) 式を最大化するように、x_t と y_t を選択する問題である。t 期のラグランジュ乗数を λ_t とおいて、次のようなラグランジュ関数を定式化しよう。

$$L = \sum_{t=0}^{\infty} \beta^t \{U(x_t) + \lambda_t[y_{t+1} - \Gamma(y_t, x_t)]\} \tag{1-23}$$

x_t と y_{t+1} について偏微分してゼロとおくと、次式を得る。

$$\frac{\partial L}{\partial x_t} = \beta^t \left(\frac{dU}{dx_t} - \lambda_t \frac{\partial \Gamma}{\partial x_t} \right) = 0 \tag{1-24-1}$$

$$\frac{\partial L}{\partial y_{t+1}} = \beta^t \left(\lambda_t - \beta \lambda_{t+1} \frac{\partial \Gamma}{\partial y_{t+1}} \right) = 0 \tag{1-24-2}$$

これら 2 式と (1-22) 式の制約式が最適条件の 3 式となる。これら 3 つの式で、3 つの変数 x_t、y_t、λ_t の動学的な経路を求めることができる。

位相図

位相図は微分方程式や定差方程式の動学モデルを分析する際によく用いられる。第7章での経済成長モデルや第9章で説明する世代重複モデルでは定差方程式でモデルを構築している。以降は定差方程式による位相図を説明しよう。x_t と y_t に関する1階の定差方程式の体系が次のように表されるとする。

$$x_{t+1} = a + bx_t + cy_t \tag{1-25-1}$$

$$y_{t+1} = d + ex_t + fy_t \tag{1-25-2}$$

(1-25-1) 式の両辺から x_t を差し引き、同様に (1-25-2) 式の両辺から y_t を差し引くと、次式を得る。

$$\Delta x_t = a + (b-1)x_t + cy_t \tag{1-25-1$'$}$$

$$\Delta y_t = d + ex_t + (f-1)y_t \tag{1-25-2$'$}$$

ここでは $\Delta z_t = z_{t+1} - z_t \ (z = x, y)$ と表している。

(1-25-1)$'$ 式と (1-25-2)$'$ 式の左辺をゼロとおくと、位相線を描くことができる。この位相線は時間とともに変化しない x と y の組合せを意味する。位相線では次式が成立している。

$$y = -\frac{a}{c} - \frac{b-1}{c}x \tag{1-26-1}$$

$$y = -\frac{d}{f-1} - \frac{e}{f-1}x \tag{1-26-2}$$

図 1.2 は、2つの位相線を $a < 0$、$b > 1$、$c > 0$、$d < 0$、$e > 0$、$f < 1$ という条件のもとで描いている。このとき (1-26-1) 式で与えられる xx 線は右下がりとなり、(1-26-2) 式で与えられる yy 線は右上がりとなる。x は、xx 線の上方で増加し、下方で減少する。y は、yy 線の上方で増加し、下方で減少する。

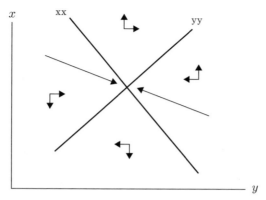

図 1.2 位相図

図 **1.2** に示すように、上方と下方からそれぞれ 1 つだけ収束する経路がある。これが鞍点である。他の経路ではすべて発散してしまう。もし y が先決変数（瞬時には動けない変数：資本ストックなど）であれば、$t=0$ 時点で y_0 は所与である。鞍点では、この y_0 に応じて、定常状態に収束する x が 1 つだけ存在する。x は自由な変数（フローの変数：価格や消費など）であり、$t=0$ にジャンプして鞍点に収束する経路にある値に変化する。経済学の動学モデルで鞍点はよく登場する均衡点である。

より一般的に、次のような 1 階の定差方程式の体系を考えよう。

$$x_{t+1} = \Gamma(x_t, y_t) \tag{1-27-1}$$

$$y_{t+1} = \Omega(x_t, y_t) \tag{1-27-2}$$

(1-27-1)（1-27-2）式の動学体系の定常解は次の式になる。

$$x = \Gamma(x, y) \tag{1-28-1}$$

$$y = \Omega(x, y) \tag{1-28-2}$$

これら (1-28-1)(1-28-2) 式が図 **1.2** における位相線を決める。非線形体系 (1-28-1)(1-28-2) 式を定常解 (x^*, y^*) の近傍で次のような線形の体系にテイラー近似（関数を近似する手法。詳細は p.32 参照）しよう。

$$x_{t+1} = x^* + \frac{\partial \Gamma(x_t, y_t)}{\partial x_t}(x_t - x^*) + \frac{\partial \Gamma(x_t, y_t)}{\partial y_t}(y_t - y^*) \tag{1-29-1}$$

$$y_{t+1} = y^* + \frac{\partial \Omega(x_t, y_t)}{\partial x_t}(x_t - x^*) + \frac{\partial \Omega(x_t, y_t)}{\partial y_t}(y_t - y^*) \quad (1\text{-}29\text{-}2)$$

(x^*, y^*) の近傍では、(1-27-1) 式と (1-27-2) 式の位相線が (1-29-1) 式と (1-29-2) 式という 2 式で近似できる。定差方程式体系では x、y が位相線の境界を越えて動くことも可能である。位相図から得られる有用な情報は定常状態でのヤコビアン行列[注1]に示されている。位相図に見られる動学的な特徴は暫定的なものであり、ヤコビアン行列の局所的な情報でチェックする必要がある。

経済学で一般的に対象とする x は自由に動けるフローの変数（たとえば消費）であり、y は先決変数（たとえばストックとしての資本）である。(1-22-1) 式と (1-22-2) 式の非線形体系を考える。定常解の安定条件は、偏微分のヤコビアン行列の固有値[注2]に依存する。

$$J(x, y) = \begin{bmatrix} \Gamma_x & \Gamma_y \\ \Omega_x & \Omega_y \end{bmatrix} \quad (1\text{-}30)$$

定常解は、1 つの固有値が複素平面上における単位円の内側にあり、もう 1 つの固有値が外側にある場合、鞍点になる。

ヤコビアン行列の固有値は次の方程式を解くことで得られる。

$$\phi(\lambda) = \begin{vmatrix} \Gamma_x - \lambda & \Gamma_y \\ \Omega_x & \Omega_y - \lambda \end{vmatrix} = \lambda^2 - (\Gamma_x + \Omega_y)\lambda + \Gamma_x \Omega_y - \Gamma_y \Omega_x = 0 \quad (1\text{-}31)$$

(1-31) 式の固有値は次の条件のときに（またそのときに限り）実数となる。

$$(\Gamma_x + \Omega_y)^2 - 4(\Gamma_x \Omega_y - \Gamma_y \Omega_x) \geq 0 \quad (1\text{-}32)$$

もし $\phi(1) < 0$ で $\phi(-1) > 0$ であれば、定常解は鞍点になる。もし $\phi(1) > 0$ で $\phi(-1) < 0$ でも、やはり定常解は鞍点になる。

注1 ヤコビアン行列：多変数ベクトル値関数 f における各成分の各軸方向への方向微分を並べてできる行列のこと。
注2 固有値：ある定数 λ によって $Av = \lambda v$ となるとき、固有ベクトル $v \neq 0$ が変換で定数倍されるその倍率（λ）のこと。なお、A は与えられた正方行列である。

4 経済学で有益な定理や概念

▶ 行列式と確率変数

　現実の世界における経済変数は数多くあり、家計や企業などの経済主体も無数に存在している。そのような複雑な経済現象を数式による経済モデルで分析する際には、行列や確率の概念が役立つことが多い。もちろん入門レベルの経済学では、経済変数や経済主体の数をできるだけ少なくした簡単なモデルで議論するから、行列や確率を使わなくても大体のことは理解できる。だが、こうした概念を使うことにより経済学の分析をより効率的にマスターできるだろう。以降では、経済学において有益ないくつかの定理や概念を説明する。最初にクラメルの公式を説明しておこう。

▶ クラメルの公式

　2元1次の連立方程式を想定する。

$$a_1 x + b_1 y = c_1 \tag{1-33-1}$$

$$a_2 x + b_2 y = c_2 \tag{1-33-2}$$

　ここでは、xとyがモデルの内生変数であり、a_1、a_2、b_1、b_2がパラメータ、c_1とc_2が外生変数である。行列を用いると、(1-34) 式のようにモデルをより簡潔に表すことができる。

$$\begin{bmatrix} a_1 & b_1 \\ a_2 & b_2 \end{bmatrix} \begin{bmatrix} x \\ y \end{bmatrix} = \begin{bmatrix} c_1 \\ c_2 \end{bmatrix} \tag{1-34}$$

　次の行列を行列Aとする。

$$\begin{bmatrix} a_1 & b_1 \\ a_2 & b_2 \end{bmatrix} = A \tag{1-35}$$

　行列Aの行列式を

$$|A| = \begin{vmatrix} a_1 & b_1 \\ a_2 & b_2 \end{vmatrix} = a_1 b_2 - a_2 b_1 \tag{1-36}$$

で表すとしよう。このとき、連立方程式の解は、

$$x = \frac{1}{|A|} \begin{vmatrix} c_1 & b_1 \\ c_2 & b_2 \end{vmatrix} \tag{1-37-1}$$

$$y = \frac{1}{|A|} \begin{vmatrix} a_1 & c_1 \\ a_2 & c_2 \end{vmatrix} \tag{1-37-2}$$

で与えられる。これらの解を表す (1-37-1) 式と (1-37-2) 式をクラメルの公式という。

方程式の数が2つであれば、この公式を使って手計算で解を求めるのはそれほど手間ではない。しかし、方程式の数が増えると、クラメルの公式を使っても計算がやっかいになる。たとえば、3元1次連立方程式は、

$$a_1 x + b_1 y + c_1 z = d_1 \tag{1-38-1}$$
$$a_2 x + b_2 y + c_2 z = d_2 \tag{1-38-2}$$
$$a_3 x + b_3 y + c_3 z = d_3 \tag{1-38-3}$$

という形になる。連立方程式を行列で表すと次のようになる。

$$\begin{bmatrix} a_1 & b_1 & c_1 \\ a_2 & b_2 & c_2 \\ a_3 & b_3 & c_3 \end{bmatrix} \begin{bmatrix} x \\ y \\ z \end{bmatrix} = \begin{bmatrix} d_1 \\ d_2 \\ d_3 \end{bmatrix} \tag{1-39}$$

この行列式は

$$|A| = \begin{vmatrix} a_1 & b_1 & c_1 \\ a_2 & b_2 & c_2 \\ a_3 & b_3 & c_3 \end{vmatrix} \tag{1-40}$$
$$= a_1 b_2 c_3 + b_1 c_2 a_3 + c_1 b_3 a_2 - a_2 b_1 c_3 - c_1 b_2 a_3 - c_2 b_3 a_1$$

のようになる。このとき、連立方程式の解は、

$$x = \frac{1}{|A|}\begin{vmatrix} d_1 & b_1 & c_1 \\ d_2 & b_2 & c_2 \\ d_3 & b_3 & c_3 \end{vmatrix} \tag{1-41-1}$$

$$y = \frac{1}{|A|}\begin{vmatrix} a_1 & d_1 & c_1 \\ a_2 & d_2 & c_2 \\ a_3 & d_3 & c_3 \end{vmatrix} \tag{1-41-2}$$

$$z = \frac{1}{|A|}\begin{vmatrix} a_1 & b_1 & d_1 \\ a_2 & b_2 & d_2 \\ a_3 & b_3 & d_3 \end{vmatrix} \tag{1-41-3}$$

で与えられる。3×3 の行列式の計算はできないことではないが、2×2 の行列式よりもやっかいである。4×4 の行列式になると、さらに計算は大変になる。理論的には、方程式の数が n 個の場合にもこの公式を適用できる。

▶ 比較静学分析

経済学でクラメルの公式を使うのは、比較静学分析である。(1-13)(1-14)式のモデルで外生変数 A がなんらかの理由で変化した場合に内生変数 x と y がどのように変化するかは、経済学の対象となる問題である。たとえば、政府支出（外生変数）が変化した場合に GDP（内生変数）がどの方向にどれだけ変化するかは、財政政策の効果を評価する際の関心事である。これが比較静学分析である。もう一度 (1-13)(1-14) 式からなるモデルを想定しよう。

$$X(x, y, A) = 0 \tag{1-13}$$
$$Y(x, y, A) = 0 \tag{1-14}$$

これら2つの式を全微分すると次式を得る。

$$X_x \mathrm{d}x + X_y \mathrm{d}y = -X_A \mathrm{d}A \tag{1-13}'$$
$$Y_x \mathrm{d}x + Y_y \mathrm{d}y = -Y_A \mathrm{d}A \tag{1-14}'$$

行列の形で表すと、

$$\begin{bmatrix} X_x & X_y \\ Y_x & Y_y \end{bmatrix} \begin{bmatrix} \mathrm{d}x \\ \mathrm{d}y \end{bmatrix} = \begin{bmatrix} -X_A \\ -Y_A \end{bmatrix} \mathrm{d}A \tag{1-42}$$

となる。したがってクラメルの公式を適用すると次式を得る。

$$\frac{\mathrm{d}x}{\mathrm{d}A} = \frac{1}{|A|} \begin{vmatrix} -X_A & X_y \\ -Y_A & Y_y \end{vmatrix} \tag{1-43-1}$$

$$\frac{\mathrm{d}y}{\mathrm{d}A} = \frac{1}{|A|} \begin{vmatrix} X_x & -X_A \\ Y_x & -Y_A \end{vmatrix} \tag{1-43-2}$$

ここで

$$|A| = \begin{vmatrix} X_x & X_y \\ Y_x & Y_y \end{vmatrix} = X_x Y_y - X_y Y_x$$

である。これら2式は、外生変数 A が限界的に1単位変化したときに、内生変数である x と y がどの程度どちらの方向に変化するか（増加するか減少するか）を示している。特に (1-43-1) (1-43-2) 式の符号は、外生変数が変化したときに内生変数が同じ方向に動くのか逆の方向に動くのかを表しており、経済学の分析では重要な関心事となる。また、その大きさも重要である。たとえば、景気対策として政府支出（外生変数）を政策的に増加させたとき、GDP（内生変数）がどのくらい増加するかは、乗数効果と呼ばれる。この大きさは財政政策の有効性の指標である。

▶︎ テイラー展開

関数を近似する際に有益な手法であるテイラー展開について解説しよう。多項式関数のテイラー展開を取り上げる。何回でも微分可能な関数 $f(x)$ を用いて次のように表されるものを、$f(x)$ のテイラー展開という。

$$f(x) = f(a) + \frac{f'(a)}{1!}(x-a) + \frac{f''(a)}{2!}(x-a)^2 + \cdots + \frac{f^{(n)}(a)}{n!}(x-a)^n + \cdots \tag{1-44}$$

特に $a=0$ のときのテイラー展開をマクローリン展開という。なお、右辺の級数をテイラー級数と呼ぶ。

ここで関数 $f(x)$ を $x = a$ で微分した $f'(a)$ を考えると、これは点 $(a, f(a))$ における接線の傾きだから、$f(x)$ の $x = a$ における接線 l は $y = f'(a)(x - a) + f(a)$ である。この式はテイラー展開の第 1 項と第 2 項のみを見た式と一致する。この接点 $(a, f(a))$ を拡大してみると、接点の近くでは接線 l ももとの関数 $f(x)$ に近い値をとる。つまり $y = f(x)$ をかなり近似できる。

よってテイラー展開を第 1 項と第 2 項に限定すると、1 階の微分だけに対応し、狭い範囲でのみ $y = f(x)$ に近似の値をとる。したがって、第 3 項以降のように何回も微分して無限回まで微分した係数を使えば、もっと正確に $y = f(x)$ を近似できるというのがテイラー展開の基本的アイデアである。

例として、次の関数を考える。

$$f(x) = \frac{1}{1-x}$$

このとき、無限等比級数の公式より、

$$f(x) = 1 + x + x^2 + \cdots\cdots + x^n + \cdots\cdots$$

と書き直せるので、

$$\begin{aligned} f(x) &= \frac{1}{1-x} \\ &= f(0) + \frac{f'(0)}{1!}x + \frac{f''(0)}{2!}x^2 + \cdots\cdots + \frac{f^{(n)}(0)}{n!}x^n + \cdots\cdots \end{aligned} \tag{1-45}$$

が成立する。ただし、$|x| < 1$ とする。

実用の上では途中で打ち切ることがよくある。なぜなら、マクローリン展開の一般形

$$f(0) = \sum_{n=1}^{\infty} \frac{f^{(n)}(0)}{n!} x^n \tag{1-46}$$

では計算がややこしいからである。多少精度が落ちても 2 階微分までの

$$f(x) \approx f(0) + f'(0)x + f''(0)\frac{1}{2}x^2 \tag{1-47}$$

で近似することが多い。たとえば、

$$\log(1+x) \approx x$$

という近似である。なお、x^n の項までの近似を n 次の近似という。接線は 1 次近似である。

正規分布

　正規分布とは、ある標本集団のばらつきがその平均値を境として前後同じ程度にばらついている分布をいう。これを分布図で表すと、平均値を対称軸とした左右対称の釣鐘型でなだらかな曲線として描ける。つまり、平均値の周辺にサンプルが多く集まり、値が大小の左右の裾野に向かうとサンプル数が急激に減る。正規分布のグラフは中央が一番高く、両側に向かってだんだん低くなっていく。中央の一番高い位置に平均値がある。

　たとえばテストの成績は通常、平均点の近くの人数が一番多く、0 点や 100 点に近づくほど人数が少なくなり、得点の分布が左右対称の釣鐘型の正規分布になることが多い。経済変数の分布でも、所得など多くの分布の型は正規分布で近似できる。

　図 1.3 は、2 つの正規分布の曲線を表している。2 つのグラフはどちらも平均値がゼロの正規分布曲線であるが、左の正規分布曲線の分散は右の曲線の分散に比べて小さい。正規分布では、平均値と分散が決まると式やグラフも 1 つに決まる。統計データが正規分布となっている場合、平均値と標準偏差がわかれば、ある値が全体の中でどこに位置するのかがほぼ正確にわかる。正規分布は統計の基礎的分布である。

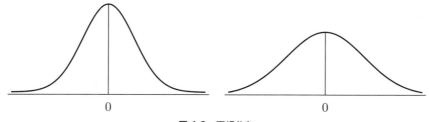

図 1.3 正規分布

　経済学でも確率的な数学モデルをつくるときに使う確率分布には、正規分布を仮

定することが多い。たとえば、外生的なショック（景気変動や所得変動など外的な要因で経済変数が変動する場合）の分布を正規分布で定式化する。あるいは、対数正規分布が想定されることもある。これは、ある変数 x の対数をとったものが正規分布に従う分布である。この分布では、平均よりも大きい値がなだらかに減少していくとともに、極端に高い値をとる変数が出現する可能性がわずかだが存在する。所得や資産の分布は正規分布よりも対数正規分布で近似する方がより現実的である。

また近年の経済物理学では、経済現象の多くが正規分布ではなくベキ分布に従っていると想定する。ベキ分布とは、極端な値をとるサンプルの数が正規分布より多く、そのため大きな値の方向に向かって長くなだらかに裾野を伸ばしていく分布である。この点で、ベキ分布は対数正規分布と似た形状をしている。富の分布や株価などの資産価格の変化といった経済現象は、正規分布ではなくベキ分布に従うと考えられるようになった。

ベキ分布は、確率分布の1つの定式化であり、正規分布では起こりえない極端な事象が実際にはある程度の確率で起こってしまう現象を扱う際に有効である。たとえば、金融取引の世界では、「100年に1度の危機」といわれる大規模な変動が周期的に起こっている。正規分布を仮定して平均や変動、分散、標準偏差などの概念を用いてシミュレーションを行うと、平均からの距離に基づいて一定の確率で標本が分布することになり、まれな現象を正面から扱いにくい。対数正規分布やベキ分布に基づくと、こうしたまれに生じる大きなショックもモデルの中で十分に考慮できるという利点がある。

▶ 等比数列

数列、中でも等比数列は経済学でもよく登場する。次のような数の並びを等比数列という。

$$2, 6, 18, 54, 162, 486, 1458, \cdots\cdots \tag{1-48}$$

最初の項が 2 で、2 番目の項は最初の項に 3 を掛けている。3 番目の項は 2 番目の項に 3 を掛けている。このように前の項に一定の数を順々に掛けているとき、最初の項を初項、毎回掛ける一定の数を公比という。この例の初項は 2、公比は 3 である。

数列の初項を a、公比を r とすると、等比数列の一般形は次のようになる。

$$a, ar, ar^2, ar^3, ar^4, \cdots\cdots, ar^{n-1}, ar^n \tag{1-49}$$

この数列は、1番目（a）から $n+1$ 番目（ar^n）までの有限等比数列である。n の値が無限に続く場合を無限等比数列という。

$$a, ar, ar^2, ar^3, ar^4, \cdots\cdots, ar^{n-1}, ar^n, \cdots\cdots \tag{1-50}$$

ここで無限等比数列の和（合計）を計算してみよう。無限等比数列の和を A で表すと次式を得る。

$$A = a + ar + ar^2 + ar^3 + ar^4 + \cdots\cdots + ar^{n-1} + ar^n + \cdots\cdots \tag{1-51}$$

(1-51) 式の左辺と右辺に r を掛ける。

$$Ar = ar + ar^2 + ar^3 + ar^4 + \cdots\cdots + ar^n + ar^{n+1} + \cdots\cdots \tag{1-52}$$

(1-51) 式の両辺から (1-52) 式の両辺を差し引くと次のようになる。

$$A - rA = a \tag{1-53}$$

(1-51) 式と (1-52) 式の右辺は無限に続くので、(1-51) 式と (1-52) 式の違いは (1-51) 式の方が最初の項 a の分多いだけである。後の項はすべて同じだから、引き算により消えてしまう。(1-53) 式より次式を得る。

$$A = \frac{a}{1-r} \tag{1-54}$$

これが無限等比数列の和の公式である。

有限の場合の和についても同じように求めることができる。等比数列の n 項までの和は、次のようになる。

$$A = \frac{a(1-r^n)}{1-r} \tag{1-55}$$

たとえば、銀行などに預金したときに一定の金利のもとで将来の預金がいくらになるか、あるいは銀行から融資を受けて（借金して）ローンを組んだときに借金が

どのように増えるのかなどを計算する場合に等比数列が使われる。また、財政政策の効果を示す乗数効果を求める際や、金融政策で貨幣供給の信用創造効果を求める際にも、等比数列が用いられる。

準凹関数

準凹関数は、原点に対して凸な関数であることを数学で定義したものである。これを効用関数と考えると、効用水準が一定となる消費財の組合せを表す無差別曲線が原点に対して凸となる。つまり次章で説明するように限界代替率は逓減する。

その数学的な定義は次のとおりである。ある関数 $u(z)$ において、z が任意の2つの値 x と y をとり、$0 \leq \lambda \leq 1$ を満たす任意のパラメータについて次の条件が成立するとき、この関数は準凹関数である。

$$u[\lambda x + (1-\lambda)y] \geq \min(u(x), u(y)) \tag{1-56}$$

またこのとき、効用関数 $U = u(x_1, x_2)$ について解析的には次の条件式が成立している。

$$\begin{vmatrix} 0 & u_1 & u_2 \\ u_1 & u_{11} & u_{12} \\ u_2 & u_{21} & u_{22} \end{vmatrix} \geq 0 \tag{1-57}$$

ただし、$u_i = \dfrac{\partial u}{\partial x_i}(i=1,2)$、$u_{ij} = \dfrac{\partial^2 u}{\partial x_i \partial x_j}(i,j=1,2)$ である。これは、関数 $u(z)$ の縁付きヘッセ行列[注3]に関する条件である。(1-57) 式で不等号（＞）が成立するときに、厳密に準凹関数であるという。

コブ＝ダグラス関数

次のような関数を考える。

$$U = x^{\alpha} y^{1-\alpha} \tag{1-58}$$

注3　縁付きヘッセ行列：ラグランジュ未定乗数の十分条件の判定に使われるヘッセ行列（2階の偏導関数を並べた行列）のこと。

ここで $0 < \alpha < 1$ とする。このような関数は、コブ=ダグラス型の関数と呼ばれる。この関数は準凹関数の1つであり、数値計算が簡単なため、経済学では家計の効用関数や企業の生産関数の特定化としてよく用いられる。

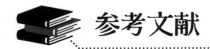

参考文献

数理経済学や経済学で使う数学には有益なテキストが多数ある。次にそのいくつかを紹介する。

- 『改訂版 経済学で出る数学：高校数学からきちんと攻める』尾山大輔、安田洋祐（編著）、日本評論社（2013）
- 『経済学と（経済学、ビジネスに必要な）数学がイッキにわかる！！』石川秀樹（著）、学研マーケティング（2015）
- 『現代経済学の数学基礎〈上〉〈下〉』A.C. チャン、K. ウエインライト（著）、小田正雄、高森寛、森崎初男、森平爽一郎（訳）、シーエーピー出版（2010）
- 『高校数学からはじめる やさしい経済数学テキスト』鈴木孝弘（著）、オーム社（2014）

第 2 章

家計の最適化行動

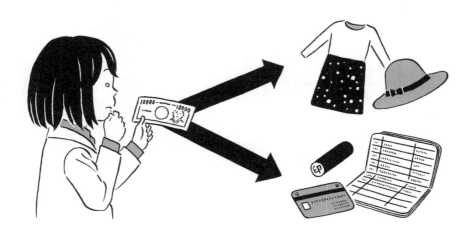

1 消費配分行動の理論

家計の消費配分行動

　家計の経済行動は消費・貯蓄の選択や労働・余暇の選択などからなる。まず本節では、異なる複数の消費財を選択するという消費の配分に関する最適化問題について考えてみよう。ある所与の所得を消費財・サービスの購入にあてる場合、家計はどのような目的で複数の財・サービスに消費金額を配分しているだろうか。大方の納得する消費行動の特徴としては、次の2つがある。

　第1の特徴（＝相対価格基準）は、同じ品質の財やサービスであれば、価格の低い企業や店から購入することである。価格はその財を購入する際のコストなので、同じモノを買うなら、価格の高いモノよりは価格の低いモノを購入する。

　第2の特徴（＝バランス基準）は、複数の似たような財がある場合に、1つの財に集中して消費を絞り込むよりは、バランスよく消費をすることである。たとえば、果物といっても、リンゴ、ミカン、バナナ、モモ、スイカ、パイナップル、パパイヤなどいろいろな種類がある。通常、家計はその中で1つの果物のみを集中して消費する行動はとらない。一般的に多くの家計の消費行動では、多数の財やサービスをバランスよく購入している。これが家計の消費行動のもう1つの特徴である。

リンゴだけ集中して毎日買うことはない！？

こうした消費配分の特徴を、家計の効用最大化行動から説明しよう。まず、効用関数を定義する。効用関数は消費量と効用（経済的満足度）との関係を表している。すなわち、ある財の消費量が増加すれば、その財から得られる効用水準も増加する。ただし、その増加の程度（＝限界効用、財の消費量の増加分と財の消費から得られる効用の増加分との比率）は次第に小さくなる。

$$限界効用 = \frac{効用の増加分}{消費の増加分}$$

限界効用には次の性質がある。

（1）　限界効用はプラスである
（2）　限界効用は逓減する（＝効用の増加幅は次第に小さくなる）

図 2.1 は、効用関数を図示している。限界効用は効用関数の微分係数の値であり、効用曲線の傾きを意味する。それが逓減するのは、2階の微分係数がマイナスであることを意味する。

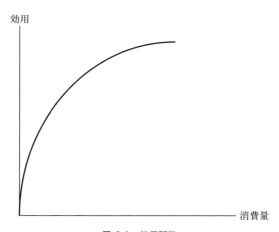

図 2.1　効用関数

これらの2つの性質は次のように解釈できる。消費をすると必ず満足が得られる。最初に少しだけ消費したときには、その財が新鮮に感じられるため満足度の増加も大きい。すなわち、限界効用は大きい。しかし、同じ財をたくさん消費した後では、その財の追加的な消費はあまり新鮮には感じられない。その財の消費にかな

り飽きがきた状態では、追加的な消費の増加から得られる効用の増加分は小さくなるだろう。したがって、限界効用はプラスであるが、その財の消費とともに次第に減少していく（限界効用逓減の法則）。

なお、厳密にいえば、効用は序数的な概念であり、効用それ自体の大きさにあまり経済的な意味はない。限界効用は必ずしも逓減しなくても、本節の消費理論は成立する。本来、逓減を仮定する必要があるのは、2つの消費財の限界効用の比である限界代替率である。しかし、単純化のため、以降では限界効用を限界代替率とほぼ同じ意味で使っている。この2つの厳密な区別については、数理経済学やミクロ経済学の中級レベルのテキストを参照されたい。

▶ 2 財の配分の選択

このような効用関数を前提として、2つの消費財1、2の消費量 x_1、x_2 の配分に関する選択問題を考える。効用関数は

$$u = U(x_1, x_2) \tag{2-1}$$

であり、予算制約式は

$$p_1 x_1 + p_2 x_2 = Y \tag{2-2}$$

である。ここで p_1、p_2 はそれぞれの財の価格、Y は（外生的な）所得である。

(2-1)式の効用関数は消費者の満足度を数式で定式化したものであり、財1、2の消費量が増加すると、家計の満足度（＝効用）も増加すると考える。限界効用は逓減する。効用関数は準凹関数であり、内点解で最適な消費量が決まると考える。

(2-2)式の予算制約式は家計の2つの消費財についての選択における制約を示すものであり、一定の所得を2つの消費財1、2の購入に配分する際の制約を数式で表している。

家計はこの予算制約式のもとで効用を最大化するように x_1、x_2 を選択すると考える。この最適化問題は、数学的には制約付きの最適化問題と同じである。

したがって、ラグランジュ関数 L は、

$$L = U(x_1, x_2) - \lambda[p_1 x_1 + p_2 x_2 - Y] \tag{2-3}$$

となり、x_1、x_2 に関する最適条件はそれぞれ次式となる。

$$\frac{\partial L}{\partial x_1} = U_{x_1}(x_1, x_2) - \lambda p_1 = 0 \qquad (2\text{-}4\text{-}1)$$

$$\frac{\partial L}{\partial x_2} = U_{x_2}(x_1, x_2) - \lambda p_2 = 0 \qquad (2\text{-}4\text{-}2)$$

ここで、$U_{x_1}(x_1, x_2) \equiv \dfrac{\partial U}{\partial x_1}$、$U_{x_2}(x_1, x_2) \equiv \dfrac{\partial U}{\partial x_2}$ はそれぞれ x_1、x_2 の偏微分係数である。これは各消費財の限界効用を意味する。すなわち、ある消費財の消費量が限界的に増加するときの効用の増加幅である。経済学ではこうした限界概念（数学的には偏微分）が重要である。これら2式より λ を消去すると、最適条件として次式を得る。

$$\frac{U_{x_1}}{p_1} = \frac{U_{x_2}}{p_2} \qquad (2\text{-}5)$$

あるいは

$$\frac{U_{x_1}}{U_{x_2}} = \frac{p_1}{p_2} \qquad (2\text{-}5)'$$

(2-5) 式は、限界効用をそれぞれの価格で割った値が等しいことを意味する。あるいは、(2-5)′式から、限界効用の比（＝限界代替率）が価格の比に等しいと読み替えることもできる。この条件は、本節冒頭で示した消費行動に関する2つの特徴を数式で定式化したものであり、家計の最適な消費配分行動を表している。(2-5) 式あるいは (2-5)′式は限界条件であるから、数学的には効用最大化の必要条件である。効用最大化の十分条件は効用関数が準凹関数であることで満たされている。

経済学で最初に登場するもっとも重要な留意点が、「限界」と「平均」との区別である。「限界」とはある経済行為の追加的な効果であり、「平均」とはある経済行為の平均的な効果である。そして、経済的に合理的な行動においては限界効果が重要な役割を演じる。なんらかの経済的な決定を行う場合、たとえば、ミカンの購入個数を減らしてリンゴの購入個数を決定する場合、もう1単位だけ追加する場合の限界的なメリット（限界代替率）とデメリット（価格）が重要な判定基準となる。リンゴの限界効用とミカンの限界効用の比（＝リンゴの限界代替率）はリンゴを追加的に購入する（ミカンの購入を限界的に減らす）メリットであり、リンゴとミカンの相対価格はリンゴを追加的に購入する（ミカンの購入を限界的にあきらめる）場合のデメリットである。限界概念は数学的には微分と対応する。特に、ある変数のみが変化するときの限界概念は、偏微分の世界になる。

ところで、(2-5)′式左辺の限界メリットの方が (2-5)′式右辺の限界デメリットよりも大きければ、その追加的な変化（＝もう1個リンゴを購入すること）によって経済的な満足度は上昇する。逆に限界デメリットの方が限界メリットよりも大きければ、経済的な満足度は減少する。限界メリットと限界デメリットの一致する点が最適点になる。経済問題を分析する際には、その問題の限界的なメリットとデメリットがなにであり、その大きさがどの程度かを考えればよい。

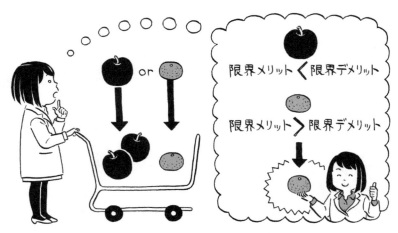

限界メリットと限界デメリットの関係

▶ 代替効果と所得効果

ここで p_1 が変化するとき、x_1 への需要がどう変化するかを分析してみよう。予算制約式 (2-2) 式と最適条件式 (2-5) 式をそれぞれ全微分すると、行列で表して次式を得る。

$$\begin{bmatrix} p_1 & p_2 \\ p_2 U_{11} - p_1 U_{21} & p_2 U_{12} - p_1 U_{22} \end{bmatrix} \begin{bmatrix} \mathrm{d}x_1 \\ \mathrm{d}x_2 \end{bmatrix}$$
$$= \begin{bmatrix} -x_1 \\ U_2 \end{bmatrix} \mathrm{d}p_1 + \begin{bmatrix} -x_2 \\ U_1 \end{bmatrix} \mathrm{d}p_2 + \begin{bmatrix} 1 \\ 0 \end{bmatrix} \mathrm{d}Y \quad (2\text{-}6)$$

なお、ここでは表現をより単純化するため、$U_1 = \dfrac{\partial U}{\partial x_1}$、$U_2 = \dfrac{\partial U}{\partial x_2}$、$U_{ij} = \dfrac{\partial^2 U}{\partial x_i \partial x_j}$ ($i = 1, 2$) としている。この式にクラメルの公式を適用すると、財1の価格変化が

財 1 の需要に及ぼす効果を示す次式を得る。

$$\frac{dx_1}{dp_1} = \frac{1}{\Delta}[-x_1(p_2 U_{12} - p_1 U_{22}) - p_2 U_2] \tag{2-7-1}$$

ここで $\Delta \equiv -p_1^2 U_{22} - p_2^2 U_{11} + 2p_1 p_2 U_{12} > 0$ である。この不等式は準凹関数の仮定から成立する。

また (2-6) 式より、Y に関して比較静学分析をすると、すなわち、所得が外生的に増加したときに財 1 の消費に与える影響を考えると、次の式を得る。

$$\frac{dx_1}{dY} = \frac{1}{\Delta}[p_2 U_{12} - p_1 U_{22}] \tag{2-7-2}$$

この式は所得 Y の増加が x_1 へ及ぼす変化を表す所得効果を意味する。分子の第 2 項はプラスであるが、第 1 項はクロスの微分係数 U_{12} の符号が不確定なので、一般的には符号はわからない。しかし、通常はこの符号はプラス（財 2 の消費量が増加すれば、財 1 の限界効用は増加する）と想定できるから、分子は全体としてプラスになる。その場合、この財は正常財と呼ばれる。正常財であれば、この所得効果はプラスとなる。所得が増加すれば予算制約が緩くなるので、消費財の購入が増大すると想定するのはもっともらしい。逆に、U_{12} がマイナスであり、その効果が第 2 項を上回ると、この式の符号はマイナスになり、財 1 は劣等財と呼ばれる。財 2 の消費量が増加したときに、財 1 の限界効用が大きく減少するケースである。

この所得効果を先ほどの (2-7-1) 式に代入すると、価格が消費に及ぼす総合的な効果は次のように書き換えられる。

$$\frac{dx_1}{dp_1} = -x_1 \frac{dx_1}{dY} - \frac{1}{\Delta} p_2 U_2 \tag{2-7-1}'$$

この式において、第 1 項は所得効果に対応する。つまり、p_1 の上昇により実質的に所得が減少することは x_1 に対する需要にどう影響するか（需要をどれだけ減少させるか）を表す。財 1 が正常財であれば、第 1 項の所得効果は消費意欲を抑制する効果を持つ。

これに対し、次の第 2 項は所得が実質的に一定に維持される場合に p_1 が相対的に変化したときの効果である代替効果を表す。第 2 項は必ずマイナスになる。この代替効果は相対価格の変化（p_1 が p_2 と比較して変化すること）が財 1 の消費に及ぼす純粋な効果を示している。p_1 が相対的に上昇するとき、代替効果から必ず財 1

の需要は減少する。すなわち、価格変化が消費に与える効果は、所得効果と代替効果に分解することができる。

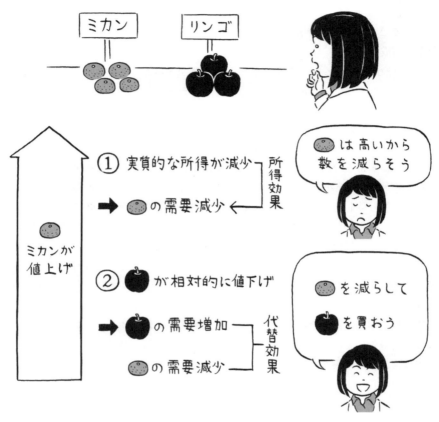

価格変化が消費に与える効果は……

▶ 無差別曲線による説明

ここまで数式で分析してきた消費者の効用最大化問題を、**図2.2**を用いてより直感的に考えてみよう。ここでは無差別曲線という概念が有益である。無差別曲線とは、効用水準 U をある任意の水準で一定に維持するような財1、2の消費量 x_1、x_2 の組合せである。したがって、同じ無差別曲線上の任意の点は、同じ効用水準を意味する。このような曲線は、地図上での等高線や天気図上での等圧線など、他分野でもよく用いられている。

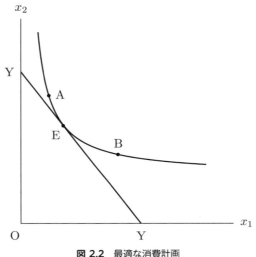

図 2.2 最適な消費計画

図 2.2 は U をある任意の水準 U^* で固定したときの無差別曲線を描いたものである。この図に示しているように、無差別曲線は原点 O に向かって凸となるような曲線である。これは効用関数が準凹関数であることによる。まず、無差別曲線が右下がりであることは容易に理解できるだろう。x_1 が増大するとき、x_2 を一定に維持すると、当然 U は増大する。U を当初の U^* で維持するには x_2 が減少しなければならない。x_1 の増大と x_2 の減少という組合せによって効用水準が一定に維持されるので、無差別曲線は右下がりとなる。

次に、無差別曲線が原点に向かって凸となる理由を考えてみよう。財 1 の消費量 x_1 が小さく財 2 の消費量 x_2 が大きい組合せの点 A で、1 単位だけ x_2 を減少させたとする。同じ効用を維持するには、どれだけ x_1 を増加させる必要があるだろうか。x_2 はすでに大きな水準であるから、それを 1 単位減少させても効用の減少分（＝限界効用の大きさ）はそれほど大きくはない。それに対し x_1 は小さいので、少し増加させると効用は大きく増大する（x_1 の増加の限界効用は大きい）。したがって、あまり x_1 を増加させる必要はない。すなわち、無差別曲線の傾きの絶対値はかなり大きい。

逆に、x_1 が大きく x_2 が小さい組合せの点 B では、x_2 を減少させると効用の減少分は大きく、x_1 を増加させても効用の増え方はそれほど大きくない。したがって、同じ効用を維持するには、x_2 の減少分以上の x_1 の増加が必要とされる。その

結果、この点では無差別曲線の傾きの絶対値はかなり小さくなる。

したがって、x_1 が大きく x_2 が小さくなるほど、無差別曲線の傾きがより緩やかになり、原点に向かって凸の形になる。

たとえば、次のようなコブ＝ダグラス型の効用関数を想定しよう。

$$U = x_1^{0.5} x_2^{0.5}$$

このときの無差別曲線は、

$$U^* = x_1^{0.5} x_2^{0.5}$$

となる x_1、x_2 の組合せである。これは、

$$U^{**} = x_1 x_2$$

と同じである。ここで、$U^{**} = (U^*)^2$ である。すなわち、無差別曲線は同じ形の直角双曲線となる。無差別曲線は効用の絶対的な水準には依存していない。序数的な効用概念のみで、それに対応する無差別曲線を導出できる。

他方で、予算制約式は**図2.2**ではYYという直線で描くことができる。この予算線の傾きは相対価格 $\dfrac{p_1}{p_2}$ である。予算線YY上で消費者にとって効用がもっとも高い点は、予算線と無差別曲線の接点になる。つまり、主体的均衡点は無差別曲線と予算線の接点Eで与えられる。

ところで、無差別曲線の傾きは限界代替率と呼ばれる。これは、横軸の財1の消費量（$= x_1$）を1単位だけ限界的に増加させるときに、効用を維持するなら縦軸の財2の消費量（$= x_2$）をどのくらい減少させることができるかの割合であり、その財2の消費量の減少幅で定義される。言い換えると、財1のある消費水準の限界的評価を、財2の消費と比較する形式（金銭単位）で示している。限界効用は主観的な判断に依存する概念であるが、限界代替率は金銭単位で測れる概念であり、客観的な数字である。

$$x_1 \text{の限界代替率} = \frac{x_2 \text{の減少幅}}{x_1 \text{の増加幅}} \quad (\text{同じ効用水準を維持する})$$

限界代替率は、無差別曲線が原点に向かって凸の形状をしている場合に、その財の消費量が小さいときに大きく、その財の消費量が増加するにつれて小さくなって

いく。これは、その財の消費者にとっての主観的な評価が、消費量の拡大とともに小さくなることを意味する。こうした性質は、限界代替率逓減の法則と呼ばれる。

　限界代替率逓減の法則は、限界効用逓減の法則とよく似ている。限界代替率は2つの財の限界効用の比率に等しい。

$$x_1 \text{の限界代替率} = \frac{x_1 \text{の限界効用}}{x_2 \text{の限界効用}}$$

なぜなら、同じ効用水準を維持する x_1、x_2 の組合せは、

$$\mathrm{d}U_1 \mathrm{d}x_1 + \mathrm{d}U_2 \mathrm{d}x_2 = 0 \tag{2-8}$$

の関係を満たしていなければならない。ここで、$\mathrm{d}U_1$ は x_1 の限界効用 $\frac{\mathrm{d}U}{\mathrm{d}x_1}$、$\mathrm{d}U_2$ は x_2 の限界効用 $\frac{\mathrm{d}U}{\mathrm{d}x_2}$ を意味する。(2-8) 式を変形すると、

$$-\frac{\mathrm{d}x_2}{\mathrm{d}x_1} = \frac{\mathrm{d}U_1}{\mathrm{d}U_2} \tag{2-9}$$

が得られる。これは、限界代替率が限界効用の比に等しいことを示している。

　したがって、x_1 の増加によって x_1 の限界効用が逓減しなくても、x_2 の増加によって x_1 の限界効用が増大すれば、x_1 の拡大と x_2 の縮小という組合せで x_1 の限界代替率は低下する。その結果、無差別曲線は原点に向かって凸の形状を持つ。そして、このような無差別曲線の形状は消費理論にとって必要十分の枠組みを与える。

　ここで、価格変化が主体的均衡に与える効果を考えてみよう。いま、財1の価格 p_1 が上昇したとしよう。このとき、財1の相対価格 $\frac{p_1}{p_2}$ も上昇する。$x_1 = 0$ であれば、このような価格の上昇によって家計の消費機会は影響を受けないが、$x_1 > 0$ である限り、消費機会は小さくなる。すなわち、**図2.3** に示すように、予算線はYY から Y′Y へとシフトする。

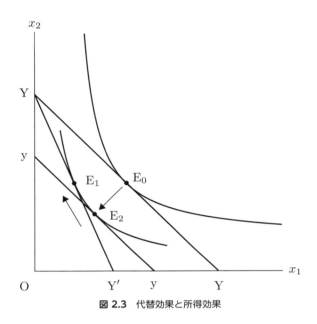

図 2.3 代替効果と所得効果

したがって、主体的均衡点は E_0 から E_1 へ移動し、x_1 は減少する。これは次のように理解できる。いま、新しい均衡点 E_1 に対応する無差別曲線 I_1 上で、傾きが価格上昇前の相対価格 $\frac{p_1}{p_2}$ に等しい点を E_2 としよう。すると、E_0 から E_1 への動きは、E_0 から E_2 への動きと E_2 から E_1 への動きに分解できる。

前者の動き（E_0 から E_2 への動き）は、相対価格が一定のもとでの実質的な所得の減少による予算線の平行下方シフト（YY から yy へ）の効果を表し、後者の動き（E_2 から E_1 への動き）は、同じ効用水準を維持するように（同じ無差別曲線上を動くように）実質的な所得が調整されたときの消費行動の変化を表している。前者が所得効果、後者が代替効果である。

▶︎ 費用最小化問題

ミクロ経済学では、所得効果と代替効果を区別することが重要である。この代替効果について、さらに分析してみよう。

効用水準をある一定水準 $\overline{U}$ に維持するという制約で、総消費額 $p_1 x_1 + p_2 x_2$ を最小化する問題を考えよう。これは効用最大化問題に対する双対問題の一例である。このとき、対応するラグランジュ関数は次のようになる。

$$L = p_1 x_1 + p_2 x_2 - \lambda[U(x_1, x_2) - \overline{U}] \tag{2-10}$$

この関数について、x_1、x_2 に関する最適条件は次のようになる。

$$\frac{\partial L}{\partial x_1} = p_1 - \lambda U_{x_1}(x_1, x_2) = 0 \tag{2-11-1}$$

$$\frac{\partial L}{\partial x_2} = p_2 - \lambda U_{x_2}(x_1, x_2) = 0 \tag{2-11-2}$$

これら 2 式から、最適条件式として効用最大化問題と同じ（2-5）式を得る。つまり、効用最大化の最適条件と費用最小化の最適条件は同じである。これは双対原理と呼ばれる。

最適化理論における双対原理（duality principle）とは、最適化問題を主問題（効用の最大化）と双対問題（費用の最小化）のどちらの観点から考えても、同じ結果が得られることを指す。すなわち、主問題と双対問題のいずれか一方が最適解を持つなら、もう一方も最適解を持ち、主問題の最大値と双対問題の最小値は一致する。

費用最小化問題は代替効果の性質を理解する際に有益である。以降では、この点を説明したい。

▶▶▶ スルーツキー方程式

代替効果は無差別曲線上での動きに対応しているので、効用水準一定のもとでの費用最小化の解に対応する需要がその財の価格変化にどのように反応するかを表している。効用水準一定の制約式と最適条件（2-5）式を全微分して次式を得る。

$$\begin{bmatrix} U_1 & U_2 \\ p_2 U_{11} - p_1 U_{21} & p_2 U_{12} - p_1 U_{22} \end{bmatrix} \begin{bmatrix} \mathrm{d}x_1 \\ \mathrm{d}x_2 \end{bmatrix}$$
$$= \begin{bmatrix} 0 \\ U_2 \end{bmatrix} \mathrm{d}p_1 + \begin{bmatrix} 0 \\ -U_1 \end{bmatrix} \mathrm{d}p_2 + \begin{bmatrix} 1 \\ 0 \end{bmatrix} \mathrm{d}\overline{U} \tag{2-12}$$

これより、代替効果を求めると

$$\left. \frac{\mathrm{d}x_1}{\mathrm{d}p_1} \right|_{U=\overline{U}} = \frac{1}{\Delta^*}[-U_2^2] \tag{2-13}$$

ここで $\Delta^* \equiv -p_1 U_{22} U_1 - p_2 U_{11} U_2 + 2 p_1 U_2 U_{12} > 0$ である。この不等式は準凹

関数の仮定より成立する。

ところで、最適条件 (2-5) 式を考慮すると、この式は $-\frac{1}{\Delta}p_2U_2$ と等しくなる。すなわち代替効果は、効用水準を一定に維持したときに、相対価格の変化がその財の消費需要に及ぼす効果を表している。実際には、価格の上昇によって実質的所得が減少すれば、効用水準も低下する。この効用水準の低下が消費に及ぼす効果は所得効果である。つまり、価格効果がその財の需要に及ぼす実際の効果 (2-7-1)′ 式は、所得効果と代替効果に分解される。

$$\frac{dx_1}{dp_1} = \frac{dx_1}{dp_1}\bigg|_{U=\overline{U}} - x_1\frac{dx_1}{dY} \tag{2-14}$$

これはスルーツキー方程式と呼ばれる。価格変化に関する消費行動の基本的な式である。

▶ 劣等財

所得効果と代替効果という概念を用いて、所得や価格が変化したときに消費に与える影響を直感的に考えてみよう。まず、所得が増加し、消費全体にまわせる資金量も増加したとしよう。消費全体の資金量＝所得が増加すれば、普通であれば財1、財2の消費量も拡大する。通常の消費財は所得効果がプラスであり、正常財あるいは上級財と呼ばれる。財1と財2がともに正常財であれば、所得が増加するとそれらの財に対する需要はいずれも拡大する。

これに対して、所得効果がマイナスの財は、劣等財（下級財）と呼ばれる。たとえば、主食としての麦や芋などは劣等財の例である。所得が低いうちは麦や芋を主食として消費しているとしよう。所得水準の増加にともない、麦や芋の消費は減少し、米の消費が拡大する。このようなケースでの麦や芋は劣等財である。米の中でも、所得の増加とともに標準米からブランド米へ需要がシフトすれば、標準米は劣等財になるかもしれない。あるいは、乗り合いバスも地域によっては劣等財である。自動車の乗り心地や機能が充実するにつれて、乗り合いバスからマイカーへ需要がシフトする。所得が低いとき乗り合いバスを利用していた家計が、所得の増加にともなってマイカーへと乗り換えるとき、乗り合いバスに対する需要は劣等財になる。

金融危機などのマクロ経済が不況で所得も減少しているときは、高級ホテルのレストランでの外食を減らして、スーパーの総菜を購入したり、自宅で用意した弁当

を食べたりする人が増える。この場合、高級ホテルでの外食は正常財であり、総菜や弁当は劣等財である。

なお、所得が増大すれば、総購入可能金額（＝可処分所得）は拡大する。価格が一定である限り、これは総消費量の拡大を意味する。したがって、すべての財が正常財であることは大いにありうる。しかし、逆のケース、つまり、すべての財が劣等財のケースは論理的に考えられない。たとえば、選択対象となる財の数が2つの場合は、1つの財が劣等財であれば、もう1つの財は必ず正常財となる。

正常財　　　　　　　　劣等財

1つの財が劣等財であれば、もう1つの財は正常財になる

▶ 価格変化による代替効果

次に、スルーツキー方程式（2-14）式における価格変化の代替効果を見ておこう。すなわち、財1の価格が変化したとき、財1の消費量に与える相対的な価格効果を考えてみる。代替効果から見ると、価格 p_1 が下落すればその財1の購入量は増加し、逆に、価格が上昇すれば購入量は減少する。財1の価格が相対的に低下すれば、もう1つの消費対象である財2よりも財1を購入することが相対的に有利になるから、財1の消費が増加する。この代替効果の経済学的な意味を考える。

代替効果は、実質的な所得が変化しないように（あるいは、効用水準が一定を維持するように）調整されたときの（同一無差別曲線上での）価格変化の動きであり、必ずプラスに働く。すなわち、その財の価格が低下すれば、その財の需要量は増加

する。これに対して、前述のように、価格の変化がもたらす所得効果は正常財であればプラスであるが、劣等財の場合にはマイナスである。代替効果と所得効果を合わせたものが、価格変化による総合的な効果となる。

代替効果と所得効果をそれぞれ検討したので、価格変化による総合的な効果を検討してみよう。まず、正常財であれば、その財の価格が低下すると必ずその財の購入量は増加する。逆にいうと、価格が上昇すると需要量は減少する。これは所得効果と代替効果が同じ方向に働くからである。しかし、劣等財、つまり所得効果がマイナスの場合には、価格が変化したときに、代替効果を所得効果が相殺する方向に働くので、総合した効果がどちらになるのかは理論的には確定しない。

▶ ギッフェン財

所得効果がマイナスの劣等財では、その財の価格の低下により、その財の需要が減少する逆説的なこともありうる。これは、価格の変化を2つの効果（所得効果と代替効果）に分解したときに、2つの効果が逆方向に働き、所得効果の大きさが代替効果の大きさを上回っているケースである。すなわち、その財の価格の低下によって実質的所得が増加するので、劣等財であれば、所得効果からはその財の需要は減少する。一方、代替効果からは、価格の低下によってその財に対する需要は増加する。結果として代替効果よりも所得効果が大きければ、逆説的ではあるが、価格の低下によって需要は減少する。また、価格の上昇でその財の需要は増加する。このような財はギッフェン財と呼ばれる。

こうした逆説的現象は、実際に1845年のアイルランドでの飢饉のときに、じゃがいもの需要について見られた。じゃがいもの価格が上昇した際、経済的余裕がない家計では、より品質の高い他の財に対する支出が抑制され、代わりにじゃがいもの支出が増大した。

▶ クロスの代替効果

実質的な所得が一定に維持されるとして、他財（財2）の価格 p_2 の変化により相対価格が変化し、代替効果にともなって（財1の）需要が変化することを、クロスの代替効果という。財2の価格 p_2 の上昇は、財2から財1への需要の代替を引き起こすことがある。このような代替関係にある2つの財は、代替財と呼ばれる。リンゴとミカンのように、競合する2財の消費は代替関係にあることが一般的であ

る。同様に、肉の価格が高くなれば、魚の需要が増える。

しかし、紅茶とレモン、パンとバター、野球用具のボールとミットなど、セットで需要が生じる財については、そのうちの1つの財の価格が上昇すると、両方の財の需要が減少するだろう。たとえば、紅茶の価格が上昇すると、紅茶の需要が減少するのみならずレモンの需要も減少する。このような関係にある2つの財は補完財と呼ばれる。

▶ 価格弾力性と所得弾力性

次に、価格と消費量＝需要量の関係を見よう。これまで説明したように、ある財の価格が上昇すると、通常はその財の需要量は減少する。需要の弾力性 ϵ は、需要量がその財の価格上昇に対してどの程度反応（減少）するかを示す指標である。数式では次のように定義される。

$$\epsilon \equiv -\frac{\frac{\mathrm{d}x}{x}}{\frac{\mathrm{d}p}{p}} \tag{2-15}$$

ここで、p は価格、x は需要量である。価格が1％上昇したときに、需要量が何％減少するか、その値が価格弾力性 ϵ となる。

需要が価格に対して大きく反応する弾力的な財は、宝石など贅沢品に多く見られる。たとえば、宝石は日常生活で特に必要なものではない。価格がある程度下がれば買いたいと思う家計は多いが、高い値段ではあえて無理をして買うほどの需要はあまりない。したがって、価格が低下すれば需要は大きく増加し、価格が上昇すれば需要は大きく落ち込む。このように宝石の価格弾力性は高い。

また、趣味などの嗜好品で、しかも他にも似たような代替品が多くありうるもの、たとえば、ゴルフ用品、テニス用品などのスポーツ用品も価格弾力性は高いだろう。競争的な財が他にたくさんあると、ある財の価格が少しでも下がれば、その財に対する需要は大きく増加するし、逆にその財の価格が上昇すれば、他の財へ需要が逃げやすいので、価格弾力性はかなり高くなる。

需要がその財の価格にあまり反応しない非弾力的な財の代表は、生活必需品でかつあまり代替の効かないものである。たとえば、塩の需要はそれほど価格に依存しない。料理に塩は必要であるが、一方で塩ばかり消費するメリットはあまりない。価格が変動しても、料理に使われる塩の消費量はほとんど変化しない。とすれば、

塩の価格弾力性はかなり小さい。牛丼は競合チェーン間で価格競争が激しい。他の店よりも少しでも高いと需要は大きく減少する。その意味で価格弾力性は高い。しかし、牛丼自体が成熟した商品であり、新規の需要を引きつける魅力に乏しいとすれば、価格弾力性は次第に低くなるかもしれない。

価格ではなく、所得と消費量の関係も見ておこう。所得 M が拡大したとき、その財の消費 x がどの程度拡大するかを示す指標が、所得弾力性である。

$$\epsilon \equiv \frac{\dfrac{dx}{x}}{\dfrac{dM}{M}} \tag{2-16}$$

劣等財でない限り、所得弾力性はプラスである。ただし、その大きさは消費対象によって異なる。たとえば、所得弾力性の高い財は贅沢品であろう。生活に余裕ができてはじめて、宝石などの贅沢品の需要は拡大する。逆に、所得弾力性の低い財は生活必需品である。塩などの必需品は所得が拡大しても、たいして需要が刺激されるわけではない。景気の良いときには、所得弾力性の高い財・サービスの消費が旺盛になるが、景気が悪くなると、所得弾力性の低い生活必需品が売れるようになり、さらに景気が悪化すると、劣等財の消費が刺激される。

弾力的な財 → 非弾力的な財

景気が悪化すると……

2 労働供給の決定

▶ 賃金率と労働供給

　家計は財やサービスを消費するだけではない。労働を供給して（働いて）労働所得を得る。本節では、労働者は自ら働く時間を最適に選択できるという想定で、労働供給と余暇の最適配分問題、あるいは所得の最適決定問題について議論を進める。利用可能な時間（1日であれば24時間）のうちで働かない時間を余暇の時間と呼ぶ。余暇といっても、趣味の時間など純粋な余暇時間もあれば、家事や睡眠の時間もある。それらをまとめて余暇の時間とみなし、余暇の時間が増えると、その限りでは家計の効用も増加すると考える。

　フルタイムの労働者であっても、残業などの仕事についてはある程度自ら調整可能であるし、また、働く時間が決まっている場合でも、どのくらい熱心に働くかは自ら選択できるだろう。熱心に働く場合は、普通に働く場合よりも労働意欲（エネルギー）を使うし、賃金も多くもらえるだろうから、経済学的には普通に働く時間が多くなる場合と同じと考えることができる。

　常識的には、賃金率が上昇すれば労働意欲、労働時間も増加すると思われる。たとえば、時間給1000円で6時間（標準労働で測って）働いていた人が、時間給が2000円に上昇することで8時間（標準労働で測って）働きたいと思う。消費する財の値段（価格）の上昇により需要が減少することとは逆に、供給される労働の値段（賃金率）が上昇すれば労働供給は刺激される。これは代替効果による。しかし、同時に所得効果も働く。時間給が大幅に上昇すれば、いままでよりも労働時間を減らし、その分だけ余暇を楽しむ余裕も出てくるかもしれない。したがって、賃金率と労働供給との関係は、一般的に確定しない。

　おおざっぱにいうと、**図2.4** のように、賃金率の水準が低い場合、通常は代替効果の方が所得効果よりも大きく、賃金率と労働供給が正の関係になって、労働供給曲線は右上がりになる。これに対して、賃金率がかなり高くなると、賃金率がさらに上昇しても、それ以上稼ぐよりは余暇の消費の方を選好する傾向が生じて（所得効果の方が代替効果よりも大きくなって）、賃金率と労働供給は負の関係になり、労働供給曲線は右下がりになる。

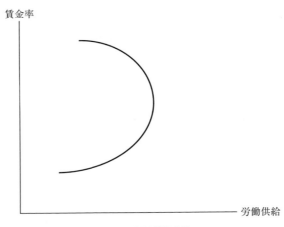

図 2.4 労働供給曲線

　実際の労働供給と賃金率の関係を調べてみると、日本も含めて多くの国では、フルタイムの労働者とパートタイムの労働者の労働供給のあり方は異なる。パート労働が多い女性については、実質賃金と労働供給とはプラスの相関が有意に検出されている。すなわち、代替効果の方が所得効果よりも大きい。一方、フルタイム労働が多い男性については、実質賃金率と労働時間とのプラスの相関はそれほど明確ではない。

▶ 数式による定式化

　この労働供給の最適化問題を数式で定式化してみよう。家計の効用関数に労働供給 L を明示的に導入する。ここで、U は効用関数、Y は所得、$L_0 - L$ は余暇の消費、L_0 は労働供給可能時間、L は実際の労働供給時間を意味する。この効用関数は所得と余暇の増加関数であり、通常の標準的な性質を持っているとする。すなわち、準凹関数（無差別曲線が原点に対して凸）であり、連続関数であり、微分可能性を満たし、かつ、Y の増加関数、L の減少関数（$L_0 - L$ の増加関数）であると仮定する。なお、家計の経済的満足度（＝効用）は、次のように所得（＝消費）と余暇の大きさに依存すると考える。

$$u = U(Y, L_0 - L) \tag{2-17}$$

　予算制約式は次のように定式化される。

$$Y = wL \tag{2-18}$$

ここで w は時間あたりの賃金率である。wL は所得であり、Y に等しい。これは消費可能な資源を意味するので、効用関数の中に増加関数として入ってくる。本節では所得はすべて消費されると想定して、貯蓄は考えない。

家計は、この予算制約式のもとで効用を最大化するように労働供給と余暇の配分を決める。単純化のため、w を所与として労働供給可能時間の範囲内でいくらでも労働供給 L を選択できると想定している。予算制約式を効用関数に代入すると、制約条件なしの目的関数は次のようになる。

$$u = U(wL, L_0 - L) \tag{2-17}'$$

したがって、この式を L で微分してゼロとおくと、最適条件は次のようになる。

$$\frac{dU}{dL} = U_1 w - U_2 = 0 \tag{2-19}$$

ここで、U_1 は所得の限界効用、U_2 は余暇の限界効用（＝労働供給の限界不効用[注1]）である。あるいは、次式のようになる。

$$U_1 = \frac{U_2}{w} \tag{2-19}'$$

この式は、基本的に前節の「2財の配分の選択」で考察した2財の消費配分に関する最適条件式と同じである。余暇の限界代替率（＝余暇の限界効用／消費財の限界効用）が賃金率（＝相対価格）に等しいという条件である。労働供給の増加は余暇の減少を意味するから、通常の消費財と時間に関する消費財（余暇）の2つの消費財に関する選択問題と考えると、数学的には「2財の配分の選択」での2財の消費配分に関する議論がそのまま当てはまる。なお、余暇と労働供給とは正反対の意思決定になっている。

▶ 賃金率の変化

ここで賃金率の変化が労働供給にどう影響するかを考える。たとえば、労働所得

注1 労働時間が増加すると余暇が減少するので、効用も減少する。そのマイナスの効果を限界不効用と呼んでいる。つまり、労働の限界不効用＝－余暇の限界効用である。

税があると、実質的な賃金率が税率分だけ低下する。あるいは、好況や不況で賃金率が上がったり下がったりするかもしれない。賃金率の労働供給に対する効果は、2つの効果に分解できる。すなわち、代替効果と所得効果である。

最初に賃金率に関するスルーツキー方程式を考えよう。「1　消費配分行動の理論」と同様に考えると、賃金率の変化が労働供給に与える効果は次のように定式化される。

$$\frac{\partial L}{\partial w} = \left(\frac{\partial L}{\partial w}\right)_{\bar{U}} + L\frac{\partial L}{\partial M} \tag{2-20}$$

ここで、第1項は代替効果であり、効用水準を一定に維持するように外生的所得 M が調整されるとしたとき、賃金率の変化が労働供給に及ぼす影響を意味する。この代替効果は労働供給に常にプラスに働く。賃金率が上昇すると、余暇よりも労働供給に時間を振り向ける方が相対的に有利となる。(2-20) 式の第2項は所得効果を意味し、外生的所得 M（このモデルでは wL_0 と示している）の変化が労働供給に与える影響を意味する。余暇が正常財であるとすれば、この所得効果は労働供給に常にマイナスに働く。すなわち、$\frac{\partial L}{\partial M} < 0$ となる。

所得効果と代替効果を図示したのが**図 2.5** である。E_2 から E_1 への動きは、相対価格が一定のもとでの予算線のシフトを表しており、所得効果に対応している。E_0 から E_2 への動きは、同じ無差別曲線上での相対価格の変化による動きを表しており、代替効果に対応している。代替効果が所得効果よりも大きければ、賃金率が低下すると労働供給は抑制される。逆の場合は逆の効果になる。

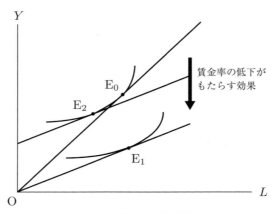

図 2.5　賃金率と労働供給

▶ 効用関数の特定化

分析をわかりやすくするために、効用関数を次のような分離型に特定化して考えよう。

$$U(Y, L) = u_1(Y) + u_2(L_0 - L) \tag{2-21}$$

ここで u_1 は所得＝消費から得られる効用、u_2 は余暇から得られる効用を表す。つまり、U は所得と余暇に関して加法に分離可能な関数である。このとき、賃金率の弾力性が正であるのか負であるのかは、所得の限界効用の弾力性 ϵ_Y が1よりも小さいのか、大きいのかで決まる。この点を説明しよう。予算制約式（2-18）式を（2-21）式に代入すると、家計の目的関数は次のように書ける。

$$U = u_1(wL) + u_2(L_0 - L) \tag{2-22}$$

したがって、最適化問題の1次の条件式は次のようになる。

$$U' = wu_1'(Y) - u_2' = 0 \tag{2-23}$$

ここで、上付きの ′ は微分を、上付きの ″ は2階の微分を意味する。この式をもう一度 w について微分すると、次式を得る。

$$(w^2 u_1'' + u_2'') \frac{\partial L}{\partial w} = -u_1' - wL u_1''$$

この式を書き直すと、次式を得る。

$$\frac{w}{L} \frac{\partial L}{\partial w} = -u_1' \left[1 - \left(\frac{-u_1'' Y}{u_1'} \right) \right] / \left(w u_1'' L + \frac{u_2'' L}{w} \right) \tag{2-24}$$

最適化の2階の条件（効用最小化ではなくて、効用最大化になっているという条件）より、この式の右辺の分母 $w u_1'' L + \dfrac{u_2'' L}{w}$ は負になる。右辺の分子については、所得の限界効用の弾力性を

$$-\frac{u_1'' Y}{u_1'} \equiv \epsilon_Y$$

とおくと、ϵ_Y が 1 よりも大きいか、小さいかで、この式の符号が決まる。

すなわち、ϵ_Y が 1 よりも小さければ、代替効果の方が所得効果よりも大きく、賃金率の上昇により労働供給が刺激される。もし ϵ_Y が 1 ならば、労働供給は賃金率には依存しない。

たとえば、コブ＝ダグラス型の 1 つの特殊ケースである対数線形の効用関数

$$U = a \log Y + (1-a) \log(L_0 - L) \tag{2-25}$$

では ϵ_Y は 1 であるから、代替効果と所得効果とは完全に相殺される。したがって、労働供給は賃金率とは独立になる。

所得税と労働供給

累進的所得税として、次のような線形の税制を考えてみよう。

$$Y = (1-t)wL + G \tag{2-26}$$

ここで、税率 t は $0 < t < 1$ で、補助金 $G > 0$ は定数である。この租税関数は $G > 0$ である限り、平均税率 $\dfrac{T}{Y}$ が課税前所得 Y とともに増加する性質を持っており、累進的租税関数といえる。あるいは、比例税 t で税金を集め、それを一括補助金として 1 人あたり G で返還する政策とも解釈できる。そして t と G を変化させることにより、いくつかの税を表現することができる。たとえば、$t > 0$、$G = 0$ であれば（純粋な）比例税であり、$t = 0$、$G < 0$ であれば一括固定税である。

では、より税率の高い所得税によって労働供給はどうなるだろうか。限界税率が高くなると、代替効果から労働供給をより抑制する。また、G が大きくなるほど、所得効果からも労働供給を抑制する効果が大きくなる。したがって、労働供給は小さくなる。所得税による勤労意欲阻害効果がどの程度かは実証分析の課題である。特に、高額所得者に関する研究が注目されている。

次に、限界税率と税収との関係を見ておこう。多くの実証分析やシミュレーションでは、税率が変化した場合、課税前の経済活動を一定として、すなわち、課税ベースを一定として、税収の見積もりをすることが多い。しかし、これはしばしば重大な誤りをもたらす。

たとえば、前述のコブ＝ダグラス型の効用関数を前提とすると、ある家計の労働供給は、次のようになる。なお、$L_0 = 1$ とおいている。

$$L = a - \frac{(1-a)G}{(1-t)w} \tag{2-27}$$

ここで、

$$w > \frac{1-a}{a}\frac{G}{1-t}(\equiv w_0)$$

でなければならない。この不等式が成立しないと、家計の労働供給はゼロになる。つまり、w_0 以下の w に直面する家計は $L=0$ を選択する。ところで、前述したように、$G=0$ のときは労働供給は課税とは独立になる。しかし、(2-27) 式が示すように、$G>0$ のときは t の上昇により実質的所得が増大し、余暇の消費が刺激されて労働供給は減少する。なお、G は労働所得以外の当初資産とも解釈できる。家計がなんらかの当初資産を保有していると考えると、$G>0$ はもっともらしい条件であり、したがって、課税により労働供給が抑制される効果も強くなる。これは、税率が上昇すると、非課税の G の実質的な価値が増加して、プラスの所得効果が余暇を刺激し、労働供給を抑制するからである。

3 消費と貯蓄

▶ 家計の消費・貯蓄行動

　本節では家計の消費と貯蓄の問題を取り上げる。貯蓄を説明するモデルはいくつかある。代表的なものとして、ライフサイクル仮説、予備的動機仮説、遺産仮説の3つが考えられる。ライフサイクル仮説は、家計の生涯の期間を通じて、毎期の労働所得と最適な消費の時間的経路を乖離できるように、貯蓄がその調整としての役割を果たすというものであり、もっとも標準的な仮説である。たとえば、今期は所得が多く発生するけれども、将来の所得があまり多く期待できないとき、今期の消費を抑制して、今期の所得の一部を将来の消費にまわす。これが貯蓄動機となる。
　一方、予備的動機仮説は将来の不確実な所得の減少や病気などの支出の増加などに備えて、現在貯蓄をすると考える。また、遺産仮説は、子どもや配偶者の将来を考慮して彼らのために貯蓄すると考える。これらの仮説も現実の貯蓄行動の重要な側面を描写しているが、ライフサイクル仮説に代替するものではない。むしろ、よ

り現実的な要因を考慮して、ライフサイクル仮説を補完、発展させたものである。

第6章で説明するように、ケインズ経済学に代表されるマクロ経済学では消費関数を次のように定式化する。

$$C = c(Y) \tag{2-28}$$

C は消費、Y は（今期の）所得である。1階の微分はプラスであり、また、この値は1よりは小さい。

消費は所得とともに増加する。つまり、所得が多ければ消費額も多くなる。ただし、所得 Y が1万円増加しても、消費 C は1万円以下しか増加しない。所得の増加ほどに消費は増加せず、その差額は貯蓄の方にまわされる。たとえば、かりに所得が20万円のときに（2万円だけそれまでの貯蓄残高を取り崩して）22万円を消費にまわし、所得が30万円になれば28万円だけ消費して残りの2万円を新しく貯蓄し、所得が50万円のときには40万円の消費をして10万円の貯蓄をする。

所得がいままでよりも追加的に1万円増加したとき、それによって増加した消費の大きさ dC を所得の増加分 dY（いまの場合は1万円）で割った比率 $= \dfrac{dC}{dY}$ を限界消費性向と呼び、また、貯蓄の追加的な増加分 $d(Y-C)$ を所得の増加分 dY で割った比率 $= \dfrac{d(Y-C)}{dY}$ を限界貯蓄性向と呼ぶ。消費と所得との比率である $\dfrac{C}{Y}$ は、平均消費性向と呼ばれる。

たとえば、消費関数が、

$$C = 10 + 0.6Y \tag{2-29}$$

と表されるとしよう。このとき、限界消費性向は $c = 0.6$ であり、$Y = 0$ のときに10の消費をする。この消費関数は、**図2.6** に示すと、切片 $c_0 = 10$、傾き $c_1 = 0.6$ の直線となる。限界消費性向は直線の傾き c_1 で一定である。平均消費性向は原点 O からの傾きであるから、c_0 がプラスであれば Y の増加とともに次第に逓減する。こうした消費・貯蓄行動を消費者の最適化行動から説明してみよう。

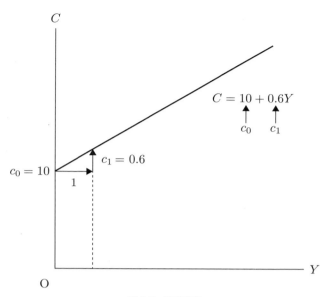

図 2.6 消費関数

▶ 消費・貯蓄決定の２期間モデル

　今期の所得すべてを消費せずに、少しは貯蓄にまわすのはなぜだろうか。貯蓄動機のもっとも有力な仮説は、将来に対する備えである。将来の所得だけでは将来の望ましい消費水準の達成が困難であれば、現在の消費を一部抑えて貯蓄し、将来の資産を増やすことで、将来の消費に振り替えることができる。

　消費から得られる家計の満足度を示す指標は効用である。いま 20 万円だけ消費しているとして、1 万円増加して 21 万円になったとき、満足度＝効用がどれだけ増加するかを考えてみよう。1 単位の消費量の追加的な拡大がもたらす効用の増加分は限界効用である。この限界効用が、消費を拡大させる追加的メリットになる。消費量が拡大するにつれて、限界効用は小さくなっていく。

　代表的個人は 2 期間生存し、第 1 期に賃金所得 Y_1 を稼ぎ、第 2 期の賃金所得は Y_2 となるとしよう。単純化のために、ここでは労働供給は外生的に所与とする。もし第 2 期に引退しているなら、$Y_2 = 0$ となる。$Y_2 > 0$ の場合でも、Y_1 は Y_2 より相当大きいとする。第 1 期の消費 c_1 は Y_1 から貯蓄 s を引いた残りである。Y_2 がかなり小さいので、家計は将来の消費 c_2 のために現在貯蓄 s をする。その収益率を r とする。第 1 期、第 2 期の予算制約式は

$$c_1 = Y_1 - s \tag{2-30-1}$$
$$c_2 = Y_2 + (1+r)s \tag{2-30-2}$$

である。ここで c_1、c_2 はそれぞれ第1期、第2期の消費量、s は貯蓄、r は利子率である。

これら2つの予算制約式から s を消去すると、現在価値で表した次式を得る。

$$c_1 + \frac{1}{1+r}c_2 = Y_1 + \frac{1}{1+r}Y_2 \tag{2-31}$$

ここで、効用関数を次のように特定化しよう。

$$U = V(c_1) + \frac{1}{1+\rho}V(c_2) \tag{2-32}$$

ρ は、将来の効用を現在の効用と比較するための割引率である。家計は将来よりも現在の方を重視する。将来と比較してどの程度現在を重視するかを示すのが、この割引率である。

家計は、現在価値での予算制約式のもとでこの効用関数を最大化するように、c_1、c_2 を決める。これは制約付きの最大化問題であるから、ラグランジュ関数を次のように定式化する。

$$L = V(c_1) + \frac{1}{1+\rho}V(c_2) - \lambda\left[c_1 + \frac{1}{1+r}c_2 - \left(Y_1 + \frac{1}{1+r}Y_2\right)\right] \tag{2-33}$$

この式を c_1、c_2 でそれぞれ偏微分してゼロとおくと、次式を得る。

$$\frac{\partial L}{\partial c_1} = V'(c_1) - \lambda = 0 \tag{2-34-1}$$
$$\frac{\partial L}{\partial c_2} = \frac{1}{1+\rho}V'(c_2) - \lambda\frac{1}{1+r} = 0 \tag{2-34-2}$$

これら2式より λ を消去すると、最適条件として次式を得る。

$$V'(c_1) = \frac{1+r}{1+\rho}V'(c_2) \tag{2-35}$$

この利子率と割引率の関係 (2-35) 式は、異時点間の消費の最適配分条件を示したものであり、消費のオイラー方程式と呼ばれる。利子率 r と割引率 ρ が等しければ、$c_1 = c_2$ が望ましい。また、利子率が割引率よりも高ければ、第2期の消費は

第1期の消費よりも多くするのが望ましい。逆の場合は、逆の関係がある。

$$r \geq \rho \iff c_1 \leq c_2 \tag{2-36}$$

その直感的な意味は次のとおりである。利子率は現在の消費をあきらめ、貯蓄をして将来の消費を増やす場合の収益率であり、貯蓄の限界メリットを示す。他方で、割引率は現在の消費をあきらめて将来の消費にまわすことの心理的なコストであり、貯蓄の限界デメリットを示す。貯蓄の限界メリットと限界デメリットが等しければ、今期と来期の消費水準を同じレベルで維持することが望ましい。また、利子率が割引率よりも高ければ、将来の消費を現在の消費よりも多くするのが望ましく、時間とともに消費が増加するように、貯蓄することが望ましいことになる（逆の場合は、逆に時間とともに消費を減らしていくのが望ましい）。

(2-35) 式の左辺は、第1期の所得1単位を第1期の消費にあてた場合の限界効用、すなわち第1期の消費の限界メリットを表し、右辺は、所得を貯蓄して第2期の消費にあてた場合の限界効用（の割引現在価値）、すなわち第1期の貯蓄の限界メリットを表す。つまり、消費のオイラー方程式とは、消費から得られる限界効用と貯蓄から得られる限界効用が等しいという条件である。効用関数 $V()$ について、消費の限界効用が消費量の減少関数であるから（$V'' < 0$）、第1期の所得 Y_1 が増加することで第1期の消費 c_1 が増加する。このとき最適化行動から、オイラー方程式 (2-35) 式が成り立つように第2期の消費 c_2 （およびそれ以降の期の消費）も同様に増加する行動をとる。これは、異時点間で消費水準を平準化するのが望ましいという、消費の平準化行動である。この性質のために、第1期の所得のみが増加する一時的な所得増加が生じると、第1期の所得からの限界消費性向は必ず1を下回る。(2-28) 式のマクロ消費関数を導出することができる。

▶ 貯蓄と利子率

以降では貯蓄理論の標準的仮説であるライフサイクル仮説を前提にして、利子率の変化が貯蓄に及ぼす効果を考える。たとえば、貯蓄に対する課税の効果を理論的に考察するのと同じである。利子率が貯蓄に与える効果は、賃金率が労働供給に与える効果と同様に、代替効果と所得効果に分けることができる。$\frac{1}{1+r} \equiv p$ を第1期の消費で測った第2期の消費の実質的価格と定義する。この価格が変化したとき第1期、第2期それぞれの消費に与える効果は、スルーツキー方程式で表される。

すなわち、次式を得る。

$$\frac{\partial c_1}{\partial p} = \left.\frac{\partial c_1}{\partial p}\right|_{\overline{U}} - c_1 \frac{\partial c_1}{\partial w}$$
$$\frac{\partial c_2}{\partial p} = \left.\frac{\partial c_2}{\partial p}\right|_{\overline{U}} - c_2 \frac{\partial c_2}{\partial w}$$
(2-37)

p の低下（利子率の上昇）は、第1期の消費を代替効果を通じて減少させるが、所得効果を通じて増加させる。したがって、両者の効果を考慮した左辺の符号は不確定となる。言い換えると、貯蓄に与える効果も不確定になる。これに対して第2期の消費に与える効果は、c_2 が正常財であるという想定のもとで、代替効果、所得効果ともに、プラスに働く。なお、(2-37) 式の w は外生的な所得の割引現在価値、つまり (2-31) 式の右辺を意味する。

図 2.7 は c_1 と c_2 に関して無差別曲線と予算制約式を描いたものであり、この図では利子率の上昇（p の低下）による代替効果を E_1 点から E_2 点への動きとして示している。また、所得効果は E_0 から E_2 への動きに対応する。なお、この図では、単純化のため $Y_2 = 0$ とおいて第2期に外生的な所得（＝労働所得）はないものと想定している。

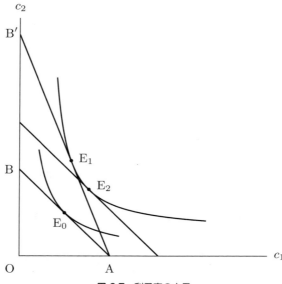

図 2.7 利子率の上昇

代替効果の大きさは、無差別曲線の傾きの形状に対応している。ここで、代替の弾力性を定義しておこう。

$$\sigma \equiv \left. \frac{\mathrm{d}\log \frac{c_2}{c_1}}{\mathrm{d}\log \frac{1}{1+r}} \right|_{\overline{U}} \tag{2-38}$$

これは、ある所与の無差別曲線に沿って（一定の効用水準を維持するように所得が補償される場合）予算線の傾きである価格 $\frac{1}{1+r}$ が変化するときの $\frac{c_2}{c_1}$ の変化率に等しい。無差別曲線がより L 字形に近くなるほど、代替の弾力性は小さくなる。

貯蓄の収益率が上昇するとき、貯蓄が増加するかどうかは、代替の弾力性 σ と、所得効果に対応する資産（すなわち所得の現在価値）の弾力性 η の相対的な大きさに依存する。(2-38) 式を次のように変形する。

$$\sigma = \left. \frac{\partial \log c_1}{\partial \log p} \right|_{\overline{U}} - \left. \frac{\partial \log c_2}{\partial \log p} \right|_{\overline{U}} \tag{2-39}$$

ところで、代替効果に関する性質（代替効果の価格でウェイトした加重和はゼロになる）から

$$\left. \frac{\partial c_1}{\partial p} \right|_{\overline{U}} + p \left. \frac{\partial c_2}{\partial p} \right|_{\overline{U}} = 0 \tag{2-40}$$

が成立する。したがって、次式を得る。なお、$\left. \frac{p}{c_1} \frac{\partial c_1}{\partial p} \right|_{\overline{U}} \equiv \left. \frac{\partial \log c_1}{\partial \log p} \right|_{\overline{U}}$ の関係がある。

$$\left. \frac{\partial \log c_1}{\partial \log p} \right|_{\overline{U}} = \frac{pc_2}{c_1 + pc_2} \sigma \equiv s\sigma \tag{2-41}$$

ここで、s は貯蓄率である。これを (2-37) 式に代入して、次式を得る。

$$\frac{\partial \log c_1}{\partial \log p} = s(\sigma - \eta) \tag{2-42}$$

ここで、η は第 1 期の消費の資産 w に関する弾力性である。この式から、貯蓄の変化の方向がわかる。もし無差別曲線がホモセティック (homothetic)、すなわち $\eta = 1$ であれば、貯蓄収益率が貯蓄に及ぼす効果は、第 1 期と第 2 期それぞれの消

費の代替の弾力性が1よりも大きいかどうかに依存する。コブ＝ダグラス型の効用関数であれば、$\eta = \sigma = 1$であるから、代替効果と所得効果はちょうど相殺し合って、第1期の消費は貯蓄の収益率とは無関係になる。

利子率に関する同様な式は、次のように書ける。

$$\epsilon \equiv \frac{\partial \log c_1}{\partial \log r} = -\frac{rs}{1+r}(\sigma - \eta) \tag{2-43}$$

したがって、貯蓄の利子弾力性ϵ^sは、次のようになる。

$$\epsilon^s = \frac{r}{1+r}(1-s)(\sigma - \eta) \tag{2-44}$$

▶ 所得控除できる所得税

ここで、貯蓄額をすべて所得控除できる所得税tを考えてみよう。$Y_2 = 0$のもとで家計の予算制約式は次のようになる。

$$\begin{aligned} c_1 &= (1-t)(Y_1 - s) \\ c_2 &= (1-t)(1+r)s \end{aligned} \tag{2-45}$$

すなわち、第1期に貯蓄する場合はその全額が所得税の課税ベースから控除されるが、第2期には貯蓄の元本sとともに貯蓄の収益rsも課税対象になる。この2つの式からsを消去すると、次式を得る。

$$c_1 + \frac{1}{1+r}c_2 = (1-t)Y_1 \tag{2-46}$$

これは、事実上、労働所得税のケースと同じ予算制約式である。言い換えると、貯蓄を所得控除の対象にし、その収益と元本を課税対象にする所得税は、利子所得に課税しない労働所得課税と同じ経済的効果をもたらす。

ただし、貯蓄額を所得控除するのみで、第2期に貯蓄元本に課税しない場合は、第2期の消費は第1期の消費よりも優遇される。わが国では公的年金課税がこのケースに相当する。

▶ 人的資本効果

第2期にも労働所得がある場合には、利子所得に課税することで、第2期の労働

所得を第 1 期で評価する際の割引率が低下する。これは、第 1 期で評価した第 2 期の労働所得の割引現在価値を大きくするため、その分だけ所得効果が大きくなる。所得効果は第 1 期の消費を刺激し、貯蓄を抑制する効果を持っている。したがって、第 2 期にも労働所得を考慮すると、そうでない場合よりも利子所得税の貯蓄に対する負の効果が強くなる。これは将来の労働所得が現在の貯蓄に対して持つ効果であり、人的資本効果と呼ばれている。

たとえば、コブ＝ダグラス型の効用関数の場合、(2-42) 式でも見たように、第 2 期に労働所得がないときには、所得効果と代替効果が完全に相殺されて課税の貯蓄に対する効果はなくなるが、第 2 期にも労働所得のある場合には、課税によって貯蓄は抑制される。将来にも労働所得があれば、現在貯蓄をしなくても将来消費の財源を確保することが可能になる。利子所得課税によって貯蓄をすることが相対的に不利になれば、貯蓄を減らして、将来消費の財源をより将来の労働所得に依存する方が有利になる。

単純化のために、課税なしのケースで議論する。第 2 期にも労働所得 Y_2 がある場合、予算制約式は次のように表される。

$$(1+r)c_1 + c_2 = (1+r)Y_1 + Y_2 \tag{2-47}$$

ここでは、第 2 期の消費 c_2 と第 1 期の消費 c_1 を選択する際に、第 1 期の消費の相対価格が $1+r$ になる。$1+r$ が低下して実質的に Y_2 の価値が上昇すると、プラスの所得効果が強くなって c_2 の消費が刺激され、貯蓄が抑制される。したがって、利子課税によって貯蓄が抑制される効果は強くなる。

参考文献

　家計の消費行動の理論は、ミクロ経済学の基礎である。この分野のテキストは多く出版されているが、有益なテキストとして次の書籍がある。

- 『ミクロ経済学』西村和雄（著）、東洋経済新報社（1990）
- 『ミクロ経済学（新経済学ライブラリ）』武隈慎一（著）、新世社（1999）
- 『ミクロ経済学』奥野正寛（著）、東京大学出版会（2008）
- 『入門ミクロ経済学［原著第9版］』ハル・R・ヴァリアン（著）、佐藤隆三（監訳）、大住英治ら（訳）、勁草書房（2015）
- 『ミクロ経済学の力』神取道宏（著）、日本評論社（2014）

第 3 章

企業行動と完全競争市場

企業と生産活動

企業の目的

　経済社会でもっとも根幹となるのは生産活動である。モノ（＝財・サービス）をつくれないと、それを消費できないし、家計が働く場もなくなる。資本を調整して労働を雇用し、財・サービスを生産して市場で販売する企業はその中心的な経済主体である。逆にいうと、家計は労働と資本を提供して企業の生産活動に貢献し、その貢献分に応じて所得を得る。そして、企業の生産物を購入して、消費活動も行う。

　歴史的に見ると、資本主義の初期の企業は小規模であり、資本の所有者が企業の経営者であった。企業規模の急速な拡大により膨大な資本が必要になると、企業は株式会社として株式を発行し、資本を提供する株主を広く募った。株主は株式会社に資本金を提供するだけであり、その会社が倒産しても債権者に対して各人の出資分以上の法的責任は負わない。これが株主の有限責任である。つまり、株主は会社の債権者に対して出資額を限度として責任を負うだけであり、会社がつぶれると出資したお金は消えてしまうが、それ以上の責任を負わない。なお、株式会社の株主などは、債権者に対して直接責任を負うわけではなく、出資した会社に対して出資額だけの責任を負う。債権者に対して間接的に負う責任なので、間接責任と呼ばれる。また、企業は銀行から投資資金や運転資金を調達する。

　企業の最大の目的は利潤の追求である。現実には利潤の追求のみならず、社会的な責任を果たし、雇用の確保や福利厚生といった従業員の経済的な満足度を満たし、かつ、配当を行って株主の利益も確保する必要があるし、銀行から借入をしていれば返済も行うことになる。これらの一見両立しそうにないさまざまな目標も、結局は長期的な利潤の追求という概念でまとめることができる。利潤が獲得できるから、従業員の経済的な要求に対応でき、社会的な貢献も可能になり、もちろん、株主の配当や銀行借入の返済にも応えることができる。逆に、採算が確保できずに損失＝赤字が続けば、企業の存続が危うくなり、倒産もありうる。長期的なシェアの拡大も、長期的な利潤追求の1つの手段である。

　標準的な理論モデルでは、企業は家計と異なり無限の期間存在すると考える。しかし、現実には企業にも終わりがある。それが倒産、合併や統廃合である。長い期間をとると消費者の選好や需要も変化し、生産技術も進歩する。新しい経済の流れにうまく適応できない企業は、生産物が思うように販売できず、負債を抱えて行き

詰まってしまう。最終的には負債超過に陥り、借金の返済のためにすべての資産を処分して倒産する。他方で、新しい企業が新しい市場での利潤を夢見て魅力的な財・サービスを提供すべく切磋琢磨している。多くの企業は誕生してからまもなく事業に失敗し、姿を消していく。大企業にまで成長していく企業はまれである。しかし、そうした成功の夢を求めて多くの企業が挑戦することで、市場経済が活性化し、国民経済全体が活発になる。経済活動においても失敗は成功の母である。

以降では、単純にして明快な目的である利潤の追求という目的を設定して、企業の行動原理を説明していきたい。

▶ 利潤最大化と費用最小化

企業の利潤 π は、収入 pY から費用 $C(Y)$ を差し引いたもので定義される。

$$\pi = pY - C(Y)$$

ここで p は市場価格、Y は生産量、C は費用を表す。企業が利潤を最大化するには、費用を最小化しなければならない。生産量は利潤最大化行動の結果として決まるが、どの水準の生産量であっても、それを生産するのにかかる費用をできるだけ小さくすることは、企業の利益に合致する。利潤を最大化するには、まず費用を最小化する必要がある。これは1つの双対問題である。最初に、ある所与の生産量のもとで費用を最小化する企業の最適化行動を分析しよう。

利潤を最大化するには、まず費用を最小化……

企業が費用を最小化しているとき、生産量と最小化された費用との間にはある一定の関係がある。通常は生産量が増加すると、それを生産するために要する総費用も増加する。その際に総費用の増加をできるだけ抑えるように、費用を最小化することが望ましい。この関係を定式化したのが、（総）費用関数 $C(Y)$ であり、それを図式化したのが**図3.1**左の費用曲線である（$C' > 0$、$C'' > 0$）。

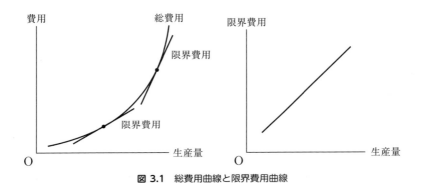

図 3.1　総費用曲線と限界費用曲線

費用関数の1階の微分は正であり、2階の微分も（通常は）正となる。総費用曲線は右上がりであり、しかも、その傾きは次第に大きくなる。つまり、生産量が小さいうちは、追加的な生産に必要な費用はそれほど大きくないが、生産量が拡大するにつれて、追加的な生産に要する費用も大きくなる。ここで、総費用とは別に限界費用という概念を説明しよう。

限界費用 MC とは、生産物を1単位追加的に生産する際に要する追加的な費用のことであり、$MC = C'(Y)$ である。つまり**図3.1**に示すように、総費用曲線の傾きになる。総費用曲線が逓増すれば、限界費用曲線は右上がりとなる（**図3.1**右）。これは、限界生産が逓減するときに成立する。たとえば、労働の投入を想定する。生産を拡大するには、いままでよりも生産要素の投入量を増加させることになるが、労働者の生産性（＝限界生産）は労働時間が増大するにつれて、減少していく。労働の限界生産は逓減する。したがって、すでにたくさん生産しているときに、さらにもう1単位生産量を拡大するには、労働時間をより多く投入しなければならない。そのため時間あたりでの賃金支払い（賃金率）が一定であるとき、労働時間が増える分だけ、企業にとって費用がより増大する。

生産関数を次のように定式化しよう。

$$Y = F(N) \tag{3-1}$$

ここで Y は生産量、N は労働投入量である。労働の限界生産 $F_N = \dfrac{Y}{N}$ はプラスであるが、逓減する $\left(F_N > 0, F_{NN} = \dfrac{\mathrm{d}^2 Y}{\mathrm{d}N \mathrm{d}N} < 0\right)$。さらに賃金率を w とすれば、生産費用は wN で表される。(3-1) 式の生産関数の逆関数をとると、

$$N = E(Y) \tag{3-1}'$$

であり、$E_Y > 0$、$E_{YY} > 0$ となる。すなわち、Y を増やすには N も増加させる必要があるが、Y が増えるにつれて必要になる N の増加幅は大きくなる。したがって、費用関数は次のようになる。

$$C(Y) = wE(Y) \tag{3-2}$$

E 関数が Y について逓増的であるから、総費用関数 C も Y について逓増的になる（$C_Y > 0$、$C_{YY} > 0$）。このとき限界費用 C_Y は生産量 Y の増加関数となる。

▶ 2つの生産要素と費用関数

前述の定式化では、生産要素は労働だけで1つと考えた。ここでは、ある財を2つの生産要素を投入して生産している企業の費用関数を定式化しよう。すなわち、企業が労働 N と資本 K を用いて財 Y を生産すると想定する。この生産関数を

$$Y = F(K, N) \tag{3-3}$$

で表す。それぞれの限界生産 F_K、F_N はプラスであるが、逓減する。つまり、2階の偏微分係数はマイナスになる（$F_K > 0$、$F_{KK} < 0$、$F_N > 0$、$F_{NN} < 0$）。

完全競争を想定して、個々の企業は小さく無数に存在するとしよう。代表的企業は労働市場で賃金率 w でいくらでも労働を雇用でき、資本市場で利子率 r でいくらでも資本を利用できるとする。2つの生産要素の最適配分を求める企業の費用最小化行動を次のように定式化する。ある所与の生産量 $\overline{Y}$ のもとで生産費用 $C = rK + wN$ を最小化する問題である。

最小化問題も最大化問題も、形式的には同じようなラグランジュ乗数法で解くこ

とができる。この問題の場合、ラグランジュ関数は次のようになる。

$$L = rK + wN - \lambda[F(K,N) - \overline{Y}] \tag{3-4}$$

最適化の条件は次のようになる。

$$\frac{\partial L}{\partial N} = w - \lambda F_N = 0 \tag{3-5-1}$$

$$\frac{\partial L}{\partial K} = r - \lambda F_K = 0 \tag{3-5-2}$$

これより最適配分条件は次のようになる。

$$\frac{F_N}{w} = \frac{F_K}{r} \tag{3-6}$$

　この条件式は、労働の限界生産を賃金率で割った値が資本の限界生産を利子率で割った値と等しいことを意味する。分子は生産要素を投入する限界メリットであり、分母はその限界コストである。最適配分条件は、このメリットとコストの比率が限界的に各生産要素で等しいという条件である。あるいは、労働の限界生産と資本の限界生産の比率（限界変形率）が賃金率と利子率の比率（相対要素価格）に等しいという条件に読み替えることもできる。もし賃金率が利子率よりも高くなれば、労働よりも資本をより投入することで、生産費用を最小にすることができる。これは、第2章の消費の最適配分条件（2-5）式と形式的に同じである。

　この最適条件式と生産の制約式から、ある所与の生産量 Y のもとでの最適な資本と労働の最適配分投入量が決まる。その結果、最小化される費用 C も決まる。その費用 C と生産量 Y との関係を表したのが、2つの生産要素で生産する場合の費用関数 $C(Y)$ になる。

▶ 平均費用と限界費用

　平均費用 AC は総費用 C を生産量 Y で割ったもの（$= C/Y$）であり、単位費用を示す。生産量とともに平均費用は必ずしも増加するとは限らない。なぜなら、生産には、生産量とは独立に生産に要する費用＝固定費用 F が存在する。生産を開始するには、工場などの資本設備も必要だろうし、土地などの用地も必要だろう。それらは短期的には変化できない固定的な生産要素であり、それを生産に投入する

固定費用 F と呼ぶ。生産量に応じて変化する費用を可変費用 A と呼ぶ。これまで議論してきたのは、暗黙のうちに可変費用のみであった。

したがって、総費用 C は固定費用 F と可変費用 A の合計になる。

$$\text{総費用 } C = \text{固定費用 } F + \text{可変費用 } A$$

また、平均費用 AC は

$$\text{平均費用 } AC = \frac{\text{総費用 } C}{\text{生産量 } Y} = \frac{\text{固定費用 } F}{\text{生産量 } Y} + \frac{\text{可変費用 } A}{\text{生産量 } Y}$$

という関係式が成立する。

$$C = F + A$$

総費用（Cost）　　固定費用（Fixed Cost）　　可変費用（Variable Cost）

$$AC = \frac{C}{Y} = \frac{F}{Y} + \frac{A}{Y}$$

平均費用（Average Cost）　　生産量 Y で割る

（生産量が大きくなると減少する）　（生産量が大きくなると増加する）

　平均費用のうちで、最初の項である固定費用相当分（固定費用／生産量）は、生産量が大きくなれば、減少する。なぜなら、1単位あたりでシェアする固定費用は、分子（＝固定費用）一定のもとで分母（＝生産量）が大きくなれば、減少するからである。これに対して2番目の項である可変費用分は、生産量の増加とともに可変費用も増加するから、上昇する。したがって、両方の効果の相対的な大きさにより、平均費用が生産量とともに増加するか減少するかが決まる。

　図3.2に示すように、限界費用よりも平均費用の方が大きければ、生産の拡大で平均費用は減少し、逆に、限界費用の方が平均費用よりも大きければ、生産の拡大で平均費用は増加する。なぜなら、限界費用は生産を拡大したときの費用の増加分であり、これが平均費用よりも小さければ、いままでよりも1単位あたりで安い費用で生産量が1単位分だけ増加するので、それを計算に入れて平均費用を求めてみると、平均費用が低下するからである。したがって、限界費用と平均費用が等しくなる両曲線の交点で、平均費用は最小になる。

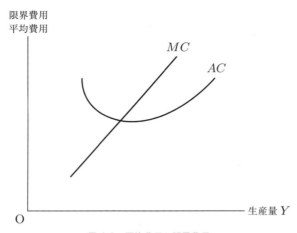

図 3.2 平均費用と限界費用

▶ サンクコスト

　費用の中でも、固定費用はいったん支出してしまえば、後で回収することが困難である。たとえば、工場を建設して生産を開始した後で、企業が撤退するとしよう。生産をやめることで原材料費や雇用の費用（賃金支払い）を節約することはできるが、工場の建設費用を回収することは難しい。工場を解体して廃材を売却しても、ほとんど建設費用は回収できない。このような回収不能な費用をサンクコストと呼ぶ。企業が生産を継続するかどうか判断する際に、継続することでかかる費用と収益を比較する必要があるが、その際にサンクコストは含まれない。

　同様に、公共事業でも、すでに投下した費用の多くはサンクコストになっているから、継続中の公共事業を続けるかどうかの判断は、今後の費用とこれから期待できる便益との比較になる。過去に巨額の資金を投下したかどうかは、公共事業を続けるかどうかの判断に含めるべきではない。たとえば、東京都の築地市場を豊洲に移転するかどうかの判断で、豊洲の新市場がすでに建設済みであって、他に転用できないとすれば、これは回収不能なサンクコストになる。移転の是非を判断する際に、このサンクコストを考慮に入れる必要はない。

2 完全競争市場

▶ 完全競争市場での企業行動

　完全競争市場では価格は市場で決まる。家計と同様に企業は価格をコントロールする力がなく、プライス・テーカーとして行動する。これは完全競争市場の特徴である。現実の企業を考えると、特に大企業が生産している財・サービス市場では、少数の企業がある程度の価格支配力を持っている。完全競争市場での市場価格に関する仮定が現実に成立しないと感じるのは、多くの市場が実際には独占や寡占などの不完全競争市場になっているからである。そうした市場での企業の生産、供給・価格設定行動は第4章で分析する。完全競争市場は1つの仮想的でかつ理想的な市場であるが、ここでのモデル分析は市場メカニズムの特徴を抽出するのに有益である。以降の節では、無数の小さな企業や家計が価格を所与として行動する世界を想定して、こうした完全競争市場での企業行動を分析しよう。

　完全競争市場における企業の利潤最大化行動を考察する。利潤は売上から生産費を差し引いた残りである。いま、ある財の生産量を y、その市場価格を p とすると、売上額（＝販売収入）は py となる。p が一定である限り、生産水準 y に比例して売上額 py は増加する。ここで利潤が最大となる生産水準を求める。

　企業の利潤は次のようになる。

$$\pi = py - C(y) \tag{3-7}$$

　ここで、p は価格、y は生産量、$C(y)$ は費用関数である。企業の利潤最大化条件を求めるには、(3-7) 式を y で微分してゼロとおいて、次式を得る。

$$p = C'(y) \tag{3-8}$$

　つまり利潤最大化の条件は、価格 p が限界費用 $MC = C'(y)$ に等しい水準で与えられるというものである。限界費用が y の増加関数であれば、p が上昇すると、企業の最適な生産量 y も増加する。(3-8) 式を y について解くと、企業の最適な生産水準を価格の増加関数として表すことができる。この関係式を表すと、

$$y = Y(p) \tag{3-9}$$

これが企業の供給関数である。限界費用が逓増している限り、供給量 y は市場価格 p の増加関数となる。

図 3.3 には、売上額 py と総費用関数 $C(y)$ をそれぞれ示している。売上額は傾き p の直線であり、費用 C は y の逓増的な増加関数である。限界費用が逓増すると、総費用曲線の傾きは次第に大きくなっていく。この 2 つの線の垂直距離の差が利潤 π に相当する。企業は π がもっとも大きくなる $y = y_E$ を選択する。

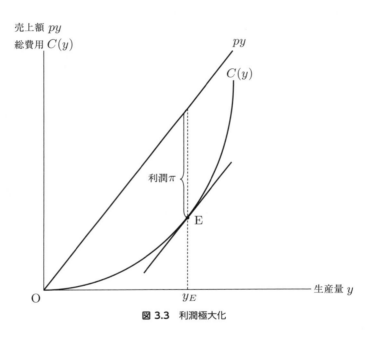

図 3.3 利潤極大化

利潤 π は y とともに変化し、y が小さいときには増加するが、y が大きくなると減少に転じる。これらの直線と曲線の傾きが等しい点 E で利潤が最大になる。それに対応する生産水準 y_E が企業の最適点である。利潤が最大となる点 E では、売上額線の傾き＝価格 p と、総費用曲線の傾き＝限界費用 $C'(y)$ が等しい。これが企業の利潤最大条件である。

この条件の直感的意味を考えてみよう。価格 p は y を 1 単位拡大したときの限界的な収入の増加（＝限界収入）を意味する。これに対して、総費用曲線の傾き $C'(y)$ は y を 1 単位拡大するときにどれだけ費用が増加するか（＝限界費用 MC）を示す。$C'' > 0$ なら、C' は y とともに次第に大きくなる。限界収入が限界費用よ

りも大きければ、すなわち、$p > C'(y) = MC$ であれば、もう1単位追加的に生産を拡大することで、利潤をさらに増大させることができる。逆に、限界収入よりも限界費用が大きければ、追加的に生産を拡大することで、利潤は減少する。限界収入と限界費用が一致している点では、これ以上生産を拡大することも縮小することも、企業の利益にならない。したがって、そうした点が企業の最適点＝利潤最大点となる。

なお、固定費用も含めた総利潤がゼロになる点が採算上の損得を判断する損益分岐点であり、固定費用を含まない可変費用のみで利潤がゼロになる点が、企業が生産を継続するか停止するかを決める際の分岐点＝操業停止点である。

市場価格が高くなれば、企業はより生産量を増やすことで利潤を増加させることができる。よって、企業の供給関数は販売する財価格の増加関数として導出される。

完全競争での市場メカニズム

▶︎ プライス・テーカー

消費行動や企業行動の説明の際も触れたように、個々の家計と企業は一定の市場価格のもとで、いくらでも好きなだけ需要（購入）あるいは供給（販売）することができる。すなわち、市場で決まる価格を自らはコントロールできない（自らの需要量、供給量が変化しても、市場価格にはなんの影響も与えない）ものとして、それぞれ最適な計画を立てている。

その結果、各家計にとって自らが実感する供給曲線は市場価格で水平線であり、各企業にとって自らが実感する需要曲線も市場価格で水平線である。市場価格を一定と受け取るこうした経済主体をプライス・テーカー（価格受容者）と呼んでいる。完全競争市場では、（無数に存在する）すべての経済主体がプライス・テーカーとして行動する。もちろん、市場で実際に観察される需要曲線、供給曲線は、すべての家計や企業の需要、供給を足し合わせたものであるから、それぞれ右下がり、右上がりの曲線となる。

本節では、完全競争市場における均衡価格、取引量の決定と市場メカニズムの

持っている資源配分機能について考察しよう。まず、ある財が完全競争市場で取引されるとき、市場均衡における生産、需要水準と市場価格水準がどう決定されるかを説明する。需要関数を $y_D = D(p)$、供給関数を $y_S = S(p)$ で表すと、市場均衡条件は次式となる。

$$D(p) = S(p) \tag{3-10}$$

この式を満たす p が需給を均衡させる均衡市場価格 p_E である。

図3.4 は縦軸にこの財の価格 p、横軸にこの財の生産量および需要量 y を表している。需要曲線 y_D は右下がりであり、供給曲線 y_S は右上がりである。2つの曲線の交点 E が市場均衡点である。

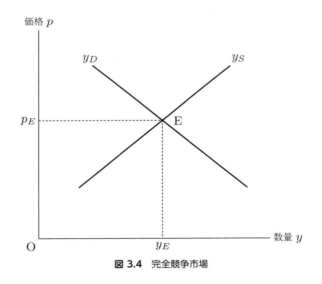

図 3.4　完全競争市場

消費者は E 点で成立する市場価格 p_E のもとで、望ましい需要量 y_E を購入しており、また、企業も p_E のもとで、望ましい生産量 y_E を生産している。E 点では供給と需要が一致しているから、市場均衡ですべての人々が満足している。需要曲線、供給曲線の背後には各経済主体の最適化行動がある。各経済主体（家計や企業）は、均衡価格 p_E のもとでいくらでも需要できる、あるいはいくらでも供給できるという前提で、自らの最適な需要量、供給量を決定する。そして、それが実際に市場での交換を通じて実現する。

▶競り人

　均衡価格 p_E あるいは均衡生産＝需要水準 y_E はどのようにして実現するだろうか。完全競争市場では、家計も企業も市場価格を所与とみなして行動するから、家計あるいは企業に価格を調整する能力はない。価格は需要と供給が一致するように市場で調整される。

　仮想的に、市場で価格の調整を行う競り人（オークショナー）を想定してみよう。競り人は、ある価格を市場価格として家計や企業に提示する。家計や企業は、その価格を所与としてそれぞれにとって最適な需要量、供給量を決定し、その値を競り人に報告する。競り人はすべての家計の需要量を合計して総需要量を算出する一方で、すべての企業の供給量を合計して総供給量を算出する。総需要量と総供給量が一致すれば、そこでの価格が均衡価格であり、それに基づいて家計と企業間で財の取引が行われると想定する。

　こうした競りの市場で総需要量と総供給量とが一致しなければ、競り人が提示価格を変化させて、総需要量、総供給量が一致するまで競りを続行する。たとえば、総需要量が総供給量よりも多い超過需要の場合は価格を引き上げ、また、総需要量が総供給量よりも少ない超過供給の場合は価格を引き下げる。この調整プロセスでは最終的に需給が一致して均衡価格が実現される。これはワルラス的調整過程と呼ばれる。

　需要曲線が右下がりで供給曲線が右上がりである標準的なケースでは、ある当初の価格で需要が供給よりも大きい超過需要の場合、競り人が価格を引き上げると、需要は減少し、供給は増加するから、必ずそのギャップである超過需要は減少する。したがって、競り人が少しずつ価格を引き上げ続ければ、やがて超過需要がゼロとなり、需要と供給が一致する均衡価格を見つけることができる。逆に、当初の価格で需要よりも供給が大きな超過供給の場合は、競り人が価格を徐々に引き下げることで、やがては均衡価格を実現することができる。

　実際は、競り人が価格を調整している市場は、魚や野菜の卸売市場など一部に限定される。多くの市場では特定の競り人が存在せず、試行錯誤の結果均衡価格が決まる。それでも、こうした競り人を想定することで、完全競争市場の価格調整メカニズムをモデル化することが可能となる。

価格は競り人によって調整される

▶ 価格の調整メカニズム：数式による定式化

価格の調整メカニズムは2つの考え方がある。第1は、前述したように、超過需給に応じて価格が調整されるとする定式化（＝ワルラス的調整過程）である。

$$\dot{p} = \alpha[D(p) - S(p)] \tag{3-11}$$

ここで $\dot{p} \equiv \dfrac{\mathrm{d}p}{\mathrm{d}t}$ は p の時間 t に関する微分係数であり、価格 p の変化を表す。$\alpha > 0$ は外生的に所与の調整係数である。この調整プロセスでは超過需要がある限り、価格は上昇する。この微分方程式の安定条件は

$$\frac{\mathrm{d}\dot{p}}{\mathrm{d}p} = \alpha[D'(p) - S'(p)] < 0 \tag{3-12}$$

である。この条件は、需要曲線が右下がり（$D' < 0$）、供給曲線が右上がり（$S' > 0$）の通常の形状であれば満たされる。この調整過程は標準的なミクロ経済学で想定さ

れているものである。

もう1つの代替的な定式化としては、需要曲線、供給曲線をそれぞれ縦に見て、家計の限界評価、企業の限界費用に対応する需要価格と供給価格の差に応じて、供給量が調整されるという考え方（＝マーシャル的調整過程）がある。

$$\dot{y} = \beta[p_D(y) - p_S(y)] \tag{3-13}$$

ここで、$p_D(y)$、$p_S(y)$ はそれぞれ家計にとっての需要価格、企業にとっての供給価格を表し、$\beta > 0$ は外生的に所与の調整係数である。需要価格は家計がここまでなら負担してもよいと思う価格の上限（＝限界メリット）であり、供給価格はこれ以上の価格なら供給してもよいと思う価格の下限（＝限界デメリット）である。需要価格が供給価格よりも高ければ、企業は生産量を増やす。家計も企業もより多くこの財を需要、生産することでともに利益を得る。したがって、供給量＝取引量は増加する。この微分方程式の安定条件は

$$\frac{d\dot{y}}{dy} = \beta[p'_D(y) - p'_S(y)] < 0 \tag{3-14}$$

である。これは、需要曲線が右下がり（$D' < 0$）、供給曲線が右上がり（$S' > 0$）の通常の形状であれば、ワルラス的調整過程同様に、満たされる。

ただし、需要曲線あるいは供給曲線が通常の形状ではない場合は、2つの調整プロセスの結果は異なる場合もある。たとえば、**図3.5** のように需要曲線が右上がりであり、かつ、供給曲線よりもその傾きが大きいとしよう。この財がギッフェン財の場合、こうした状況もありうる。このとき、**図3.5**(i) のワルラス的調整過程では、均衡価格よりも上方で超過供給、下方で超過需要だから、均衡価格に安定的に収束する。しかし、**図3.5**(ii) のマーシャル的調整過程では、均衡生産量を上回る生産量では需要価格が供給価格を上回り、逆の場合は逆に下回るから、均衡生産量に収束せずに発散していく。調整プロセスは不安定となる。

モデルが安定であれば、均衡解に到達できるので、均衡解がどういう経済変数に影響されるかなどの比較静学分析も意味を持つ。しかし、均衡が不安定であれば、経済が均衡解から離れると、均衡解に戻るとは想定できないので、比較静学分析も意味を持たなくなる。

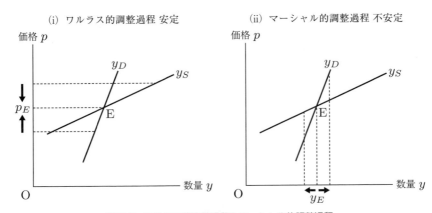

図 3.5 ワルラス的調整過程とマーシャル的調整過程

▶ クモの巣の理論

ワルラス的でもマーシャル的でもない調整過程として有名なモデルが、クモの巣の理論である。このモデルでは生産量の調整に1期の遅れを導入している。この調整過程の安定条件は、次のように与えられる。

供給曲線の傾きの絶対値 > 需要曲線の傾きの絶対値

これを簡単なモデルで説明しよう。需要関数と供給関数がそれぞれ次のように与えられるとする。

$$x_t^D = d_0 - d_1 p_t \tag{3-15-1}$$
$$x_t^S = s_0 + s_1 p_{t-1} \tag{3-15-2}$$

需要 x_D は今期の価格 p_t の減少関数であり、供給 x_S は前期の価格 p_{t-1} の増加関数である。d_0、d_1、s_0、s_1 はそれぞれプラスのパラメータである。これは、供給の意思決定が前期の価格で決まる（生産の調整に1期の遅れがある）という状況を反映している。たとえば、農業や酪農生産の場合、前期の価格を見て今期の生産量を決めるという想定が現実にも当てはまる。生産の決定と出荷の間に1期のラグを考えているので、前期の価格が上昇すれば、今期の供給量が増大する。このとき、需給均衡条件 $x^D = x^S$ より、今期の価格 p_t が決まる。

したがって、p_t は p_{t-1} に依存する次式で与えられる。

$$p_t + \left(\frac{s_1}{d_1}\right)p_{t-1} - \frac{d_0 - s_0}{d_1} = 0 \tag{3-16}$$

これは1階の定差方程式である。この同時方程式は

$$p_t + \left(\frac{s_1}{d_1}\right)p_{t-1} = 0$$

であるから、その解は

$$p_t = \left(-\frac{s_1}{d_1}\right)^t C$$

ここで C は任意の定数である。また、定常解は

$$p^* = \frac{d_0 - s_0}{d_1 + s_2}$$

となる。この定差方程式の一般解は次式である。

$$p_t = \left(-\frac{s_1}{d_1}\right)^t C + \frac{d_0 - s_0}{d_1 + s_1}$$

C の値を決めるために、$t = 0$ のときに p_0 をとるとしよう。そのとき

$$C = p_0 - \frac{d_0 - s_0}{d_1 + s_1}$$

となる。したがって、先ほどの定差方程式の一般解は次のようになる。

$$p_t = \left(-\frac{s_1}{d_1}\right)^t \left(p_0 - \frac{d_0 - s_0}{d_1 + s_1}\right) + \frac{d_0 - s_0}{d_1 + s_1} \tag{3-17}$$

この方程式の安定条件は、

$$-1 < \frac{s_1}{d_1} < 1 \tag{3-18}$$

である。これは、「供給曲線の傾きの絶対値 > 需要曲線の傾きの絶対値」を意味する。

図3.6はこのモデルの調整過程を示している。今期の生産量が y_1 で与えられたとする。このとき、y_1 を通る垂直線と需要曲線との交点 A で今期の価格 p_1 が形成される。生産者は p_1 を所与としてこの価格のもとで利潤を最大にするように、次期の生産計画を立てるとしよう。このとき、次期の生産量 y_2 は、p_1 を通る水平線と供給曲線との交点 B での横軸の大きさ y_2 になる。こうして y_2 が決まると、ちょうど需給のバランスが取れるように、点 C で p_2 が決まる。そして、p_2 を所与として第3期の生産計画が D 点で立てられる。このような調整過程では、**図3.6**に示すように、右回りのクモの巣のような動きを経て、次第に均衡点に近づいていく。これがクモの巣の調整過程である。マーシャル的調整過程との相違は、生産の調整が微調整にとどまるのか（マーシャル的調整過程）、1期で100%行われるのか（クモの巣）という点である。

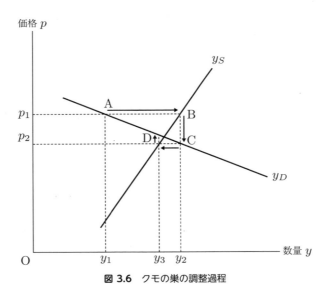

図 3.6 クモの巣の調整過程

▶ 一般均衡モデル

ここまで、1つの財の市場における価格と需給量の決定を分析してきた。これは、1つの市場のみを対象としており、他の市場での経済変数（他の財の価格や生産、需要量、所得など）を与件として扱う「部分均衡分析」である。これに対し、多く

の財を含む市場全体における価格と需給量の同時決定を扱う理論が「一般均衡分析」である。もっとも簡単な一般均衡分析は、2財でモデルの市場が完結するケースである。この場合のモデルは、需給均衡式が（3-10）式の代わりに、次の2式で与えられる。

$$D^1(p_1, p_2) = S^1(p_1, p_2) \qquad (3\text{-}19\text{-}1)$$
$$D^2(p_1, p_2) = S^2(p_1, p_2) \qquad (3\text{-}19\text{-}2)$$

ここで、D^1、S^1 はそれぞれ財1の需要と供給を、また、D^2、S^2 は財2の需要と供給を示す。また、p_1、p_2 は財1、財2の価格である。これら2つの需給均衡式で2つの市場価格を決めるモデルである。それぞれの価格は2つの財の需給に影響する。

p_1、p_2 がプラスの値でユニークに存在することが、経済的に意味のあるモデルの条件となる。財の数が2つであれば式の数も2つだから、一般均衡モデルでも解を明示的に導出することは可能である。しかし、財の数（そして市場価格の数）が多数になると方程式も多数になり、解の一意性や存在を証明するのはやっかいである。n 個の一般均衡モデルで解の一意性や存在を研究する試みは、ミクロ経済学の数理的アプローチとして、主要な研究対象であった。

ワルラスが19世紀に創始し、消費者や生産者がすべての財の価格を与えられたものとして行動する完全競争市場の一般均衡モデルは、消費者や生産者の効用関数や生産関数を特定化しなくても、1950年代のアロー、ドブルーらの貢献によって不動点定理などを用いた数学的にも厳密な研究成果が蓄積された。

4 完全競争市場のメリット

▶ 市場取引の利益

市場で家計が財・サービスを購入し、企業が財・サービスを販売するのは、個々の経済主体にとって自らの主体的な（経済合理的な）意思決定の結果である。他の第三者（他の企業や政府など）に強制されたものではない。家計は自らの満足度＝効用水準が高くなるから、市場価格でその財を自分が望む量まで購入する。また、

企業も自らの利潤が大きくなるから、市場価格でその財を自分が望む量まで販売する。すなわち、家計と企業ともに市場で取引することで、お互いに利益を上げている。

　企業の利益は利潤である。これは金銭単位で表示されるから、この大きさを表すことも容易にできる。利潤の大きさは、販売収入から生産費用を引いたものである。これは価格と供給曲線との間の面積で表される。完全競争市場での供給関数は、1単位あたりの追加的な生産費用を示す限界費用曲線と解釈することもできる。他方で、市場価格は企業が販売する際の限界便益を表す。供給曲線が市場価格の下にある限り、限界便益が限界費用を上回っており、利潤が増加するので、生産を増やすことが望ましい。**図3.7**で三角形 PEB の面積が市場均衡点での企業利潤の（最大限の）大きさであり、企業がこの財を市場で販売することによる利益（＝生産者余剰）を示している。

　家計にとって財を購入する利益は、効用の増加である。効用を金銭評価することは一般的にはやっかいである。が、おおざっぱにこれを金銭表示すると、**図3.7**で需要曲線と市場価格の間の面積で表される。需要曲線を縦に見ると、家計にとってその財を消費する限界的な評価を示している。すなわち、**図3.7**でその財を Y_1 まで購入しているとき、追加的にもう1単位購入を増加したときの限界的な評価の大きさが、y_1 での需要曲線の高さ＝$Y_1 F$ の大きさである。これは、家計のその財に対する限界的な支払い能力である。他方で、市場価格は購入する際の限界費用を表す。限界便益が限界費用を上回っている限り、家計の満足度（＝効用）は増加する。

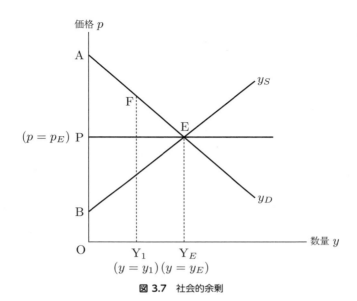

図 3.7 社会的余剰

したがって、この財を E 点まで消費することから得られる家計の評価の総額は、四角形 AEY_EO の面積で表すことができる。これに対して、y_E までの購入に必要な所得は、四角形 EY_EOP の面積で表せるから、これとの差額三角形 AEP = 四角形 AEY_EO − 四角形 EY_EOP は、家計が市場均衡点 y_E までこの財を購入することで得られる利益を示している。これが効用の増加分を金銭表示した大きさであり、消費者余剰と呼んでいる。

たとえば、ケーキの価格が 1 個 700 円なら 1 個、500 円なら 2 個、300 円なら 3 個消費したいと考えている家計は、1 個目のケーキの限界評価を 700 円、2 個目のケーキの限界評価を 500 円、3 個目のケーキの限界評価を 300 円と見ている。このケーキの例であれば、1 個 300 円で 3 個購入する際の消費者余剰は、$700 + 500 + 300 − (300 + 300 + 300) = 300$ 円 となる。

前述したように、消費者余剰は需要曲線と均衡価格を通る水平線との間の面積であり、生産者余剰は供給曲線と均衡価格を通る水平線との間の面積である。消費者余剰と生産者余剰の合計が社会的余剰であり、**図3.7** では三角形 AEB の面積で示される。これは需要曲線と供給曲線との間の面積に相当する。この大きさが、市場均衡で実現する市場取引の結果として、社会全体に発生する総余剰＝社会的厚生の増加である。

完全競争市場で取引が行われると、この社会的厚生がもっとも大きくなる。独占市場では、企業の利潤は独占的な行動によって完全競争市場よりも大きくなるが、家計の消費者余剰の方が小さくなり、結果として、社会的余剰は完全競争市場よりも小さくなる。

▶ 厚生経済学の基本定理

経済厚生と市場との関係を研究対象とする厚生経済学の基本的な概念は、パレート最適である。これは経済の資源配分が最適となる必要条件を明らかにしている。すなわち、パレート最適とは、有限な資源を再配分することによって、誰かの効用を低下させることなくしては誰の効用も増加させることができない状況をいう。したがって、資源配分の効率的な経済状態はパレート最適な資源配分と同じ意味で用いられる。社会的余剰が最大になるとパレート最適が実現し、資源が有効に活用されている。完全競争市場で資源が効率的に配分されることは、厚生経済学の基本定理と呼ばれている。なお、パレート最適な解のことをパレート最適解という。

生産活動を捨象した2人の簡単な交換経済モデルを想定して、パレート最適の資源配分を定式化してみよう。個人1、2の効用関数を次のように表す。

$$u^1 = U^1(x_1^1, x_2^1) \tag{3-20-1}$$

$$u^2 = U^2(x_1^2, x_2^2) \tag{3-20-2}$$

ここで x_1、x_2 は2つの消費財1、2の消費量を表し、上付きの添え字は個人1、2を表す。社会全体の資源制約式は次のとおりである。

$$x_1^1 + x_1^2 = X_1 \tag{3-21-1}$$

$$x_2^1 + x_2^2 = X_2 \tag{3-21-2}$$

ここで、X_1、X_2 は財1、2の供給資源(外生的に一定)である。政府の目的は、個人2の効用をある一定水準 $\overline{U}$ に維持しながら、個人1の効用を最大化するように所与の供給資源 X_1、X_2 を2人の個人に配分することである。これはパレート最適条件を意味する。ラグランジュ関数は次のとおりである。

$$L = U^1(x_1^1, x_2^1) - \lambda[\overline{U} - U^2(x_1^2, x_2^2)] \\ - \gamma(x_1^1 + x_1^2 - X_1) - \mu(x_2^1 + x_2^2 - X_2) \tag{3-22}$$

最適化の条件式は、次のようになる。

$$\frac{\partial L}{\partial x_1^1} = U_1^1 - \gamma = 0 \tag{3-23-1}$$

$$\frac{\partial L}{\partial x_2^1} = U_2^1 - \mu = 0 \tag{3-23-2}$$

$$\frac{\partial L}{\partial x_1^2} = \lambda U_1^2 - \gamma = 0 \tag{3-23-3}$$

$$\frac{\partial L}{\partial x_2^2} = \lambda U_2^2 - \mu = 0 \tag{3-23-4}$$

これら4つの式から、ラグランジュ乗数を消去して整理すると、次式を得る。

$$\frac{U_1^1}{U_2^1} = \frac{U_1^2}{U_2^2} \tag{3-24}$$

ここで $U_i^j \equiv \dfrac{\partial U^j}{\partial x_i^j}$ である。この式は、財1、2の限界効用が個人1、2の個人間で等しいことを意味する。あるいは、この式は財1と財2との限界代替率（＝限界効用の比＝無差別曲線の傾き）が両個人間で一致する条件でもある。これがパレート最適条件である。

ところで、第2章でも説明したように、各個人は経済合理的に行動する限り、財1、2の限界効用の比が市場価格に等しくなるように、それぞれ消費計画を立てている。市場均衡では次の（3-25）式が成立する。

$$\frac{U_1^1}{U_2^1} = \frac{p_1}{p_2} \qquad \frac{U_1^2}{U_2^2} = \frac{p_1}{p_2} \tag{3-25}$$

この条件は（3-24）式を意味する。したがって、パレート最適条件（3-24）式は市場均衡で成立する。つまり、市場経済は資源配分の効率性を達成しており、パレート最適の必要条件が競争均衡において満たされ、市場均衡でパレート最適な資源配分をつくり出すことが可能となる。この結果は、厚生経済学の第1の基本定理と呼ばれている。

> 第1の基本定理：完全競争市場で市場の失敗がないとき、そこで実現する資源配分はパレート最適となる。

第1の基本定理は、競争均衡で実現する資源配分がパレート最適であること、す

なわち、競争均衡が他の誰かの効用を下げることなしには誰の効用も上げることができない状況であることを意味している。

ところで、初期の資源保有の配分を適切に変化させれば、無数の競争均衡価格とそれに対応する競争均衡が実現する。したがって、パレート最適を満たすどんな資源配分も競争均衡として実現するということも証明可能である。すなわち、次の定理が成立する。

> 第2の基本定理：パレート最適であるどのような資源配分であっても、それは完全競争と適切な生産要素の所有の組合せで実現することができる。

第2の基本定理は、どのようなパレート最適な資源配分もある1つの競争均衡として実現されうることを意味する。すなわち、生産要素の経済主体間での配分が適切に調整されれば、どのようなパレート最適の資源配分もある均衡価格体系のもとで競争均衡の解として実現することができる。初期保有量のある組合せに対応して、競争均衡での価格が決定され、1つの競争均衡の資源配分が実現する。

なお、この基本定理は企業の生産活動も考慮したより一般的なモデルでも成立する。また、財の数が2つ以上の多数財のケースでも当てはまる。

▶︎ 見えざる手

ここまでに説明したように、完全競争経済では社会的に必要とされる財・サービスの生産が十分に行われるように価格調整が図られる。その財の社会的な必要度が価格という客観的尺度で表明されるため、その価格をシグナルとして企業や家計が経済行動を行うことで、結果として、社会的に最適な資源配分が実現する。個人レベルでの意思決定では、自らの効用や自らの利潤の最大化のみを考慮して私的な利益を追求していても、それが価格というシグナルの調整を通じて、資源の効率的な配分をもたらす。

これが、アダム・スミスの「見えざる手」の言葉で有名となった価格の資源配分機能である。価格による調整が行われることで、社会的に必要性の高い財に多くの資源が投入され、社会的に必要性の低い財にあまり資源が投入されないという、資源配分から見て望ましい状態が実現する。

完全競争市場で実現する資源配分は、社会的な必要性にも合致している。たとえば、家計が（同じ価格でも）ある財をいままでよりも多く得たいと考えるように

なった結果、図3.8のように、ある財の需要曲線が右上方にシフトしたと想定しよう。社会的にその財・サービスに対する評価が大きくなったケースである。

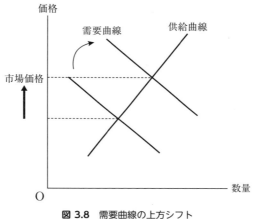

図3.8　需要曲線の上方シフト

　その結果、市場価格が上昇して、既存企業の生産拡大をもたらすとともに、他の産業からの新しい企業の参入が発生する。市場価格が高いことは企業にとってみれば、採算上有利な条件なのだ。これらの影響により、その財の供給全体が刺激される。さらに、生産の技術革新が進めば、市場での供給曲線も右下方にシフトするかもしれない。このようにして社会的な必要性の高い財・サービスの生産に多くの資源が投入される。
　逆に、需要曲線が左下方にシフトして、その財の社会的必要性が小さくなっていくと、市場価格は低下する。企業にとってその財を生産することがあまり有利ではなくなるから、その財の生産を縮小し、やがては止める企業も出てくる。企業は価格のより高い財の生産へと資源の転換を図ることになる。
　また、供給曲線のシフトも、同様に、社会的必要性の変化を反映している。図3.9のように、要素価格の上昇などで供給曲線が左上方にシフトする場合、その財を生産することがコスト的に割高になる。そうした高い生産コストを払ってまでその財を生産することが社会的に望ましいのは、そうした財に対する需要サイドでの評価が高い場合に限定される。価格の変化が需要の変化にあまり影響を与えず、需要曲線が非弾力的であれば、どんなにコストがかかっても、その財を生産することが望ましい。しかし、価格の変化以上に需要の変化が大きく、需要曲線が弾力的であれ

ば、価格の上昇によって他の代替的な財へ需要が逃げていく。そのようなケースでは、高いコストをかけてまでその財を生産しても社会的にはあまり意味がない。

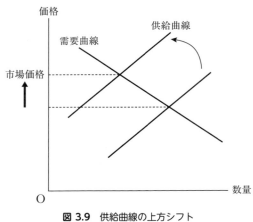

図 3.9 供給曲線の上方シフト

　市場メカニズムを前提とする資本主義経済では、民間の市場を通じる経済活動が主要な経済活動であり、政府はそれに対して補完的な地位にある。政府は、自由放任のままでは市場メカニズムがうまく機能しないときにはじめて、経済的な介入をする根拠を持つ。

　ただし、なんでも市場で取引するのが望ましいとは限らない。政府が取引を規制すべきものもある。たとえば、麻薬とたばこを比較してみよう。たばこは市場で売買されているが、麻薬は所持も取引も法律で禁止されている。これは麻薬の害が深刻であり常習性も高いため、全面的に法律で規制することが社会の利益になると考えられているからである。たばこも健康に害があるが、麻薬と比較するとその程度は軽微であり、また、ストレスの解消という便益を感じる人もいるため、全面的に禁止するよりは年齢や場所で規制をするとともに、受動喫煙を回避する策や吸い過ぎに注意するという指導も行われている。

　また、わが国では銃規制があるが、アメリカでは銃の保持は権利として認められている。これは文化的な相違も大きいが、アメリカでは銃規制の強化によって非合法で銃の取引が行われたり犯罪の抑止力が低下したりする弊害を重視しているからでもある。第5章では、市場経済を前提としながらも、なぜ政府による経済的な介入が必要であり、また、それがどのような効果を持っているのかを検討する。市場

メカニズムの欠陥＝市場の失敗を想定し、それを補整するための政府の役割を考察する。

代表的なミクロ経済学者

アダム・スミス（Adam Smith、1723年〜1790年）

イギリスの哲学者、倫理学者、経済学者。『国富論』（1776年）で市場経済のメリットを「見えざる手」にたとえて説明した。

アルフレッド・マーシャル（Alfred Marshall、1842年〜1924年）

イギリスの経済学者。『経済学原理』で限界効用、価格弾力性、消費者余剰、生産者余剰など、ミクロ経済学の基礎的な概念を確立した。

マリ・エスプリ・レオン・ワルラス（Marie Esprit Léon Walras、1834年〜1910年）

スイスの経済学者。数学的手法を積極的に活用し、一般均衡理論を最初に定式化した。

ヴィルフレド・パレート（Vilfredo Ferderico Damaso Pareto、1848年〜1923年）

イタリアの経済学者、社会学者。一般均衡理論の発展に貢献し、厚生経済学の基礎を構築した。

ケネス・ジョセフ・アロー（Kenneth Joseph Arrow、1921年～2017年）

アメリカの経済学者。一般均衡理論や社会選択論の基礎的研究で業績を上げ、1972年にノーベル経済学賞を受賞。

ジェラール・ドブルー（Gerard Debreu、1921～2004年）

フランスの経済学者。一般均衡理論の基礎理論に関する貢献で、1983年にノーベル経済学賞を受賞。

第 **4** 章

不完全競争市場

1 独占市場

▶ 独占企業の行動

　ある財を供給している企業が市場で1つしか存在していない状態が（売り手）独占である。なぜその市場に1つしか企業が存在していないのかについては、いくつかの理由が考えられる。政策的、人為的な規制があって、他の産業から企業が参入できないこともある。また、特許や希少な経営資源の独占的使用などで、他の企業では代替品が供給できないことも考えられる。あるいは「規模の経済」が働くと規模が大きくなるほど生産の効率が高くなり、市場価格が引き下げられるため、結果として1つの企業しかその財を供給できない場合（＝自然独占）も考えられる。

　独占市場は完全競争市場と正反対の市場状態であり、独占企業は自らの利潤を最大にするように価格と生産量を決定できる。以降では、第3章で説明した完全競争市場に従う企業（完全競争企業）と対比させる形で独占企業の利潤最大化行動を考えてみよう。

　独占企業であっても企業である限り、その目的は利潤の最大化である。販売価格を p、生産量を y とすると、利潤 π は、完全競争企業と同様に販売収入 py と費用 $C(y)$ の差額で定義される。ただし独占企業は、プライス・テーカー（価格受容者）ではなく、競争相手も存在しないので、販売価格 p を自由に操作できる。独占企業にとっては「自分の生産水準 y ＝市場で供給される生産量 y」なので、y を抑制すれば価格 p を上昇させることができるし、逆に大量の生産物を市場で販売しようとすれば価格 p を引き下げなければならない。完全競争企業はプライス・テーカーであるのに対し、独占企業は価格支配力を持っているプライス・メーカー（価格設定者）である。

　y の生産量をすべて販売するにはどの程度の水準で p を設定すればよいのかを、「逆需要曲線」として定式化しよう。逆需要関数は、家計全体の需要関数の逆関数である。需要関数からその需要量がちょうど販売されつくすだけの価格を決めるという、逆向きに値を求める関数である。独占企業は需要関数の逆関数である逆需要関数に示される家計の需要行動を理解しており、価格を引き下げればどれだけの需要が生まれるのか、あるいは価格を引き上げるにはどれだけ生産を抑制すればよいのかを考慮した上で、価格付けと生産水準の決定を行う。

▶ 数式による説明

独占企業の逆需要関数 $P(y)$ を家計全体の市場における需要関数 $y = D(p)$ の逆関数として、次のように表す。

$$p = P(y) \tag{4-1}$$

利潤 π は、完全競争企業と同様に販売収入と費用の差額であり、次のようになる。

$$\pi = P(y)y - C(y) \tag{4-2}$$

ただし、価格が生産量の減少関数である点が完全競争企業と異なっている。すなわち $P'(y) < 0$ である。また、$C(y)$ は費用関数を表す。

(4-2) 式を y について微分してゼロとおくと、独占企業の利潤最大化の最適条件として次式を得る。

$$P'(y)y + P(y) - C'(y) = 0 \tag{4-3}$$

これより、次式を得る。

$$P'(y)y + P(y) = C'(y) \tag{4-4}$$

この最適条件式の左辺は限界収入、右辺は限界費用を表す。独占企業は、生産量を増加することで得られる限界収入がその限界費用に等しくなる点で最適な生産量を決定する。限界収入は、生産量を増やす際に市場価格を引き下げることによって生じる限界収入へのマイナス効果 $P'y\ (<0)$ を市場価格 p に加えたものである。価格を引き下げないと販売量を増やすことはできないため、生産量を1単位増やすことで得られる限界収入は価格 p よりも小さくなる。この点が完全競争企業との相違である。

最適条件は次式のように書き直せる。

$$p\left[\frac{P'(y)y}{p} + 1\right] = C'(y) \tag{4-4}'$$

ここで、左辺の [ ] 内の第1項に注目する。

$$\frac{P'(y)y}{p} \equiv 1 \Big/ \frac{\frac{dy}{y}}{\frac{dp}{p}}$$

という関係式が成立するから、需要の価格弾力性（の絶対値）を $\epsilon\ (>0)$ で表すと、この値は $-\dfrac{1}{\epsilon}$ に等しい。したがって、ϵ を用いて (4-4)′ 式を書き直すと、利潤最大化の条件式として次式を得る。

$$p\left[1 - \frac{1}{\epsilon}\right] = C'(y) \tag{4-5}$$

なお、独占企業は価格弾力性が 1 よりも大きな点を選択する。$\epsilon > 1$ は最適点が経済的に意味を持つための条件である。

▶︎ 独占度

ここで、独占度（あるいはマージン率）という概念を説明しよう。独占度とは限界費用と比較して価格がどれだけ上乗せされているか（マークアップ率）$\equiv \dfrac{p - C'(y)}{p}$ を示すもので、独占利潤の大きさを示す指標である。独占度は、その市場における企業の独占がどの程度強力であるかを示す指標でもある。(4-5) 式を書き直すと、次式を得る。

$$\frac{p}{C'(y)} = \frac{1}{1 - \dfrac{1}{\epsilon}} = \frac{\epsilon}{\epsilon - 1} \tag{4-6}$$

あるいは、

$$1 - \frac{C'(y)}{p} = 1 - \frac{\epsilon - 1}{\epsilon} = \frac{1}{\epsilon} \tag{4-6}′$$

となる。これが独占度で表現した最適条件式であり、独占企業にとって最適な独占度は需要の価格弾力性の逆数になっている。すなわち、最適なマークアップ率は需要の価格弾力性の逆数である。

たとえば、価格の上昇に対してその財の需要がそれほど減少せず、価格弾力性が小さいとき、消費者は他の代替となる財を容易に見つけられない。価格が高くても独占企業の供給する財をある程度買わざるを得ないから、独占企業は価格を引き上

げて独占度を高くすることができる。逆に、消費者にとって代替可能な財が他の市場に存在する場合には、独占企業が少し高い価格を付けると、需要は他の市場に大きく流れる。需要の価格弾力性が大きいと、独占企業は価格を引き上げるのに限度があるから、独占度を低めに設定せざるを得ない。

　ある企業がある市場で独占的に財を供給している場合でも、類似の市場が存在することはありうる。たとえば、カップ麺を独占的に供給している企業があるとする。カップ麺の生産に関する特許を取得しているとすれば、それを独占的に販売できるが、世の中にはインスタント麺や生麺など類似の生産物が存在する。カップ麺があまりに高い価格で販売されれば、家計は別のインスタント麺や生麺を購入するようになる。独占企業といえども、他の市場の状況と完全に分離してその財の価格付けをすることは無理である。

　独占度が小さいほど、独占企業の設定する価格と限界費用との乖離は小さくなる。独占度がゼロであれば価格は限界費用と一致するから、完全競争と同じ状態が実現する。逆に独占度が大きいほど、すなわち需要の価格弾力性が小さいほど、独占企業の設定価格と限界費用との乖離は大きくなる。

　理論的には、独占企業が利潤を最大化するには、需要の価格弾力性の逆数に相当するマークアップ率で価格を設定すればよい。需要の価格弾力性が相対的に小さい場合にはマークアップ率が大きく、需要の価格弾力性が大きい場合にはマークアップ率が小さくなる。短期的には価格弾力性が低くても、長期的に見ると類似の財が供給される可能性が高くなるので、価格弾力性は高くなる。

　なお、需要の価格弾力性については一定の条件がある。独占企業の最適生産量は、$\epsilon < 1$ であるような（需要の価格弾力性が非弾力的な）領域には存在しない。なぜなら、この領域では限界収入 $P'(y)y + P(y) < 0$ となるので、独占企業にとっては生産過剰な状態になっているからである。

▶︎ 図による説明

　以降では、**図4.1** (i) を用いて独占企業の最適化問題を直感的に議論してみよう。曲線 OA は販売収入 py を表し、曲線 OB は費用 $C(y)$ を表している。独占企業の場合には、y が拡大するにつれて p が低下するから、py は増加するが、その傾きは次第に小さくなる。つまり、y の拡大にともなう追加的な収入の増加分（＝限界収入）は、p が低下するにつれて次第に減少していく。

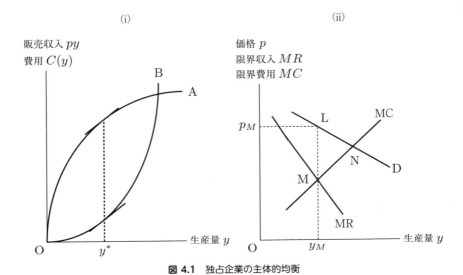

図 4.1 独占企業の主体的均衡

利潤が最大になるのは、収入曲線 OA と費用曲線 OB との差額が最大になる $y = y^*$ のときである。そこでは両方の曲線の傾きが一致している。すなわち利潤が最大となるときは、収入曲線 OA の傾きである限界収入と費用曲線 OB の傾きである限界費用が等しいという条件が成立している。

図 4.1 (ii) は、縦軸に限界収入と限界費用をとり、横軸に生産量をとったものである。需要曲線 D は右下がりである。この曲線から限界収入曲線 MR を導出することができる。限界収入曲線 MR も右下がりであり、限界費用曲線 MC は右上がりである。この図に示すように、限界費用曲線 MC と限界収入曲線 MR との交点 M に対応する産出量 y_M が独占企業の最適な生産量 y^* であり、それを市場でちょうど販売しつくす価格水準 p_M が独占企業の設定する最適価格である。なお、限界収入曲線の傾き（の絶対値）は需要曲線の傾き（の絶対値）よりも大きい。

▶︎ 価格差別化

企業は、複数の消費者の間で異なる価格を設定することにより利潤をより大きくすることができる。たとえば、レストランにおける子ども専用メニューや、遊園地、映画館、美術館などにおける子ども料金、女性料金、シニア料金の設定などがその一例である。このような例は、大人と子ども、男性と女性、成人と老人などの

間でその財に対する価格弾力性が異なる場合に見られる。

　大人よりも子どもの方が、また男性よりも女性の方がその財に対する価格弾力性が大きいケースを想定しよう。こうした財の場合、価格を下げれば、子どもや女性の需要が大きく伸びるのに対して、大人や男性はあまり価格に反応しない。このような状況では、子どもや女性の価格を大人や男性の価格よりも割安に設定することで、その企業の独占利潤を大きくすることが可能となる。

　こうした価格差別は、差別された消費者の間で価格弾力性が異なっていて、財の転売ができないことが前提となる。たとえば、子どもが購入した子ども用の消費財を大人も消費できる場合には、価格の差別化はうまく機能しない。したがって価格差別の対象になるものは、保存が利かずその場で消費するしかないもの（外食など）か、対人サービス（エステなど）に限定される。

▶ 独占の弊害

　独占市場は完全競争市場の対極にある。独占市場では企業がただ1つに価格と生産量を決めている。独占企業は、供給主体が自分のみとなるので、市場における需要の制約をうまく利用することにより、需要の制約をうまく利用しない場合よりも多くの利潤を獲得できる。独占度が正ならば、限界費用以上の価格を付けることができ、生産物を販売できる。そこで得られる超過利潤（価格から限界費用を差し引いて求められる乖離分と販売数量との積）が独占利潤である。

　独占企業は販売量を抑制することで独占利潤を獲得するが、家計から見れば完全競争市場よりも割高な価格で少ない量を購入することになる。独占の弊害は、生産量が抑制されることで本来望ましい生産量に届かず、配分される資源が過小になり、独占企業が超過の利潤を得ることにある。その分だけ家計の効用は減少する。すなわち、独占市場では資源配分が効率的に行われず、市場は失敗している。厚生経済学の基本定理は成立しない。

　完全競争市場では、**図4.1** (ii) における需要曲線と限界費用曲線の交点 N が市場均衡点となる。完全競争市場における均衡点 N と比較すると、独占市場では生産量が過小になっており、社会的余剰（消費者余剰と生産者余剰の合計）が三角形 LMN の領域だけ小さくなっている。

2 寡占

▶ 寡占と複占

　ある産業で、財・サービスを供給する企業が少数に限定されているために、それぞれの企業が価格支配力をある程度持っている一方で他の企業の行動にも影響される状態を寡占という。寡占の中でも特に、企業の数が2つに限定されている場合を複占という。現実の多くの市場は独占市場ではないものの、完全競争が成立しているわけでもない。複数の企業が相手の行動を意識しながら価格と生産量を決めている寡占市場は、独占市場と完全競争市場の中間的な市場であり、現実にもよく見られる。完全競争市場でない以上、資源配分の効率性は実現されず、市場は失敗する。しかし独占市場ほど大きな弊害もない。

　寡占企業は、プライス・テーカーではなく、価格を自ら決定するプライス・メーカーである。この点では独占企業と同じであるが、他の企業の価格設定に無関心ではいられない点が独占企業と異なる。寡占市場では企業間でさまざまな価格競争が生じるが、完全競争ではないのでパレート最適な資源配分は実現できず、市場は失敗してしまう。

　寡占市場で取引される財には、同質財と差別財の2つがある。同質財の場合は、複数の企業の生産する財が需要者にとって同じ財であり、どの企業が生産するかは無差別となる。これに対して差別財の場合は、個々の企業の生産する財がたとえ機能的にはほとんど同じものであっても、需要者にとって無差別ではなく、どの企業が生産するかという情報もある程度意味を持ってくる。寡占市場では通常、資本財や中間財など企業に対して販売される財では同質財のケースが多く、逆に消費者に対して販売される財では差別財が多い。

　同質財の場合は、価格だけが市場取引の判断基準になるため、競争相手の企業がどのような価格を設定するかが直接自分の価格設定に影響する。他の企業よりも相対的に高い価格を設定すると、その財を市場で販売することが事実上できなくなる。したがって市場価格は同じになり、価格競争は厳しくなる。

　これに対して差別財の場合は、価格以外の要因も市場取引で考慮されるため、他の企業の価格設定が影響するとしてもある程度自由に自分の価格を設定できる。競争相手の価格より多少高い価格を設定しても、それで財・サービスをまったく販売

できなくなることにはならない。異なる市場価格が共存し、価格競争はある程度までしか行われない。

▶︎ 複占競争のモデル分析

　ここでは、寡占市場の代表例として2つの企業が競争している複占のケースを取り上げよう。単純化のため、同質財の寡占市場で2つの企業1と2が競争する複占モデルを考える。

　それぞれの企業の生産量を y_1 と y_2 で表す。これらの生産物は同質財で完全代替であり、消費者はこれらの生産物のうち価格の安い方を購入すると想定する。したがって、2つの企業が供給する財の市場価格は常に同じになる。複占市場における2つの企業は、相手企業の生産量を与件として自分の財の生産量を最適に選択する。これはクールノー競争と呼ばれる非協力同時ゲーム（ゲーム理論については次節を参照）である。

　家計の需要関数の逆関数である逆需要関数を、簡単化のため線形で次のように特定化する。

$$p = a - b(y_1 + y_2) \tag{4-7}$$

　ここで p はこの財の市場価格である。$a > 0$ と $b > 0$ はパラメータである。企業1の最適化問題は、相手企業の生産量 y_2 を所与とし、企業1の利潤を最大化するように y_1 を選択する問題として定式化できる。企業1の利潤、つまりこの問題における目的関数は次のようになる。

$$y_1 [a - b(y_1 + y_2)] - C(y_1) \tag{4-8}$$

　ここで $C(y_1)$ は企業1の費用関数である。y_1 に関する偏微分をしてゼロとおくと、利潤最大化の条件式を得る。

$$p - by_1 - c = 0 \tag{4-9}$$

　なお、単純化のため限界費用 C' は c で一定とする。ここで $p - by_1$ は、企業1が y_1 を増加させるときの限界収入を表す。

　この式と逆需要関数の (4-7) 式から p を消去すると、y_1 は y_2 の関数として次の

ように定式化できる。

$$y_1 = \frac{1}{2}\left[\frac{a-c}{b} - y_2\right] \tag{4-10-1}$$

相手企業の生産量 y_2 が増加すれば、自分の生産量 y_1 を減少させるのが望ましい。その減少幅は、相手企業における生産量の増加幅の半分である。これが、y_2 を与件としたときの企業1の最適な生産量 y_1 を決めるナッシュ反応式（ナッシュ均衡を導く式。ナッシュ均衡については次節を参照）であり、企業1のクールノー反応関数と呼ばれるものである。

同様に、企業2にとっての反応関数は次式となる。企業1と企業2は対称的な企業であるから、その反応関数の形は同じになる。

$$y_2 = \frac{1}{2}\left[\frac{a-c}{b} - y_1\right] \tag{4-10-2}$$

（4-10-1）式と（4-10-2）式を同時に満たす y_1 と y_2 が、ナッシュ均衡解であるクールノー均衡である。つまり、これら2式から得られる

$$y_1 = y_2 = \frac{1}{3}\frac{a-c}{b} \tag{4-11}$$

という値が、複占モデルのクールノー均衡における生産量になる。2つの企業を合わせた市場全体の生産量は、

$$2y_1 = 2y_2 = \frac{2}{3}\frac{a-c}{b} \tag{4-12}$$

となる。この生産量は、独占企業の生産量より大きく、完全競争市場の生産量より小さい。

独占企業の場合、最適条件は（4-9）式の代わりに

$$p - by - c = 0 \tag{4-13}$$

となり、（4-5）式は

$$p = a - by \tag{4-14}$$

となる。したがって、均衡生産量は、

$$y = \frac{1}{2}\frac{a-c}{b} \tag{4-15}$$

となる。

完全競争市場では、価格と限界費用が等しい点で生産が決まるから、

$$a - by = c \tag{4-16}$$

が成立する。したがって均衡生産量は、

$$y = \frac{a-c}{b} \tag{4-17}$$

となる。

一般に企業の数が n 個の場合、均衡生産量は次のようになる。

$$y = \frac{n}{n+1}\frac{a-c}{b} \tag{4-18}$$

$n \to \infty$ の場合 (4-18) 式は完全競争市場の生産量に収束し、$n = 1$ のときは独占市場のケースに該当する。

図 4.2 は、$b = 1$ のケースにおけるクールノー均衡を示している。ここで、この数値例における独占解あるいはカルテル解との比較をしてみよう。以降で説明するように企業1と企業2が合併あるいはカルテル行為により独占利潤を獲得できるとすると、その場合の生産水準は、一方の企業のみが独占企業として生産している場合の水準に等しい。2つの企業が半分ずつ生産しているとすると、**図 4.2** における均衡点は M 点になる。このときの独占利潤は $\frac{(a-c)^2}{4}$ となる。これを2つの企業で等しく分配すると、各企業の利潤は $\frac{(a-c)^2}{8}$ になる。この利潤は、クールノー均衡で得られる利潤 $\frac{(a-c)^2}{9}$ よりも大きい。これは、複占企業が協調して行動することに利益が存在することを示している。

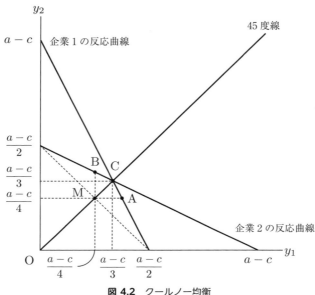

図 4.2 クールノー均衡

しかし企業1の視点に立つと、相手（企業2）がM点に対応する生産水準で協力解を実現しようとするとき、自分（企業1）だけが生産を拡大してA点を実現する方が利潤はさらに大きくなる。なぜならA点は、企業2の生産水準がM点で固定されるときの、企業1にとっての最適点だからである。企業2にとっても同様に、企業1がM点で生産するのであれば、B点を選択した方が利潤は大きくなる。これは、次節で説明するゲーム理論における「囚人のディレンマのゲーム」の一例である。

▶ カルテル

前述の数値例でも明らかなように、もし寡占企業間で協力が可能であり、生産量や価格水準について合意形成ができるなら、すべての企業が合併して単一の独占企業として行動した場合に得られる独占利潤を寡占企業全体として獲得できる。それを企業間で分配すれば、そうした協力をせずに寡占企業がバラバラに生産や価格の決定を行う場合よりも、各企業にとっての利潤が大きくなる。

したがって寡占企業は、カルテルを形成し、協調して価格を上昇させたり、生産量を抑制したりする動機がある。特に同質財を生産している寡占企業間では、価格

競争が厳しくなるとお互いに損をする程度も大きくなるため、カルテルを形成する誘因が大きい。

しかしカルテルは、寡占市場で常に生じ、しかも安定的に維持されるとは限らない。カルテルを破棄する動機が個々の企業にあるからである。他の企業がカルテルを維持しているとしよう。価格を高めに維持するために生産量を抑制している状況で、ある1つの企業がカルテルを破棄して生産を拡大したとしよう。他の企業がカルテルを維持し続けるとすれば、カルテルを破棄する企業の方が利潤は大きくなる。

なぜならカルテルは生産抑制行為であるため、単独の企業で見ると限界収入よりも限界費用の方が低いからである。1つの企業だけが価格を引き下げて生産を拡大すれば、その企業は大きな利潤を獲得する。もちろんすべての企業が生産を拡大すれば、結果として個々の企業が手にできる利潤は、カルテルを全企業で維持するケースよりも小さくなる。

しかし単独でカルテルから抜ければ、その企業は大きな利潤を得られる。こうした誘惑は、カルテルに参加しているすべての企業に共通である。したがってカルテルは、参加企業に対して強制力を持つことがきわめて困難である。こうしたカルテルに関する企業行動は、次節で説明するゲーム理論を用いてモデル化すると「囚人のディレンマ」というゲームの一例になる。

カルテルから抜けると大きな利潤を得られる

3 ゲーム理論

▶ ゲーム理論の特徴

　複占のモデルでは、ゲーム理論が重要な役割を持っている。ゲーム理論は、ミクロ経済学の重要な分析用具である。ゲーム理論の分析は、1944年に刊行されたノイマンとモルゲンシュテルンの『ゲームの理論と経済行動』に基づく。彼らは、ゼロ・サム・ゲーム（全プレーヤーの得点と失点を合計するとゼロになるゲーム）における合理的な戦略を主として分析した。1950年代に入って、ナッシュは非協力ゲームの概念を用いて協力ゲームを再検討する試みを開始し、ナッシュ均衡の概念を定式化した。ナッシュ均衡の概念は寡占市場の分析に応用されて、経済分析の有効な道具になった。1970年代に、ゲーム理論はさらに発展し、さまざまな分野に適用できる可能性が明らかになり、ゲーム理論は経済分析に幅広く使われるようになった。最近では、限定合理性のもとで、学習、認識、言語、進化という認知科学や心理学、生物学などとの関連も視野に入れ、人間の一見非合理的な行動をゲーム理論の枠組みを拡張して説明しようとする試みが展開されている。

　ゲーム理論の基本的な考え方は、ある主体（＝プレーヤー）がなんらかの意思決定をする際には他の主体がどのように行動するかを予想して最適な行動を決定するというものである。このとき主体は、自分の意思決定の結果、相手がどのように行動するかを相手の立場に立って予想する。つまり、自分の中で自分と相手という2つの立場を使い分けながら最適な選択をするのである。この手法が、囲碁や将棋やチェスなどのゲームにおける手（駒などの打ち方）の選択とよく似ているので、ゲーム理論と呼ばれる。

　ゲーム理論の特徴は、その戦略的な思考にある。ミクロ経済学の分野で戦略的な思考が重要になるのは、経済主体間の意思決定が相互に影響し合う状況においてである。これがもっともよく当てはまる例が、いくつかの企業がお互いに相手の戦略を読んで自企業の価格や生産量を決める、前節で取り上げた寡占市場の企業行動である。

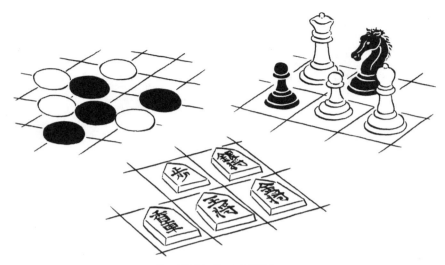

ゲーム理論とゲームの関係は……

▶▶ ナッシュ均衡

　ゲーム理論では「プレーヤー」と呼ばれる意思決定の主体が登場する。各プレーヤーが選択できる手が「戦略」である。そして各プレーヤーがそれぞれ特定の戦略を選択した結果として手にすることのできる利得を「ペイオフ」と呼ぶ。お互いに相手の戦略を与件としたとき、自分の戦略が最適になっている均衡が「ナッシュ均衡」であり、ゲーム理論において基本的な均衡の概念である。

　ナッシュ均衡は、経済分析をゲーム理論的な立場から考察する際の基本的な概念になっている。相手の戦略を所与とし、その条件下で自分の最適な戦略を決めるという考え方は、寡占市場のみならず完全競争市場における企業や家計の最適化行動にも適用できる。これらの最適化行動では、価格を与件として各経済主体が自らの最適な生産量や消費量を決定し、市場で需給が一致するように価格が決まる。このように考えると、完全競争市場における均衡はナッシュ均衡としても定式化できる。

　相手のそれぞれの戦略に対して、自らの最適な戦略を決めることは容易であろう。お互いに最適戦略である戦略の組合せとしてゲームの解を求めると、その解はナッシュ均衡解になる。

　次のような例で考えてみよう。**表4.1**でプレーヤー A は、（下，平，上）という3つの戦略をとり得る。プレーヤー B は（左，中，右）という3つの戦略をとり得

る。この表の数字は、それぞれのプレーヤーのペイオフを示している。各セルの左の数字はプレーヤー A のペイオフ、右の数字はプレーヤー B のペイオフを表す。たとえば、プレーヤー A が下を選択してプレーヤー B が左を選択する場合、プレーヤー A のペイオフは 0 であり、プレーヤー B のペイオフは 8 である。これを（0，8）で表記している。

表 4.1 ナッシュ均衡

	左	中	右
下	(0, 8)	(6, 0)	(5, 3)
平	(8, 0)	(0, 6)	(4, 3)
上	(3, 5)	(3, 5)	(7, 6)

それぞれのプレーヤーの最適戦略を考えてみよう。まずプレーヤー A について、プレーヤー B の（左，中，右）というそれぞれの戦略に対応する最適戦略は、順に（平，下，上）である。すなわち、プレーヤー B が左を選択するとき、プレーヤー A は平を選択すれば自分のペイオフが最大になり、プレーヤー B が中ならばプレーヤー A は下を、プレーヤー B が右ならばプレーヤー A は上を選べば自分のペイオフが最大になる。また同様にしてプレーヤー B の最適な戦略を考えてみると、プレーヤー A の（下，平，上）というそれぞれの戦略に対するプレーヤー B の最適戦略は、順に（左，中，右）である。

したがって、両方のプレーヤーにとって最適戦略となる組合せは、（上，右）である。このとき、プレーヤー A は相手が右をとると考え、それを所与としたときの最適戦略である上を選択し、プレーヤー B は相手が上をとると考え、それを所与としたときの最適戦略である右を選択している。これがナッシュ均衡であり、ゲームの解である両方のプレーヤーのペイオフは（7，6）となる。他の戦略の組合せは、ナッシュ均衡の定義を満たしていない。**表 4.1** の例における最適戦略の組合せは、（上，右）の 1 つのケースしか存在しない。

ただし、最適戦略の組合せであるナッシュ均衡は、いつも 1 つであるとは限らない。ナッシュ均衡が複数存在する場合もある。その例として次のようなゲームを考えよう。**表 4.2** に示すように、恋人同士の個人 A と個人 B が「コンサート（C）」か「スポーツ観戦（S）」のどちらかでデートをするケースを想定しよう。個人 A はどちらかといえばコンサートの方がよく、個人 B はどちらかといえばスポーツ観戦

の方がよい。もちろんお互いに自分の好みを優先してバラバラに選択しても、デートが成立しないからペイオフはゼロである。

表 4.2　逢い引きのディレンマ

	C	S
C	(8, 1)	(0, 0)
S	(0, 0)	(1, 8)

　このようなゲームでは、ともにスポーツ観戦（S, S）を選択するケースと、ともにコンサート（C, C）を選択するケースの2つの組合せがナッシュ均衡になる。これは、逢い引きのディレンマと呼ばれるゲームである。このようなゲームでは、ゲームの解としてどちらのナッシュ均衡解が選択されるかはなんともいえない。

▶ 動学的なゲーム

　これまでのゲームでは各プレーヤーについて、相手がどのような戦略をとるのか予想はできても、実際に相手がとる戦略を観察することはできないと想定した。以降では、あるプレーヤーが自分の戦略を決定する際に、相手がどの戦略を選択したかを知っているとする。これは、まず相手が先に動いてその戦略を決定し、それを知った上で自分の最適な戦略を決めるケースである。

　このように相手の戦略がわかった後で自分の戦略を順次決めていくゲームは、動学的なゲームと呼ばれる。これに対して、これまでのゲームを同時ゲームと呼んでいる。

　次のようなゲームのペイオフを想定しよう。**表4.3**に示すように、プレーヤーAの戦略は（下, 上）であり、プレーヤーBの戦略は（左, 右）とする。このとき同時ゲームにおけるナッシュ均衡解は（下, 左）と（上, 右）の2つになる。このゲームを動学的なゲームにしたとき、解はどのようになるだろうか。ゲームの構造として、まずプレーヤーAが先に戦略を決定し、プレーヤーBはそれを見た後で自らの最適な戦略を決めるとしよう。

　このようなゲームの構造は、ゲームの木と呼ばれる**図4.3**で表すことができる。このゲームの解はどう求めればよいだろうか。プレーヤーAの戦略が決まった後におけるプレーヤーBの最適な戦略について分析してみよう。まず、プレーヤー

表 4.3　動学的なゲーム

	左	右
下	(2, 9)	(1, 8)
上	(0, 0)	(3, 1)

A が下を選択したとしよう。このとき、プレーヤー B にとっての最適な戦略は左となり、プレーヤー A のペイオフは 2 となる。また、プレーヤー A が上という戦略を選択したときプレーヤー B にとっての最適な戦略は右であるから、A のペイオフは 3 である。

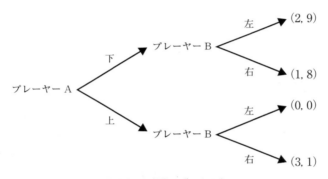

図 4.3　2 段階のゲームの木

次に、プレーヤー A が最初に（下，上）のどちらの戦略を選択するかを分析する。プレーヤー A の視点に立つと、自分がある戦略を選択したとき、プレーヤー B はそれを知った上でプレーヤー B のペイオフを最大にするように行動すると予想できる。したがって、プレーヤー B が合理的に行動するとプレーヤー A が予想する限り、プレーヤー A はその後のプレーヤー B の行動を織り込んで自分の最適な戦略を決定する。

図 4.3 のゲームにおけるプレーヤー A は、上という戦略を選択して（このときプレーヤー B は右を選択すると予想できる）3 を手にする方が、下という戦略を選択して（このときプレーヤー B は左を選択すると予想できる）2 を手にするよりも望ましい結果が得られる。よって、（上，右）がゲームの解となる。

部分ゲーム完全均衡

(上,右) は、ゲーム全体 (=ゲームの木全体) の解であるとともに、プレーヤーAの選択を所与としたときのプレーヤーBの最適反応を考える部分ゲーム (=プレーヤーAが選択し終わった後でのゲーム) においても均衡解となっている。このようなゲームの解を、部分ゲーム完全均衡と呼んでいる。

前述の例でもわかるように、こうした動学的なゲームでは後の段階から前の段階にさかのぼって解いていくことでゲームの解を見つけることができる。次のような例で考えてみよう。図4.4に示すような3段階のゲームの木を想定する。すなわち、3回選択の余地があるゲームである。最初にプレーヤーAが赤か青かどちらかの戦略を選択する。赤を選択した場合、ゲームはここで終了し、両者のペイオフは (3, 0) となる。プレーヤーAが青を選択した場合、プレーヤーBはこの選択を見てから、黄か緑かどちらかの戦略を選択する。もしプレーヤーBが黄を選択すれば、ゲームは終了し、両者のペイオフは (1, 1) となる。プレーヤーBが緑を選択すれば、プレーヤーAはそれを既知として黒か白を選択できる。この場合のペイオフは、(0, 2) か (4, 0) となる。

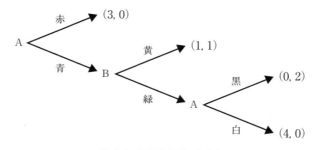

図 4.4 3段階のゲームの木

動学的なゲームであるから、後の段階から前の段階にさかのぼって解く。まず第3段階から考える。プレーヤーAは、自らのペイオフが大きい黒を選択する。これを前提として第2段階におけるプレーヤーBの選択を考えよう。黄を選択すればプレーヤーBのペイオフは1であるが、緑を選択すればプレーヤーBのペイオフは0になる。なぜなら、第3段階でプレーヤーAが黒を選択することを第2段階でプレーヤーBも予想できるからである。したがって、プレーヤーBは黄を選択する。これを前提として最初の段階を考えよう。プレーヤーAは赤を選択すると

3のペイオフ、青を選択すると1のペイオフとなる。したがって、プレーヤーAは赤を選択する。結局、プレーヤーAが赤を選択し、両者が（3, 0）を手にして終了するのがこのゲームの解となる。

▶ 凶悪犯罪と死刑

凶悪犯罪を起こせば死刑になる。これは凶悪な罪を犯したものへの厳罰として社会的に許容されているとしよう。しかし、凶悪犯も人間である。一度は凶悪な罪を犯したとしても、その後で真摯に反省して更正の余地があるなら、必ずしも死刑にしなくてもよいのではないかという議論もある。

殺人などの凶悪な罪を犯した後で、被害者を生き返らせることはできない。いわばサンクコストである。その時点で最適な政策は、凶悪な犯人でも更正の余地があるなら死刑にしないことである。これは、ある意味でパレート改善の判断といえる。

しかし、凶悪な罪を犯しても後で反省さえすれば死刑を免れる可能性があることが事前にわかってしまうと、潜在的な凶悪犯罪者に悪いシグナルを与える。すなわち潜在的な凶悪犯罪者が、罪を犯しても後で反省すればよいと考え、犯罪の実行に踏み切るかもしれないということである。これは、潜在的な凶悪犯罪者が動学的なゲームを最適に解く場合に生じる問題である。こうした弊害をなくすには、たとえ反省しても死刑に処すると事前に決めておくことである。そうすれば、動学的なゲームを後ろから解いたとしても、凶悪な犯罪を刺激することはない。

▶ 逢い引きのディレンマ：再考

同時ゲームでは複数存在していたナッシュ均衡が、部分ゲーム完全均衡では1つに絞り込まれる。たとえば、**表4.2**で取り上げた逢い引きのディレンマのゲームを思い出してみよう。この同時ゲームでは、2つのナッシュ均衡が存在していた。動学的なゲームによって均衡は1つに絞り込まれるだろうか。次のような動学的なゲームを考える。先に個人Aが、コンサートに行くかスポーツ観戦に行くかを決定する。それを見た後で個人Bが、自分もコンサートに行くかスポーツ観戦に行くかを決定する。

個人Aの決定を受けた個人Bの最適戦略を考えよう。バラバラに行くと個人Bのペイオフも小さくなる（ゼロ）から、個人Bは個人Aに追随して、個人Aがス

ポーツ観戦を選んでいればスポーツ観戦を、コンサートを選んでいればコンサートを選ぶのが個人Bにとっての最適戦略になる。個人Aは、こうした個人Bの行動を織り込んで自らの最適な戦略を決定すればよい。個人Aは、スポーツ観戦よりもコンサートの方がペイオフが高いのでコンサートを選択する。したがって、ゲームの解は（C, C）となる。これが、部分ゲーム完全均衡解である。同時ゲームでは2つ存在した均衡が動学的なゲームでは1つに絞り込まれる。

ただし動学的なゲームでは、どのプレーヤーが先に動くのかがモデルの前提として与えられている。**表4.2**のゲームを動学的なゲームにすると、先に動いた方が得をする。後から動く方は、先に動いた方に追随するしかない。したがって、個人Bが先に動けば（S, S）がゲームの解となる。ここでは、どちらが先に動くかを決める問題が未解決のまま残されている。

動学的なゲームでは一般的に先に動いた方が得をするのかというと、必ずしもそうではない。グー、チョキ、パーで争う「じゃんけん」のゲームの場合には、先に手を見せると必ず相手に負けてしまう。後から動く方が得をするから、先に動く誘因はない。先に動く方が得か後から動く方が得かは、ゲームのペイオフ次第でどちらともいえない。

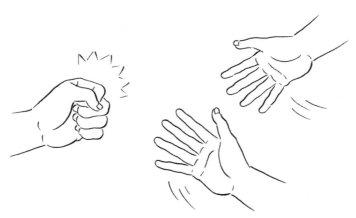

「じゃんけん」で先に出すと負けてしまう

寡占企業間でも、価格競争においてある企業が先に価格を引き上げ、他の企業がそれに追随するということはよくある。また、ある企業が先に新製品を発表してから、他の企業が同じような製品を供給することもよくある。こうした場合に、先に

価格を設定したり、新製品を発表したりする企業が必ず有利であるかどうかは不確定である。たとえば、価格を引き上げるときには、需要がどの程度減少するかを見極めてから価格の引き上げ幅を検討した方が得かもしれない。しかし、後から価格設定を考えると、先に決めた企業の価格に拘束されるため、価格設定の自由は制限される。

ゲーム理論の経済学者

ジョン・フォン・ノイマン（John von Neumann、1903年～1957年）

アメリカの数学者。ゲーム理論の成立に貢献し、経済学だけでなく、企業経営における戦略の理論や軍事戦略の基礎理論（オペレーションズ・リサーチ）などに影響を与えた。

ジョン・フォーブス・ナッシュ（John Forbes Nash, Jr.、1928年～2015年）

アメリカの数学者。ゲーム理論に対する貢献により、ラインハルト・ゼルテン、ジョン・ハーサニとともに、1994年にノーベル経済学賞を受賞。

ジャン・マルセル・ティロール（Jean Marcel Tirole、1953年～）

フランスの経済学者。不完全競争市場とその規制に関する研究で、2014年にノーベル経済学賞を受賞。

第 5 章

市場の失敗と公的介入

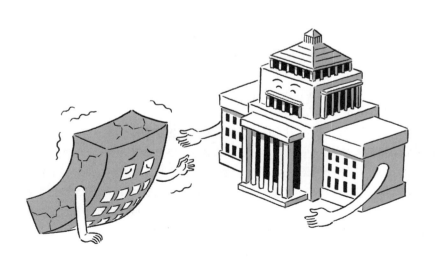

外部不経済

▶ 市場の失敗

　第3章でも見たように、完全競争市場が機能していれば、本来、価格調整メカニズムを前提としている市場経済では個人主義、自己責任が原則であり、政府の経済活動は必要ない。市場がうまく機能しているときには、市場で財・サービスの需給を一致させるように価格が自動的に調整され、必要なものが必要な量だけ供給されるはずである。市場メカニズムに任せておけば資源は最適に配分され、市場は望ましい財を自ら供給してくれる。民間にできることは民間に任せるのが基本原則である。

　もちろん、第4章で見たように、独占や寡占などの不完全競争市場では資源は効率的に配分されず、市場は失敗する。また、資源配分が効率的であっても、所得分配が公平であるとは限らない。ところで、完全競争市場で無数の企業が生産活動をしている場合も、必ずしも資源配分が効率的に実現されるとは限らない。本章では企業数による弊害については考慮せず、外部経済（不経済）と公共財という2つの点で市場が失敗する可能性を取り上げる。

　公害など、民間の経済活動にともなって発生する悪い波及効果（負の外部経済）は現実の経済活動でも無視できない。企業や家計は自らの利益（利潤や効用）を追求するために経済活動を行っているが、そうした行動が他の経済主体（企業や家計）に迷惑をかけている可能性がある。また、社会資本や公共サービスなどの公共財は、民間で提供される普通の財とは異なる性質を持っており、便益が特定の経済主体に限定されずに広く国民経済全体に拡散する（正の外部経済）。このような公共財を政府が適切に供給せずに民間に任せてしまうと、採算がとれなくなるため、社会的に望ましい水準まで供給されない。

　このように市場経済において社会的に好ましくない影響を持つ財・サービスが過剰に市場で供給されるときや、逆に、社会的に必要とされる財・サービスが十分には供給されないという資源配分上の非効率性があるときに、政府が民間経済活動に介入することは正当化される。市場経済が失敗すれば、政府は資源配分を是正するという大きな役割を持つことになる。本章ではさらに、所得再分配機能としての政府の役割についても議論する。

▶ 生産活動における外部性

最初に、外部経済（不経済）から議論しよう。完全競争市場で厚生経済学の基本定理が成立せず、市場機構がうまく働かない代表的な例として、生産活動における外部性がある。外部性とは、ある経済主体の活動が、市場を通さずに直接別の経済主体の経済環境（家計であれば効用関数、企業であれば生産関数や費用関数）に影響を与えることである。

いま 2 つの企業が生産活動を行っており、企業 1 は企業 2 に対して負の外部経済（= 公害）を発生させているとしよう。すなわち、企業 1 は財 X を生産して、競争市場で販売することで利潤を得ているが、この財 X の生産量を x とすれば、企業 2 は $e(x)$ だけの損害 = 利潤の減少を被っている。

したがって、企業 1、2 の利潤 π_1、π_2 はそれぞれ次のように定式化される。

$$\pi_1 = px - c(x) \tag{5-1}$$
$$\pi_2 = -e(x) \tag{5-2}$$

ここで、p は財 X の市場価格、$c(x)$ は企業 1 の費用関数である。単純化のために企業 2 独自の生産活動は企業 1 の経済活動とは独立していると考える。このとき、企業 2 自らの生産活動からの利潤は x に依存しないので、以降の分析では企業 2 の生産活動を明示的に取り上げない。これにより一般性は失われない。

市場機構では、企業 1 は外部効果を無視して企業 1 の利潤が最大になる点で生産水準 x を決定する。(5-1) 式を x について微分してゼロとおくと、最大化条件より次式を得る。

$$p = c'(x) \tag{5-3}$$

価格 p と限界費用 $MC = c'(x)$ が一致する点 M が、企業 1 の最適な生産水準 x^* である。**図 5.1** に示すように、限界費用が増加するケースでは、x^* はユニークに決まる。しかし、この x^* の生産水準では、財 X の生産の私的な限界費用 MC は考慮されるが、外部不経済の限界費用 $MC_e = e'(x)$ は考慮されていない。そのために、社会的な最適水準 x_e から見ると財 X は過剰に生産されている。社会的な限界費用は $MC + MC_e$ であるから、価格 p がこの社会的限界費用と一致する点 E が社会的に望ましい生産水準 x_e である。

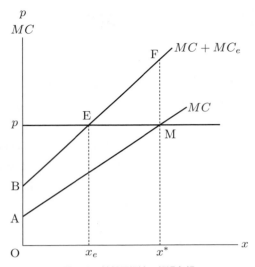

図 5.1 外部不経済の超過負担

このモデルで、社会的余剰は企業1の利潤から外部不経済の費用（企業2への損害）を差し引いた大きさで与えられる。E点の方がM点よりも社会的余剰は三角形EFMだけ大きい。逆にいうと、M点では外部不経済が大きすぎるため、E点と比較して社会的余剰が三角形EFMだけ小さくなっている。

いま、最適な財Xの生産水準を求めるために、2つの企業が合併して1つの企業になるケースを想定しよう。この統合企業の利潤は (5-1)(5-2) 式から与えられる利潤の合計である。すなわち、次式を得る。

$$\pi = px - c(x) - e(x) \tag{5-4}$$

この式を最大にする x の条件式は次のようになる。

$$p = c'(x) + e'(x) \tag{5-5}$$

この式を満たす x、つまり、x_e が社会的に望ましい財Xの生産水準である。容易にわかるように、

$$x^* > x_e$$

という関係がある。これは市場が失敗する一例である。

▶ 市場の失敗への対策：ピグー課税

　x_e を市場経済で実現する方法として、どのようなものが考えられるだろうか。1つは、先ほど定式化したように、関連する2つの企業が合併する方法である。これは、外部経済の内部化として理論的にもっとも簡単である。しかし、合併は現実的に容易な解決方法ではない。それぞれの経済主体が独立性を維持しつつ、外部経済を内部化する方法として古くから主張されてきたのが、外部効果を相殺させるための政府による課税（＝ピグー課税）である。

　政府は、財 X の生産 1 単位あたり t だけの税を企業 1 に課すとしよう。(5-1) 式は次のように修正される。

$$\pi_1 = px - c(x) - tx \tag{5-1}'$$

したがって、(5-3) 式は次のように修正される。

$$p = c'(x) + t \tag{5-3}'$$

政府は社会的に最適な生産水準 x_e が実現する t を決定する。そのためには、

$$t = e'(x_e) \tag{5-6}$$

が成立するように t を決めればよい。このとき、(5-3)′ (5-6) 式から (5-5) 式を導出できるから、x_e が市場機構でも実現される。

　ピグー課税は、外部不経済を及ぼす企業に対し、その外部効果を課税という形で認識させることで、最適な資源配分（x_e ＝財 X の最適生産）を実現させる。ただし、ピグー課税の目的は資源配分の効率性を達成することであり、所得分配についてはなにも議論していない。政府は課税によって tx だけの税収を確保できるが、その使い道はなんら規定していない。必ずしも、外部不経済を被っている企業 2 に返還する必要はない。企業 1 に一括補助金として返還する場合であっても、資源配分の効率性は維持される。

ピグー課税と利益の分配

この点を見るために、次のような修正されたピグー課税を考えよう。政府は x_e を上回る生産に対して t だけ企業 1 に課税するとしよう。企業 1 の利潤は、次のように修正される。

$$\pi_1 = px - c(x) - t(x - x_e) \tag{5-7}$$

企業 1 にとって x_e は所与の水準であるから、最適条件は (5-3)′ 式のままである。したがって、(5-6) 式が成立するように t を決めると、以前同様 $x = x_e$ が実現する。このケースでは、x_e の生産水準で政府の税収はゼロとなる。ピグー課税による税収はないから、その税収をどう配分するかという問題も発生しない。

この例は、x_e 以上に生産を拡大することに課税する方法であり、結果として企業 1 の生産水準を x_e に抑制する政策であった。今度は、x^* よりも生産を抑制することを奨励する補助金政策を考えてみよう。x^* よりも生産を縮小すれば、それに応じて生産量 1 単位あたり t だけの補助金を企業 1 に与えるとする。このとき、企業 1 の利潤は

$$\pi_1 = px - c(x) - t(x - x^*) \tag{5-8}$$

となる。企業 1 にとって x^* は所与の水準であるから、最適条件は以前同様 (5-3)′ 式のままである。したがって、(5-6) 式が成立するように t を設定すると、最適な生産 x_e が実現する。この場合、政府は $t(x^* - x_e)$ だけの税収をどこからか確保して企業 1 に移転する。たとえば、企業 2 に一括の税金を課して徴収する。公害の被害者から公害発生企業へ所得を移転するのは、分配の公平の観点からは議論の余地があるだろう。しかし、資源配分の効率性の観点からは、公害の減少に補助金を出すのと公害の拡大に税金を課すのは同値である。どちらも生産活動に対する課税と一括の補助金との組合せとして理解できる。すなわち、(5-7) (5-8) 式はともに

$$\pi_1 = px - c(x) - tx + A$$

の形に変形できる。ここで、A はある一括の補助金である。資源配分の効率性を実現する際に、A は任意の水準でかまわない。A をどの水準に設定するかは利潤の分配問題であり、財 X がどのくらい生産されるかという資源配分の効率性の問題とは無関係である。

市場の創設

ピグー課税以外で資源配分の効率性を回復する方法として、市場の創設がある。外部経済は市場を通さずに直接ある経済主体から別の経済主体に影響が及ぶことだから、そうした影響を市場を通す形に修正することで外部性の程度に価格付けをすると、最適な資源配分を回復できる。

いま、財 X の公害排出権の価格を r としよう。すなわち、企業 1 は、企業 2 に価格 r で財 X を販売することではじめて市場において価格 p で財 X をその量だけ販売できるとしよう。公害を企業 2 に受け入れてもらう以上、r はマイナスの値である。このとき、両企業の利潤は次のようになる。

$$\pi_1 = px + rx - c(x) \tag{5-9}$$
$$\pi_2 = -rx - e(x) \tag{5-10}$$

企業 1 の最適条件は、(5-9) 式を x について微分してゼロとおくと、次のようになる。

$$p + r = c'(x) \tag{5-11}$$

企業 2 の最適条件は、同様に、(5-10) 式を x について微分してゼロとおくと、次のようになる。

$$-r = e'(x) > 0 \tag{5-12}$$

これら 2 式はそれぞれ公害排出権の需要と供給を決める。排出権市場で需給が均衡すると、これら 2 式を同時に満たすように r が決まる。(5-11)(5-12) 式より r を消去すると、(5-5) 式を得る。すなわち、r の調整によって最適な x の生産が実現する。

(5-12) 式が示すように、$r < 0$ であり、企業 1 は公害を出すことで、企業 2 に r だけの補償をする。このように、公害の排出権市場が創設され、そこで公害排出権の需給を一致させる排出権価格が決定されれば、資源配分は最適になる。このケースではピグー課税と異なり、企業 1 から企業 2 に所得移転が行われる。

▶ 実際の排出権取引

　排出権取引は、汚染物質の排出量の上限を各国（各事業所）ごとに設定し、上限を超えた国（事業所）は上限に達していない国（事業所）から余剰分を買い取ることができる制度である。排出権取引は、1990年にアメリカで発電所の出す硫黄酸化物を対象としてはじめて法制化された。割り当てられた排出枠を達成できない電力会社が、容易に目標を達成できる電力会社に金を支払って、削減量を肩代わりしてもらえる仕組みである。

　温室効果ガスへの排出権取引導入は1997年にアメリカが提唱し、先進国の削減目標などとともに京都議定書に盛り込まれた。地球温暖化対策の1つとして、二酸化炭素の排出権取引がある。京都議定書でも、二酸化炭素の排出権取引は、地球規模で温室効果ガスを低減できる削減策の1つとして位置付けられた。

　現実のCO_2の排出量が過大であれば、最適な水準まで抑制する効果的な手法は、最適な排出量を各国に割り当てて、その権利を売買できるようにするというものである。途上国に多く割り当てれば、途上国はその権利を市場で先進国に売却して、経済発展の財源にまわすこともできる。

2　補償メカニズム

▶ 補償ルールの設定

　公害の排出権市場を創設するのは理論的には可能だが、現実の世界で最適な価格付けが実現することは容易ではない。政府が外部経済について完全に情報を持っていないとピグー課税もうまくいかない。以降では、政府は公害や企業の生産関数に関してなんら情報を持っていないと想定する。それでも、政府が2つの企業間での補償のルールをあらかじめ設定すると、最適な資源配分が実現可能になる。なお、2つの企業はお互いに相手の生産関数も含めて情報を完全に持っているとしよう。

　次のような2段階のゲームを考える。

(1)　それぞれの企業1、2は、税率t_i ($i=1,2$) を宣言する

(2) 企業1は、t_2 を既知として生産量 x を決める。その際に、企業1は $t_2 x$ の金額を企業2に補償する。これに対して、企業2は $t_1 x$ の金額を企業1から受け取る。さらに、企業1は2つの税率の差額分に対応する罰金 $(t_1 - t_2)^2$ を政府に支払う[注1]

この補償ルールにおいて、それぞれの企業のペイオフ（＝利潤）は次のように定式化される。

$$\pi_1 = px - c(x) - t_2 x - (t_1 - t_2)^2 \tag{5-13}$$
$$\pi_2 = t_1 x - e(x) \tag{5-14}$$

この問題を2段階のゲームでの部分ゲーム完全均衡の概念を用いて、第2段階から解いていく。最初に、t_2 がすでに選択された後での企業1の最適な生産の決定を考える。(5-13) 式より、t_2 を所与として x について微分してゼロとおくと、次式を得る。

$$p = c'(x) + t_2 \tag{5-15}$$

これは企業1の最適な x を決める。この条件は t_2 に依存しているから、企業1の反応関数を

$$x = X(t_2) \tag{5-16}$$

と定式化できる。x は t_2 の減少関数となる。

では、第1段階で t_1 はどのように決定されるだろうか。この段階でのゲームは相手の t_i を所与として自らの t_i を決定する非協力同時ゲームである。(5-16) 式を (5-13) 式に代入すると、x は t_2 によってすでに決まっているから、π_1 を変化させる変数は罰金の大きさ $(t_1 - t_2)^2$ である。したがって、罰金 $(t_1 - t_2)^2$ を最小化するように t_1 を決めるのが企業1の最適戦略となる。よって、

$$t_1 = t_2 \tag{5-17}$$

注1 なお、政府に差額として残る（あるいは不足する）金額は、一括補助金（一括税金）として企業に返還（徴収）される。一括の補助金（税金）なので、企業1、2の最適行動には影響しない。

となるように、企業1はt_1を決定する。**図5.2**に示すように、原点を通る45度線が企業1の第1段階での反応関数である。

企業2は、(5-16) 式を考慮して、かつ、t_1を所与としてt_2を変化させて (5-14) 式を最大にするようにt_2を決める。よって、企業2の最適条件は次のようになる。

$$(t_1 - e'(x))X'(t_2) = 0 \tag{5-18}$$

$X'(t_2) < 0$なので、整理すると

$$t_1 = e'(X(t_2)) \tag{5-18}'$$

である。これが企業2の反応関数である。企業2の反応曲線は、**図5.2**において右下がりになる。2つの企業の反応曲線の交点がユニークなナッシュ均衡点になる。したがって、ナッシュ均衡を求めるには (5-15) 式に (5-17)(5-18) 式を代入すればよく、その結果 (5-5) 式が得られる。

$$p = c'(x) + e'(x) \tag{5-5}$$

すなわち、この補償ルールでは、ゲームの解として最適条件 (5-5) 式が実現する。

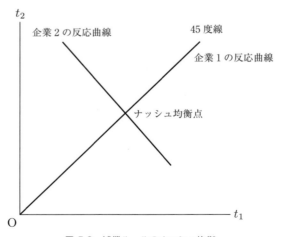

図 5.2 補償ルールのナッシュ均衡

▶ 直感的な説明

この補償ルールでは、企業 1 は企業 2 が報告した外部性の限界社会費用に基づいて税金を支払う。これに対して、企業 2 は企業 1 が報告した外部性の限界社会費用に基づいて補助金を受け取る。企業 1 はさらに、2 つの企業の報告した限界社会費用が相違している場合に、その相違額に応じて罰金を支払う。

企業 2 は企業 1 が直面する税率 t_2 を選択することで、企業 1 の生産を事実上自らの都合に合わせて選択できる。均衡では $t_1 = e'(x)$ が成立する。そうでなければ企業 2 は t_2 を変更することで企業 1 の x を変える誘因を持つ。さらに企業 1 は罰金を最小にするために、常に $t_1 = t_2$ という選択をする。したがって、ナッシュ均衡解として、必ずパレート最適解が実現する。

たとえば、企業 1 は企業 2 がより大きな t_2 を報告すると考えたとしよう。企業 1 は企業 2 とは異なる価格を設定すると常に罰せられるので、企業 1 も同様に大きな t_1 を報告する。もし企業 1 が大きな t_1 を報告すれば、企業 2 はそれにより過度の補償を得られる。したがって、企業 2 は企業 1 にたくさん生産してもらいたいと考える。しかし、企業 2 が企業 1 の生産を拡大させるために用いる唯一の方法は、t_2 を小さくすることである。これは、企業 2 が大きな価格を報告するという企業 1 による当初の想定と矛盾している。その結果、均衡において企業 2 は限界的にちょうど企業 1 の公害を相殺するだけの価格を報告し、それ以上あるいはそれ以下での企業 1 の生産を望まなくなる。

3 コースの定理

▶ 企業 1 に環境汚染権があるケース

前節の補償ルールでは政府は当事者間に直接介入せず、利潤の配分のルールのみを設定した。さらに進めて、利潤の配分自体を当事者間に任せても市場の失敗が解決できる可能性を示したのが、コースの定理である。コースの定理によると、当事者間の交渉に費用がかからなければ、どちらに法的な権利を配分しても交渉は同じ資源配分の状況をもたらし、しかもそれは効率的になる。

いままでと同様のモデルと図 5.3 で考えてみよう。$\pi_1(x)$ は企業 1 の利潤曲線

を、また、$e(x)$ は企業 2 の外部効果による損害曲線を意味する。企業 1 に財 X を生産する環境汚染権があれば、π_1 が最大となる M 点に対応する x^* で生産が行われる。しかしこのとき、x を限界的に 1 単位減少させることによる企業 1 の利潤の減少分（M 点での傾き、$p - c'(x) = 0$）よりも企業 2 の損害の減少分（N 点での傾き、$e'(x) > 0$）の方が大きい。したがって、企業 2 は企業 1 にお金を支払ってでも、財 X の生産を減少させようという誘因が働く。

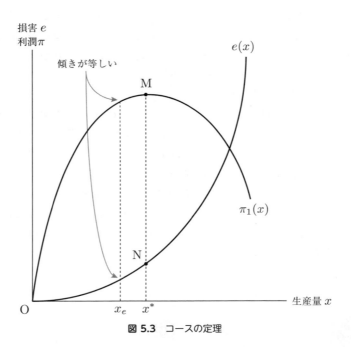

図 5.3 コースの定理

どれだけのお金を企業 2 が企業 1 に支払うかは、2 つの企業間での交渉力に依存して不確定であるが、$e'(x)$ よりは小さく、$p - c'(x)$ よりは大きなものになる。そして、この 2 つの限界損害の減少幅と限界利潤の減少幅の大きさが等しくなるところ、つまり生産量が

$$e'(x) = p - c'(x) \tag{5-5}$$

を満たすとき $(x = x_e)$、それ以上の x の減少を企業 2 が企業 1 に働きかける誘因がなくなり、均衡が実現する。このとき、両曲線の傾きは等しい。この条件は最適

条件（5-5）式に他ならない。

▶▷ 企業2に環境維持の権利があるケース

次に環境維持の権利を企業2が持っている場合を想定しよう。今度は、企業1が生産活動のために企業2から環境を汚染する権利を購入する。当初の均衡点では$x = 0$であるが、そこでは企業1の限界利潤 ($p - c'(x) > 0$) の方が企業2の限界損失 ($e'(x) = 0$) を上回っているから、企業1は企業2にお金を支払ってでも生産を開始する誘因を持つ。どれだけのお金を実際に企業1が企業2に支払うかは、2つの企業間での交渉力に依存して不確定であるが、$e'(x)$よりは大きく、$p - c'(x)$よりは小さいものになる。そして、この2つの大きさが等しくなる点で次の条件式が成立し、

$$e'(x) = p - c'(x) \tag{5-5}$$

それ以上のxの拡大を企業1が企業2に働きかける誘因がなくなり、均衡が実現する。この条件は最適条件（5-5）式に他ならない。

▶▷ コースの定理とその応用例

このケースは排出権市場の創設のケースと似ている。市場の創設のケースでは、公害を発生させるには企業2から「認可」を受ける必要がある。その意味で企業2に環境維持の権利が所属している。市場の創設と今回の自主交渉の相違は、補償の支払い方式にある。つまり、市場の創設では、完全競争の想定のもとで線形の補償が行われていた（xの大きさに比例して$-rx$の補償金が支払われていた）のに対して、今回のケースでは、非線形の一般的な補償の支払いが許容される。たとえば、企業1が100％の交渉力を持っている場合、企業1は$e(x)$のみを補償するから、xの生産による利潤はすべて企業1が受け取ることになる。これは、100％の価格差別化が行われるケースに対応している。

すなわち、企業1に権利がある場合、交渉力に応じて企業1の利潤は$\pi_1(x_e) - e(x_e) + e(x^*)$から$\pi_1(x^*)$までの範囲で分布し、企業2に権利がある場合、企業1の利潤は$\pi_1(x_e) - e(x_e)$から0までの範囲で分布する。

コースの定理は、当事者間での交渉が円滑に行われることが前提となっている。現実には交渉にコストがかかることもあり、そもそも当事者が誰であるのか認定す

ることが困難な場合も多い。また、法的な権利がどちらにあるのかを確定することも困難かもしれない。したがって、「コースの定理が成立するから政策的介入は必要ない」とはいえない。しかし、当事者が限定され、権利関係も確定し、当事者間の交渉が容易に行われる状況では、政策的に介入しなくても最適な資源配分が実現することは、注目に値する。コースの定理は、外部性を内部化する1つの有力な手段として重要な政策的意味を持っている。

公共財

▶ 公共財のモデル分析

公共財とは、通常、消費における非競合性と排除不可能性から定義される。すなわち、政府はある特定の人だけを対象とするといった限定的な公共サービスを提供できない。たとえば受益に見合った負担をしていないからという理由で、ある特定の人をその財・サービスの消費から排除することは技術的、物理的に不可能である。その社会に住む人なら、誰でもそのサービスを受けることができる(排除不可能性)。また、ある人がそのサービスを消費したからといって、他の人の消費量が減るわけでもない(消費の非競合性)。この2つの性質が完全に当てはまる財を純粋公共財と呼ぶ。一国全体の安全保障、基本的な行政インフラ、全国レベルの幹線道路網などが想定できる。

数式を用いると、公共財の n 人モデルは次のように定式化できる。いま、ある人 i のある財 z の消費量を z_i、経済全体でのその財の供給量を Z で表すことにする $(i = 1, \cdots, n)$。純粋公共財の場合には、

$$z_i = Z \tag{5-19}$$

であるのに対し、私的財の場合には、

$$\sum_{i=1}^{n} z_i = Z \tag{5-20}$$

が成立する。すなわち、公共財の場合には等量消費が想定されているのに対し、私

的財の場合には各人の消費量の総計が総供給に等しくなる。

この関係は、**図5.4**を用いて示すことができる。$n=2$ の2人経済において、消費可能な機会曲線は、私的財の場合には傾きが -1 の直線であるのに対し、純粋公共財の場合には供給量一杯まで傾きは水平となる。

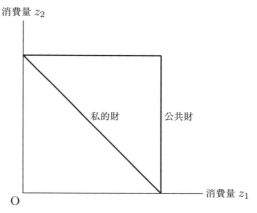

図 5.4 公共財と私的財

▶ 公共財の最適供給：サムエルソンの公式

ここでは、公共財の最適供給について理論的に検討する。政府が経済の資源配分を完全に操作できる最善解で、公共財の最適水準をモデル化しよう。

私的財 X と公共財 Y の生産において次のような技術的制約があるとする。

$$F(X,Y) = 0 \tag{5-21}$$

F 関数は、公共財と私的財との生産制約を表す。資本や労働などの生産要素の利用に制約があるとすれば、X の生産を増やすには Y の生産を減らす必要がある。

2人のモデルで考える。各個人（個人1、2）の効用水準は、自らの私的財の消費水準 x_i と公共財の消費水準 Y に依存する。

$$u^i = U^i(x_i, Y) \qquad i = 1, 2 \tag{5-22}$$

ここで、各人の公共財の消費量 Y_i は、等量消費という純粋公共財の性質から経済全体での供給量 Y に等しい。政府の目的は、個人1の効用をある所与の水準 $\overline{U}$

に維持したもとで個人2の効用を最大化することである。これはパレート最適の資源配分を達成する必要条件である。

この問題は、数学的にはラグランジュ乗数法を用いて解くことができる。

$$L = U^2(x_2, Y) + \lambda[U^1(x_1, Y) - \overline{U}] - \mu F(x_1 + x_2, Y) \tag{5-23}$$

このラグランジュ関数を x_2、x_1、Y についてそれぞれ偏微分してゼロとおくと、最適条件は次のように求められる。

$$U_x^2 = \mu F_x \tag{5-24-1}$$

$$\lambda U_x^1 = \mu F_x \tag{5-24-2}$$

$$\lambda U_Y^1 + U_Y^2 = \mu F_Y \tag{5-24-3}$$

これら3条件を整理すると、最適条件として次式を得る。

$$\frac{U_{1Y}}{U_{1x}} + \frac{U_{2Y}}{U_{2x}} = \frac{F_Y}{F_x} \tag{5-25}$$

ここで、U_Y^i は個人 i の公共財 Y の限界効用、U_x^i は個人 i の私的財 x_i の限界効用、F_Y は公共財の限界費用、F_x は私的財の限界費用である。(5-25) 式の左辺は各人の公共財と私的財との限界代替率（＝限界便益）の総和 MRS を意味し、右辺は公共財と私的財との生産における限界変形率（＝限界費用）MRT を意味する。この2つが等しくなるという条件が公共財の最適供給に関するサムエルソンの公式である。

(5-25) 式の経済的意味を考えよう。直感的にいうと、公共財供給の追加的な1単位の限界便益はすべての個人の限界便益の総和であり、これが公共財供給の追加的な限界コストに等しくなければならない。2人経済について、**図5.5** を用いて説明してみよう。**図5.5**左は、個人1の無差別曲線と生産の制約 AB を描いている。個人1の効用を U_I に固定し、それに対応する無差別曲線に注目しよう。この制約のもとでは、個人2の消費機会は、AB と U_I の差で表される CD 曲線として、**図5.5**右のように描くことができる。パレート最適点は、個人2の効用が CD 曲線上で最大になる点だから、CD 曲線と個人2の無差別曲線 U_II が接する点 E となる。この E 点では、個人2の無差別曲線の傾き MRS_2 が、生産可能曲線の傾き MRT と個人1の無差別曲線の傾き MRS_1 との差に等しい。すなわち、

$$MRS_2 = MRT - MRS_1$$

が成立している。これがサムエルソンの公式である。

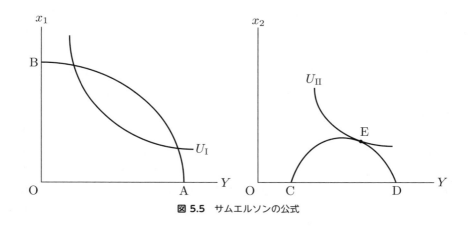

図 5.5 サムエルソンの公式

なお、ここまでは政府がすべての資源配分をコントロールしていると想定したが、競争経済であっても一括固定税が利用可能であれば、同様の公式を最適条件として導くことができる。

公共財は、消費の非競合性と排除不可能性という2つの特徴を持っている。しかし、現実の世界ではこれら2つの性質を同時には満たさない財も存在する。他人の消費によって自分の消費量が影響を受けるけれども、特定の人をその財の消費から排除することはできないケースである。たとえば、一般道路での混雑現象や公海での漁業、交通量の多い道路の近くにある果樹園などが当てはまる。誰も排除できないにもかかわらず他人の消費量に自分の消費量が依存すると、自分にとっては公共財の消費量を完全には操作できない。これは、公共財の消費量が確率変数となることと同じである。その場合の最適条件は、期待効用の次元で考えると、基本的にサムエルソンの公式が成立する。

ここまで公共財の量は自由に選択できると想定したが、現実の世界では量の選択は制約され、その公共財を供給するかどうかという二者択一の選択の問題も生じる。たとえば、所与の公共投資プロジェクト（トンネルの建設など）を実施するかどうか、コンピューター言語になにを採用するかといった問題である。この場合、政府の介入がある程度は必要になる。

公共財の自発的供給：ナッシュ均衡

　ここまでは、公共財の最適供給に関する規範的分析を説明した。以降では、政府が存在しない場合について公共財の理論分析を見ておこう。政府が公共財を供給しなくても、その経済に公共財が供給されないとは限らない。民間部門が私的財と同時に公共財を供給することも可能である。これは、公共財の現在量に不満なものが自らの負担で公共財を追加供給することを意味する。たとえば、自宅の前に自己負担で何個街灯（その地域では公共財になる）を据え付けるかという問題が想定できる。政府が公共財の供給に関与しない場合は、公共財の自発的供給に関するナッシュ均衡として知られている。

　このモデルは、国際公共財（たとえば地球温暖化対策）への各国の自発的対策費用の拠出や、地方政府による全国レベルで便益をもたらす公共投資への自発的支出などを分析する際にも有効なモデルである。また、各個人が寄付をする場合、人々の寄付の目的が寄付総額にあるとすれば、寄付総額が公共財として各人の効用関数に入ってくると解釈できる。寄付の自発的な拠出額をモデル化する際にも有効である。このように公共財の自発的供給モデルはさまざまな分野で応用可能であり、現実にも政策的含意は高い。

　いま、経済が 2 人の個人（個人 1、2）で代表されるものとしよう。個人 1 の最適化問題を定式化する。彼の効用関数は次のようになる。

$$U_1 = U(x_1, Y) \tag{5-26}$$

　ここで、U_1 は彼の効用水準、x_1 は彼の私的財の消費水準、Y は彼の公共財の消費水準（経済全体での公共財の供給水準でもある）を示す。彼の予算制約式は、次式となる。

$$x_1 + py_1 = M \tag{5-27}$$

　ここで、p は私的財で測った公共財の価格、M は所与の所得水準を示す。y_1、y_2 は、個人 1、2 各々の公共財の負担水準を示すものであり、公共財の供給について

$$y_1 + y_2 = Y \tag{5-28}$$

が成立する。(5-27)(5-28) 式より、次式を得る。

$$x_1 + pY = M + py_2 \tag{5-29}$$

個人 1 は、(5-29) 式の制約のもとで (5-26) 式を最大化すべく x_1 と Y とを選択するが、その際 M, p とともに y_2 も所与と考える。これは、他人の公共財に対する選択を自らの公共財の選択とは独立とみなすもので、ナッシュ均衡アプローチと呼ばれる。

図5.6 において、AB 線は個人 1 の予算制約線 (5-29) 式を示す。このうち、AG は py_2 に、GO は M に対応している。この予算制約線の傾きの絶対値は p であり、彼は AB 線上の任意の点を選択できる。**図5.6** には、同時に彼の無差別曲線も描いてある。無差別曲線は彼の効用を一定にする私的財と公共財の消費の組合せであり、図のように、原点に向かって凸の形をしている。最適点は AB 線上でもっとも効用の高い点であるから、無差別曲線との接点である E 点で与えられる。このとき、彼は OF だけの公共財を消費している。言い換えると、OD $= y_2$ の個人 2 の公共財供給が与えられたとき、個人 1 の最適な公共財供給量は、DF $= y_1$ となる。

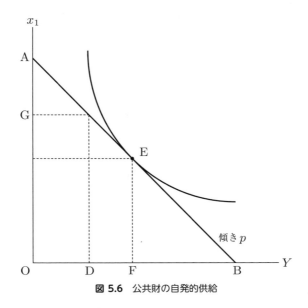

図 5.6 公共財の自発的供給

したがって、個人 1 にとって最適な y_1 は、y_2 の減少関数となる。

$$y_1 = n(y_2) \tag{5-30}$$

他人の公共財の負担が増大すれば、自らの公共財の負担を減らして、その分だけ私的財の消費にまわすが（$n' < 0$）、公共財の消費水準を減らすほど自らの公共財の負担を減らすことはしない（$-1 < n'$）[注2]。すなわち、y_2 が増大すると、個人1にとっては実質的な所得 $M + py_2$ が増加したことと同じであるから、私的財、公共財がともに正常財であれば、所得効果により私的財の消費も公共財の消費も増加させようとする。私的な消費が増加する分だけ、y_2 ほどには Y は増加しないから、y_1 は減少する。

個人2の最適化行動も同様に定式化できるので、個人2のナッシュ反応関数は次のように書ける。なお、単純化のため効用関数の形は同じとしている。

$$y_2 = n(y_1) \tag{5-31}$$

(5-30)(5-31)式を同時に満たす y_1 と y_2 の組合せが、ナッシュ均衡解である。

▶ ナッシュ均衡の効率性

図5.7を用いて、ナッシュ均衡の効率性を検討しよう。**図5.7**には、(5-30)(5-31)式をそれぞれ満たす個人1、2のナッシュ反応曲線を描いている。また、それぞれの個人の無差別曲線も描いている。なお、2人の効用関数がまったく同じであれば、**図5.7**でそれぞれの個人の無差別曲線の形は45度線に関して対称形であることに注意したい。たとえば、個人1の無差別曲線は、彼のナッシュ反応曲線上でその傾きが垂直になっている。そして、右へ行くほどより効用の高い無差別曲線が描ける。なぜなら、ある y_2 のもとではナッシュ反応曲線上の y_1 が個人1の効用を最大にするからである。同じように、個人2の無差別曲線は、彼のナッシュ反応曲線と、その傾きが水平なところで交わっている。2人のナッシュ反応曲線も無差別曲線も45度線で対称な形をしている。

注2　Y は正常財なので、(5-28)式を y_2 で微分したものは正となる。$-1 < n'$ はこの結果より得られる。

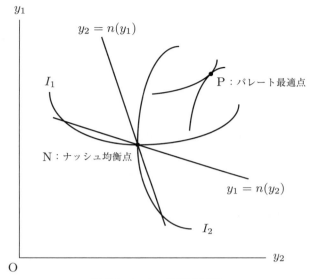

図 5.7 ナッシュ均衡の効率性

 2人のナッシュ反応曲線の交点 N が均衡点である。ナッシュ均衡点 N では、各人の無差別曲線が交わっているから非効率といえる。もっとも効率的な資源配分の点、すなわち、パレート最適点は各人の無差別曲線が接する点である。図5.7 が示すように、無差別曲線の接点であるパレート最適点 P は N 点の右上方にある。もし2人が P 点に対応する公共財を供給すれば、2人ともに、ナッシュ均衡点である N 点よりも効用水準が増加する。

 ナッシュ均衡点とパレート最適点を比較してみよう。図5.7 からわかるように、ナッシュ均衡点に対応する公共財の量は、パレート最適点に対応する公共財の量よりも小さい。ナッシュ均衡点では、パレート最適点より公共財が過小にしか供給されない。各個人は自分にとっての便益のみを考慮して、公共財の負担を決める。ナッシュ均衡点は (5-29) 式の制約下で (5-26) 式を最大にする点だから、各個人の公共財の限界便益である限界代替率が限界費用である公共財の価格 p に等しい。これは便益が自らに限定される私的財の場合には最適条件であるが、公共財の場合には社会全体の公共財供給の限界便益を考慮しなければならない。最適供給はサムエルソンの公式が示したように、各個人の限界代替率の総和（社会全体の公共財供給の限界便益）が限界費用に等しい点で与えられる。

ナッシュ均衡とただ乗りの可能性

ここまで公共財の所得効果はプラスと想定してきたが、以降では、個人 i の効用関数を公共財の所得効果がゼロとなる形に特定化しよう。

$$U_i(x_i, Y) = u_i(Y) + x_i = u_i(y_1 + y_2) + w_i - y_i \tag{5-32}$$

ここで、Y は公共財の消費水準、x_i は私的財の消費水準、y_i は公共財の負担水準、w_i は所得である。$u_i(Y) + x_i$ の第 2 項 x_i は私的財の消費から得られる効用に相当する。私的財の限界効用が一定であれば、実質的な所得が増えても公共財の需要は増加せず、公共財の所得効果はゼロになる。このとき、ナッシュ均衡はコーナー解となり、ただ乗りが顕著になる。

他人の公共財負担がゼロのとき $(y_j = 0)$、個人 i の効用を最大にする公共財の水準を y_i^* としよう。これは自分で公共財の負担をすべて背負い込むケースであり、$u_1'(y_1^*) = 1$, $u_2'(y_2^*) = 1$ が成り立つ。この公共財の水準が、個人 1 の方が個人 2 よりも大きいとする。

$$y_1^* > y_2^*$$

ここで、個人 1、2 の最適条件を導出すると、それぞれ次のようになる。

$$u_1'(y_1 + y_2) = 1 \tag{5-33-1}$$
$$u_2'(y_1 + y_2) = 1 \tag{5-33-2}$$

これより、y_1, y_2 は互いに依存しているので、個人 1、2 の反応関数はそれぞれ

$$y_1 = Y_1(y_2) \tag{5-34-1}$$
$$y_2 = Y_2(y_1) \tag{5-34-2}$$

と書ける。ここで、$u_1'(y_1^*) = u_1'(y_1 + y_2) = 1$ であり、限界効用が逓減することから $y_1^* = y_1 + y_2$ が成り立つ。同様に $y_2^* = y_1 + y_2$ も成り立つから、

$$Y_1(y_2) = y_1^* - y_2 \tag{5-35-1}$$
$$Y_2(y_1) = y_2^* - y_1 \tag{5-35-2}$$

なお、このとき非負制約 $y_1 > 0$、$y_2 > 0$ から $y_2 < y_1^*$、$y_1 < y_2^*$ である。すなわち、それぞれ

$$y_1 = Y_1(y_2) = \max\{y_1^* - y_2, 0\} \tag{5-36-1}$$
$$y_2 = Y_2(y_1) = \max\{y_2^* - y_1, 0\} \tag{5-36-2}$$

と書き直せる。公共財の所得効果がゼロであれば、非負制約の範囲内でナッシュ反応曲線は傾き -1 の特殊な直線になる。

ナッシュ均衡は、

$$y_1 = Y_1(y_2), \qquad y_2 = Y_2(y_1) \tag{5-37}$$

が成立する y_1, y_2 の組合せである。

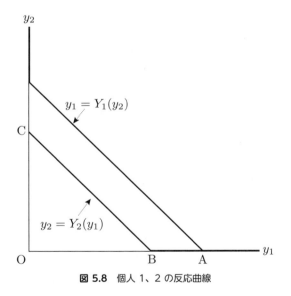

図 5.8 個人 1、2 の反応曲線

図 5.8 に個人 1、2 の反応曲線が描かれている。$y_1^* > y_2^*$ の仮定より、個人 1 の反応曲線の方が個人 2 の反応曲線よりも上方に位置している。ナッシュ均衡点は 2 つの反応曲線の交点であるから、A 点で与えられる。A 点では個人 1 のみが公共財を負担しており、個人 2 はなんら公共財を負担していない。つまり、個人 2 は個人

1の公共財負担にただ乗りしている。公共財に対する評価が異なる個人間では、たとえ所得が同じであっても、公共財の評価の低い個人がなんら公共財を負担しないナッシュ均衡が実現する。

▶ シュタッケルベルグ均衡

次に、個人1が先に公共財の負担水準を決定し、個人2はそれを既知とした上で自らの公共財の負担水準を決めるというシュタッケルベルグ均衡を分析しよう。この問題は動学的なゲームであるから、後の段階から前の段階にさかのぼって解く。

まず、個人1の公共財負担 y_1 を所与として、個人2の最適な公共財負担 y_2 の選択を考えてみる。これは、個人2の反応関数で表現される。次に、個人1の最適化行動を分析しよう。個人1は事実上個人2の反応曲線上の任意の点を選択できる。個人1にとってもっとも望ましい点は、個人2の反応曲線の上で個人1の効用がもっとも高い点である。**図5.8** でこのような点になりうるのは、A点かC点である。

2点A、Cのうち、どちらの点の方が個人1にとって望ましいかは、一般的に確定しない。ここで、個人1の効用関数をもう一度考えてみよう。

$$V_1(y_1) = u_1(y_1 + Y_2(y_1)) - y_1 \\ = u_1(y_1 + \max\{y_2^* - y_1, 0\}) - y_1 \tag{5-38}$$

したがって、

$$V_1(y_1) = \begin{cases} u_1(y_2^*) - y_1 \text{ for } y_1 \leq y_2^* \\ u_1(y_1) - y_1 \text{ for } y_1 \geq y_2^* \end{cases} \tag{5-39}$$

となる。これを図示したのが**図5.9**である。y_2^* 以下の y_1 では、個人1が公共財の負担を増大させると同額だけ個人2の公共財供給が減少し、個人1の公共財の消費量は一定のままで彼の負担が増えるのみであるから、彼の負担が上昇すればするほど彼の効用は減少する。y_2^* を超えると、個人2は公共財を供給しなくなるから（y_2 はゼロ以下には減少しないので）、y_1 の増加によって個人1の公共財の消費量も増大する。よって、y_1^* に達するまでは y_1 の増加とともに彼の効用も増大し、y_1^* を超えて y_1 が増加すると彼の効用は減少に転じる。

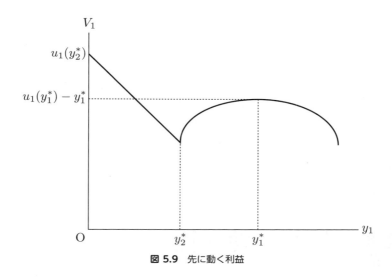

図 5.9 先に動く利益

したがって、**図 5.9**のように $y_1^* > y_2^*$ であれば、両個人の公共財に対する選好が近い場合は**図 5.8**のＣ点が均衡点となり、また、両個人の選好が離れている場合には**図 5.8**のＡ点が均衡点となる。逆に $y_1^* < y_2^*$ であれば、Ｃ点が均衡点となる[注3]。言い換えると、たとえ $y_1^* > y_2^*$ であり、ナッシュ均衡では個人１のみが公共財を負担しているケースであっても、両個人の選好がそれほど離れていない場合には、個人１は先に $y_1 = 0$ と宣言することで、個人２の公共財の負担にただ乗りする方が効用が高くなる。これは、先に公共財の負担を決定することの有利さを示している。なお、個人２が先に動く場合は必ずＡ点が均衡点となる。

現実の世界でも、寄付行為に代表されるように、自発的な公共財の供給は多く見られる。なお、ナッシュ的なアプローチで現実の世界における自発的な公共財の供給メカニズムを解釈することには、さまざまな批判もある。

▶ 非協力交渉ゲーム

非協力交渉ゲームの場合には標準的なナッシュ均衡解とは異なり、結果としてパレート最適が実現できる。交渉プロセスは次のようなものである。２人の間のゲー

注3　なお、ここでは両者の選好が異なる場合についてコーナー解があることを示しており、両者の選好が一致するケース（$y_1^* = y_2^*$）については扱っていない。この場合はナッシュ均衡がユニークに定まらず、無限に存在する。

ムを考える。まず一方が公共財の供給量と2人の間での負担の割合を決め、それを相手に提示する。相手がそれを受け入れれば、ゲームは終わる。もし相手が気に入らなければ、今度は相手が反対にオファーを出す。そして最初の人がそれを受け入れるか、あるいは、自分で新しいオファーを出すかどうかを決める。相手のオファーを拒否すれば、公共財は供給されず、両者は私的財のみの低い効用水準を甘受することになる。このようにして、両者が合意するまで、ゲームが続けられる。このゲームでは、相手の効用を所与として自分の効用を最大にするように自らの戦略を決めるから、結果としてパレート最適点が実現する。

5 課税の効率性

▶ 一括固定税との比較

　課税は、公共財を供給するための必要な税収を確保する手段として用いられる。その税収が政府支出に使われる便益を別にすれば、税金を負担することで家計の効用水準は必ず低下する。効率性の観点から望ましい税制は、家計の実質的負担をできるだけ少なくしながら、必要な税収を確保することである。

　効率性の観点からもっとも望ましい税は、一括固定税あるいは定額税である。これは課税ベースが経済活動と独立な税であり、より具体的には1人あたり定額の固定税である。労働所得税では労働供給の変化により税負担も変化するが、一括固定税ではどのように経済活動が変化しても税負担は変わらない。**図5.10** を用いて、この一括固定税と比較して所得税がどの程度余計な（実質的）負担を家計にもたらしているかを、超過負担という概念を用いて説明しよう。

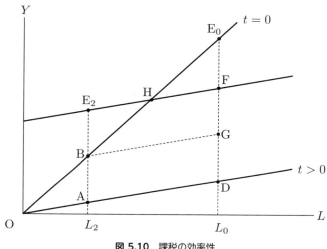

図 5.10　課税の効率性

図5.10 は横軸に余暇ではなくて労働供給を示しているが、第2章の図2.5と基本的には同じ図である。見やすくするために無差別曲線を省略しているが、E_0、E_2点の意味は図2.5と同様である。いま、税収は移転支出として家計に返すと考えよう。一括固定税の場合、税収を家計にそっくり返してしまえば、家計になんの影響もない。経済活動になんら影響しないから、図5.10では E_0 点が実現する。

さて、$t > 0$ の労働所得税を導入して、なおかつ、その所得税からの税収を家計に返すことで、E_0 と同じ効用水準は達成できるだろうか。E_2 点は所得税を課した場合の E_0 と同じ経済状態である。E_2 に対応する労働供給を L_2 とし、w を時間あたりの賃金率とすると、E_2 点での労働所得税の大きさは twL_2 であり、図5.10ではABの大きさに対応する。しかし、E_2 を実現するには、ABだけの移転支出では不十分であり、AE_2 の大きさの移転支出が必要となる。言い換えると、予算線が E_2 点を通るところまで上方にシフトしないと、E_2 点は実現しない。したがって、所得税の場合には税収をそのまま家計に移転支出として返しても、当初の効用水準は維持できない。税収以上の余計な移転支出が必要である。この追加的な移転支出の大きさ、すなわち、図5.10では E_2B の大きさが所得税の超過負担になる。

図5.10から容易にわかるように、超過負担の大きさは代替効果の大きさに対応している。もし、代替効果がゼロであれば、すなわち、E_0 と E_2 の点が一致していれば、E_2B もゼロであり、超過負担はゼロになる。また、税率が大きいほど超過負担も大きくなる。

E_2B の大きさを求めるために有益な図が、**図5.11** である。この図は、縦軸に課税後の賃金率 $(1-t)w$ を、横軸に労働供給をとっている。直線 L は、**図5.10** で E_0 のもとで効用水準を家計に補償したときの補償労働供給曲線、すなわち、代替効果に対応する労働供給の大きさを示す。代替効果のみを反映しているから、グラフは必ず右上がりになる。A 点では $t=0$ であり、労働供給は E_0 点に対応する L_0 となる。B 点では $t>0$ であるから、労働供給は E_2 点に対応する L_2 となる。E_2 点での所得税からの税収は、**図5.11** では、四角形 ACE_2B の面積で示される。これは**図5.10** では AB の大きさである。

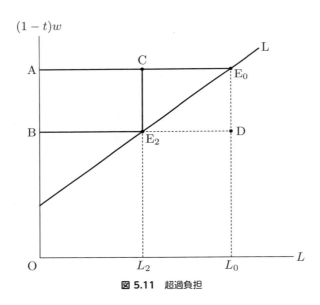

図5.11 超過負担

税率が**図5.11** の B 点に対応する値のままで労働供給が L_0 に増加したときに生じる税収を求めてみると、四角形 AE_0DB の面積になる。この税収は**図5.10** では、L_0 のときの課税前予算線と課税後予算線との距離である E_0D に対応している。ところで、第1次近似として、**図5.10** において E_2 と F のちょうど中間に交点 H があると考えると、E_0G の大きさは、E_2B の大きさの2倍になっている。したがって、**図5.11** の四角形 CE_0DE_2 が**図5.10** の E_0G に対応していることを考慮すると、**図5.10** の E_2B の大きさは、**図5.11** では三角形 CE_0E_2 の面積に等しい。これが**図5.11** での超過負担の大きさである。

さて、三角形 CE_0E_2 の面積を求めてみよう。$CE_2 = tw$、$CE_0 = twL_w$ である。ここで L_w は、実質賃金率が上昇したとき、効用水準が一定に維持される場合の（補償）労働供給がどの程度増加するかを示しており、代替効果の大きさを表す。したがって、超過負担の大きさは次式で与えられる。

$$E_2B = \frac{(tw)^2 L_w}{2} = \frac{\epsilon t^2 wL}{2} \tag{5-40}$$

ここで、$\epsilon = \dfrac{wL_w}{L}$ は（補償）労働供給の賃金弾力性であり、代替効果の大きさに対応している。(5-40) 式から超過負担は代替効果の大きさ ϵ と比例しており、また、税率の 2 乗とも比例している。よって他の条件が一定であれば、税率が 2 倍になると超過負担は 4 倍になる。

▶ 超過負担の定式化

ここでは、数式を用いて超過負担を定式化しておこう。ある財 X に税金 t が課せられるとする。この財は前述の説明では労働供給であったが、ここでは説明の便宜上、消費財の 1 つと考える。ただし、理論的にはどちらでも同じである。この財の消費者価格を q として、生産者価格を p とすれば、

$$q = p + t$$

の関係が成立している。なお、ここでの t は財 1 単位あたりの従量税額である。前述の説明における労働所得税の従価税率 t とは異なり、tw に対応する概念である。家計の所得は M とする。一括固定税の場合、あるいは、この個別消費税が課せられていない場合、家計の効用水準は間接効用関数の形で次のように表される。

$$U_0 = V(p, M)$$

次に、個別消費税が課せられ、その税収が一括の補助金として家計に返還される場合、家計の効用水準は次のように定式化できる。

$$U_1 = V(p + t, M + tx)$$

ここで x は財 X の生産量である。つまり、家計の消費者価格が p から q に上昇

した一方で、消費税の税収 tx が一括の補助金として家計に返還され、その分だけ家計の所得が上昇している。すでに説明したように、$U_0 > U_1$ であり、超過負担 EB はこの差額を金銭表示したものである。したがって、次式が成立する。

$$U_0 = V(p, M) = V(q, M + tx + EB) \tag{5-41}$$

すなわち、$EB > 0$ だけの所得が補償されてはじめて、撹乱的な課税後の効用水準は一括固定税の場合の効用水準と等しくなる。この間接効用関数 V の逆関数をとると、価格と効用水準を所与として支出額 M あるいは $M + tx + EB$ を最小化する支出関数 $E()$ を定義することができる。(5-41) 式をこの支出関数で書き直すと、次式を得る。

$$E(p, U_0) = E(q, U_0) - tx - EB \tag{5-42}$$

この式より超過負担を求めると、

$$EB = E(q, U_0) - tx - E(p, U_0) \tag{5-43}$$

この式を $E(q, U_0)$ についてテイラー展開して 2 次近似すると、次式となる。

$$EB = \frac{\partial E(p, U_0)}{\partial p}t + \frac{1}{2}\frac{\partial^2 E(p, U_0)}{\partial p^2}t^2 - tx = \frac{1}{2}t^2 x_p \tag{5-44}$$

ここで、支出関数の価格に関する微分係数がその財の補償需要関数（効用水準を一定に維持する場合の需要関数。代替効果に相当する）に等しいという性質を用いている。

$$\frac{\partial E(p, U_0)}{\partial p} \equiv x(p, U_0)$$

また、$\dfrac{\partial^2 E(p, U_0)}{\partial p^2} \equiv x_p(p, U_0)$ は補償需要関数の価格に関する微分係数である。その結果、(5-44) 式の中央の式の第 1 項と第 3 項とは相殺される。(5-44) 式は (5-40) 式と同じ式になる。すなわち、(5-44) 式は超過負担を数式で示したものである。

6 所得再分配機能

▶ 所得格差

　資源配分上の機能と並んで政府の役割として重要な機能が、所得再分配機能である。市場メカニズムが完全に機能していて、効率的な資源配分が実現しても、社会全体として理想の所得分配が実現できるとは限らない。人々の所得は、その人々の当初の資産保有状態にも依存する。

　経済活動を行う以前に、資産をどのくらい持っているか、あるいは、どのような質の労働サービスを供給できるかについては、親からの遺産や贈与に依存するところが大きく、すでに決まっている場合が多い。結果として、市場メカニズムが完全であったとしても、人々の間で所得格差が生じる。競争の機会が均等でなければ、不平等感、不公平感は避けられない。また、機会が均等であっても、病気や災害などにより経済状態の恵まれない人々が生じることもある。これは広い意味での市場の失敗である。市場に任せておくだけでは、資源配分の効率性は確保できても格差の存在は否定できず、公平な所得分配は実現されない。

　こうした状況で政府が市場経済に介入することは正当化される。すなわち、政府が経済状態の恵まれた人から所得をある程度取り上げ、それを恵まれない人に再分配する所得再分配政策は、多くの人の価値判断としてもっともらしい。生活保護、雇用保険、医療保険や公的年金などの社会保障はこうした考え方に基づいている。

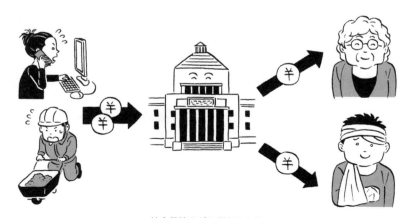

社会保障をどう考えるか？

リスクと再分配

不確実なリスクは現実の経済活動に重要な影響を持っている。たとえば、天候は農産物やビール、アイスクリームなどの需要、供給それぞれの大きさを決める際に、不確実な要因として効いてくる。当該企業の業績が良くなるか悪くなるかは、その企業の努力の結果でもあるが、それ以外のショック（天候、マクロの景気動向、その企業の属している産業特有のショックなど）にも依存している。家計の所得も、病気や事故などの不運があれば、そうでない場合よりも減少する。また、株式や土地などの資産価格は短期的にも大きく変動する。そうした資産に投資をすると、大きな利益を手に入れる場合と、大きな損失を被る場合がある。こうしたリスクを好む人もいれば、いやがる人もいる。

不確実な要因は……

たとえば、1995 年の阪神・淡路大震災、2011 年の東日本大震災のような天災や 2001 年のアメリカ同時多発テロ事件、2008 年のリーマンショックなどは、いつ起きるかわからないマクロのリスク要因である。国際的な政治・経済環境が悪化して貿易が円滑に行われなくなれば、経済活動にも大きな悪影響がある。国民経済全体に対するショックから、個々の経済主体の個別的なショック（病気や事故など）に至るまで、不確実要因は現実の経済生活では無視できない。市場経済には予想外のリスクがつきものである。こうした状況では民間経済活動も大きく変動するため、

政府による公的介入も必要になる。

リスク分散の代表的手段は、民間でも供給可能な保険である。リスクを回避しようとする個人が大多数であれば、保険需要が生まれる。市場で民間企業が保険を提供する場合もあれば、公的保険を政府が供給する場合もある。このような保険の機能を、2人の個人 ($i=1,2$) と2つの不確実な状態A、Bのモデルで考えてみよう。

個人 i の効用関数を次のように定式化しよう。

$$W_i = (1-\alpha)V(c_i^A) + \alpha V(c_i^B) \tag{5-45}$$

ここで、W_i は個人 i の期待効用である。$V()$ は、限界効用が逓減するという意味で危険回避的な効用関数である。c_i は個人 i の私的消費量である。c_i は不確実性に直面している。単純化のため、「良い」状態Aは確率 $1-\alpha$ で生じて、損害からフリーであるとする。一方、「悪い」状態Bは確率 α で生じて、c_i^B という低い消費水準しか享受できないとする。状態Bは、たとえば、失業や災害などの非常事態を意味する。

それぞれの状態での個人 i の予算制約式は、

$$c_i^A = Y_i - ps_i \tag{5-46-1}$$
$$c_i^B = (1-\pi_i)Y_i - ps_i + s_i = c_i^A - \pi_i Y_i + s_i \tag{5-46-2}$$

と表される。ここで、Y_i は各個人の所得であり、π_i は悪い状態Bが生じるときの損害率である。たとえば、状態Bが不況期の失業に対応するなら、$\pi_i Y_i$ は失業によって失われる所得と職探しにかかる費用の合計に相当する。また、状態Bが自然災害に対応するのであれば、π_i は生産のうち破壊されたものの割合を示す。Y_i や π_i は個人間で同じであるとは限らない。ここでは単純化のために、不確実性は所得に対して発生すると想定している。すなわち、状態Bが生じれば、可処分所得が一定の比率で減少する。

s_i は各個人の保険の収益（状態Bが生じたときに受け取る保険金の金額）であり、p は保険の価格である。したがって、状態A、Bを問わず、事前に支払う保険料金が ps_i となる。この保険料は、公的保険の場合には政府に対する保険料支払いであり、s_i は悪い状態Bが生じたときに政府から受け取る保険給付（見舞金の支払い）である。

各個人は α、π_i、p などのパラメータを所与として、保険需要 s_i を決定する。な

お、現実の公的保険では政府が保険料と保険給付の 2 つを同時に決定しており、リスク格差など個人間の相違に応じて、各個人が自由に保険でカバーできる範囲を選択できるものは少ない。

保険収支の予算制約式は、

$$p(s_1 + s_2) = \alpha(s_1 + s_2) \tag{5-47}$$

あるいは

$$p = \alpha \tag{5-47}'$$

である。(5-47) 式の左辺は保険料収入であり、右辺は保険料支払い額(の期待値)である。p は予算制約を満たすように決定される。公的保険が収支均衡で行われるとき、その保険料はリスクの起きる確率に対応して決定される。悪い状態が起きる確率が大きくなると、保険料も高くなる。(5-47)′ 式で決定される保険料はリスクに対応した水準で決められるから、保険数理的に公正な保険料と呼ばれている。

ところで、各個人の予算制約式は、

$$pc_i^B + (1-p)c_i^A = (1 - p\pi_i)Y_i \tag{5-48}$$

と書き直せる。保険価格 p は悪い状態 B での消費の(相対)価格であり、$1-p$ は良い状態 A での消費の(相対)価格である。この式の右辺は実質的な期待所得を意味しており、状態 B の価格である p で損害費用 $\pi_i Y_i$ を評価した実質損失額を計算し、それを所得から差し引いた可処分所得である。

したがって、各個人の最適化行動は、予算制約式 (5-48) 式のもとで効用関数 (5-49) 式を最大化するような c_i^A と c_i^B を選択することである。第 2 章と同様の議論により、各個人の最適化行動から、

$$s_i = \pi_i Y_i \tag{5-49}$$

あるいは

$$c_i^A = c_i^B = (1 - \alpha \pi_i)Y_i \tag{5-49}'$$

が成立する。保険は、状態 A、B 間での消費水準を完全に均等化させる。この均等消費水準はそれぞれの個人の期待所得に等しい。人々は悪い状態の損失額を完全に相殺する保険料金を支払う。損失を部分的にカバーする $(s_i < \pi_i Y_i)$ ことや、必要以上にカバーする $(s_i > \pi_i Y_i)$ ことは、最適ではない。これはリスク分散行動の結果である。保険料が保険数理的に公正であれば、完全にリスクを分散する保険契約が望ましい。

また、これは画一的な公的保険の限界を意味している。個人間で公的保険の需要額が異なるとき、リスク分散が完全にできるように、保険料の支払い金額も個人ごとに異なるべきである。そうした選択の自由を認めてはじめて、リスクを完全にカバーできる。自由度の高い保険はすべての国民にとってプラスになる。

リスク回避と課税

こうした保険によるリスク回避機能は、保険ではなくて、課税と補助金を適切に組み合わせても実現可能である。所得に不確実性があるときの課税のあり方について、簡単なモデルで説明しよう。

ある個人の総所得を $\tilde{y}$ と表し、この所得は恒常所得 $\tilde{x}$ と一時所得（個人的には予測できない不確実な所得）$\tilde{\epsilon}$ に分割できるとする。なお、~は確率変数であることを表している。恒常的な部分と一時的な部分は、統計的に独立とする。$\tilde{x}$ と $\tilde{\epsilon}$ の分布については、それぞれ期待値（平均値）が $\mu = E(\tilde{x})$、$0 = E(\tilde{\epsilon})$、分散が $Var(\tilde{x}) = \sigma^2 < \infty$、$Var(\tilde{\epsilon}) = \tau^2 < \infty$ で与えられる正規分布とする。これらは政府も知っているとする。

さて、恒常所得を当該個人は完全に予測できる。これは個人的には確定した所得となる。その値を x で表そう。ここで x は $\tilde{x}$ の実現値である。個人間での属性の相違から x は個人間で異なり、これが $\tilde{x}$ の分布に対応している。これに対して、一時所得については当該個人でも予測できない。たとえば資産所得のケースでは、安全資産の収益率に対応する所得が恒常所得に相当し、それ以上の収益率を期待されるキャピタル・ゲインなどの所得（個人レベルでもリスクを持っている所得、危険所得）が一時所得に対応する。安全資産を上回る（あるいは下回る）収益率を長期的に確保できないとすれば、一時所得の期待収益率はゼロとなる。

政府支出として 1 人あたり g の一定水準が必要であるとしよう。政府は税関数 $\tilde{t}$ を決める際、2 つの制約を考慮する必要がある。1 つは予算制約であり、平均的な期待税収が g に一致することである（$E(\tilde{t}) = g$）。もう 1 つは情報上の制約であり、

課税ベースが政府にとって観察可能なものに対応していることである。

$u(x+\epsilon)$ を消費者の効用関数とする。ここで ϵ は $\tilde{\epsilon}$ の実現値である。また、効用関数は危険回避的ということを前提とする。すなわち、限界効用は逓減する ($u'' < 0$、$u' > 0$)。税収制約下で課税後所得から得られる期待効用を最大にする租税構造が最適となる。言い換えると、政府は $E(\tilde{t}) = g$ という条件のもとで次の関数を最大化する問題に直面する。

$$E(u(x+\tilde{\epsilon}-\tilde{t})) \tag{5-50}$$

この問題の解は、政府がどの程度の情報を利用可能かに依存する。

▶ 政府がすべての所得の変数を観察できるケース

政府がすべての所得情報を知っていれば、x と $\tilde{\epsilon}$ を課税ベースとして $\tilde{t}$ を組み立てることが可能になる。したがって、x と $\tilde{\epsilon}$ を課税ベースとする租税関数を選択する問題に帰着する。このとき最適化問題は、$E(t(x,\tilde{\epsilon})) = g$ という条件のもとで次の関数を最大化するという問題に変形できる。

$$E(u(x+\tilde{\epsilon}-t(x,\tilde{\epsilon}))) \tag{5-50}'$$

この問題の最適解は、次のような関数 $\bar{t}_1$ で与えられる。なお、上線は最適な租税体系を表している。

$$\bar{t}_1(x,\epsilon) = T(\epsilon) + g = \epsilon + g \tag{5-51}$$

すなわち、一括固定税＝定額税を財源として、政府支出 g の大きさに相当する金額を恒常所得から徴収し、さらにすべての一時所得を 100％の限界税率で徴収する（あるいは、損失の場合に還付する）ことが最適となる。もし必要な政府税収がゼロであれば、恒常所得は課税ベースには含まれない。

このような税制は、一時所得の変動を完全に相殺するものであり、リスク回避的な家計にとって保険の機能を持つ。ただし、この税制によって課税後の所得が個人間で均等になることはない。恒常所得は個人レベルでは確実な所得であるが、社会全体では個人間の属性の相違を反映して、ばらついている。そのため、恒常所得に

連動して課税後所得も分散 σ^2 で散らばっている。

　不確実な所得、一時所得の代表的な例は、遺産、贈与、土地や株式の投機的売買による所得であろう。これらの（安全資産の収益を超えた）所得に対しては、リスクを回避する消費者にとっては 100 ％の課税が望ましい。もちろん、損失を被る場合には 100 ％の補助金が必要になる。その結果、一時所得の変動を税制によって相殺できる。ただし、この最適な税制を現実に適用するには、一時所得に関する情報が必要である。

▶ 政府が総所得しか観察できないケース

　現実には、所得のうちどれだけの部分が安全資産の収益に対応する恒常所得であり、どれだけの部分が危険資産の超過収益に対応する一時所得であるかを、税務当局が把握することは困難であろう。各人の選好が異なる場合、安全資産の収益率も各人で異なる。

　したがって、課税ベースが総所得 y に限定されるときには、租税関数は $t(y)$ の形になる。この場合、まず観察できない一時所得 $\tilde{\epsilon}$ を観察可能な総所得の情報から推計し、それに対して 100 ％の限界税率で徴収するのが望ましい。

　また、もし課税体系が線形に限定される場合には、

$$\bar{t}_0(y) = \bar{b}(y - \mu) + g, \qquad \bar{b} \equiv \frac{\tau^2}{\sigma^2 + \tau^2} < 1 \tag{5-52}$$

が最適な税制になる。この税制では、完全平等を実現するほどには累進性は高くならない。実現した所得が平均所得を上回ったときに、リスクによる所得分散が大きいほど、リスクによる所得の割合が大きいとみなし、より高い限界税率を適用する。

　$\bar{b}$ は総所得の分散（$\sigma^2 + \tau^2$）に占めるリスクによる所得の分散（τ^2）の程度を示しており、これが大きくなるほどより累進的な税構造が望ましくなる。$\bar{b}$ が大きくなるにつれてリスクも大きくなるため、税制による保険の機能が重要となり、より累進的な税構造が必要となる。言い換えると、安全資産の個人間でのばらつきよりも、危険資産の個人間でのばらつきが大きくなれば、より累進的な税制が望ましくなる。もし $\bar{b} = 1$ であれば、すべての個人で事後的な所得として $\mu - g$ が実現し、完全平等になる。しかし、実際には必ず恒常所得も分散しているから、$\bar{b} < 1$ となり、完全平等を実現する極端な累進税制は正当化されない。

　総じて、事後的に誰が得をして誰が損をするのかが、事前には不確実である。リ

スク回避的な個人を前提とすると、なんらかの再分配政策がすべての個人にとって望ましい。一般的にばらつきが大きい資産所得には、リスク分散の観点から、より累進的な税制が適用されるべきであろう。たとえば相続税において、親から遺産を相続する場合よりも、遠い親戚の遺産を相続する場合の方がより不確実でばらつきも大きいとすれば、そのような遺産の相続に対して、通常の親からの相続の場合よりも累進的な税率を適用するのが望ましい。

市場の失敗と経済学者

アーサー・セシル・ピグー（Arthur Cecil Pigou、1877年〜1959年）

イギリスの経済学者。『厚生経済学』でピグー課税を提唱した。

ロナルド・H・コース（Ronald H. Coase、1910年〜2013年）

アメリカの経済学者。外部性の分析に権利や法の概念を導入し、企業活動で取引コストを重視した業績で、1991年にノーベル経済学賞を受賞。

第 6 章

マクロ経済：
短期の分析

1 GDP

▶ GDPの概念

　本書の後半ではマクロ経済学について説明する。GDP活動水準、景気変動、経済成長、インフレーションや失業など国民経済全体に関わるさまざまな活動を包括的に分析するのがマクロ経済学の課題である。本章では短期的なマクロ経済活動を取り上げる。

　国民経済全体の活動がどの程度活発であるのかを判断する指標として、国内総生産（GDP）という指標が用いられる。ある国の国内総生産の大きさは、ある一定期間（たとえば1年間）にその国で新しく生産された財やサービスの付加価値の合計である。付加価値とは、生産者が生産活動によってつくり出した生産額から、その企業などの生産者が購入した原材料や燃料などの中間投入物を差し引いたものである。国内総生産は、ある一定の期間のうちにどの程度国民経済にとって利用可能な資源が増加したかを示す。したがって、それぞれの経済主体がその生産活動によって新しく付け加えた価値のみが対象となり、単純にそれぞれの企業の生産額を合計したものではない。

　GDPは、ある一定期間（たとえば1年間）に生み出された量というフローの概念である。わが国は1950年代から高度成長の時代に入り、1970年代前半まで毎年の国内総生産が10％を超えるスピードで上昇したが、1990年代以降は成長のスピードが大きく下落し、マイナスの成長率になったこともある。2017年現在は、政府目標である3％の経済成長率を実現することも厳しくなっている。総じて経済大国になったとはいえ、生活関連資本の蓄積（＝ストック）を見ると、住宅など遅れているストックも多い。フローとストックの概念を区別するのも重要である。

　付加価値を合計するときには、(1)純額（ネット）で計算するのか、(2)粗の額（グロス）で計算するのかという2通りのやり方がある。純額で計算する場合には、生産に使われる機械などの資本ストックに対する減耗分を控除する。生産に資本設備を使うと、それだけ磨耗し、資本の経済価値が減少する。その分だけ経済全体にとって利用可能な資源が減少するから、付加価値をネットで合計するときには、資本の減耗分を差し引く。国内総生産をある一定の期間につくられた経済的な価値（＝付加価値）の合計と考えると、純額で合計する方がもっともらしい。しかし、資

本の減耗分を正確に推計するのは、実際には難しい。国内総生産は粗の額で計算しており、純額で計算するのは国民純生産と呼ばれる。

生産における付加価値の合計である国内総生産は、誰かに分配され、誰かの所得になっているし、なんらかの形で使われる。国内総生産あるいは国民所得は、生産面から見ても、分配面から見ても、支出面から見ても、すべて等しい。国民所得あるいは国内総生産を計測するときには、この三面等価の原則が成立する。

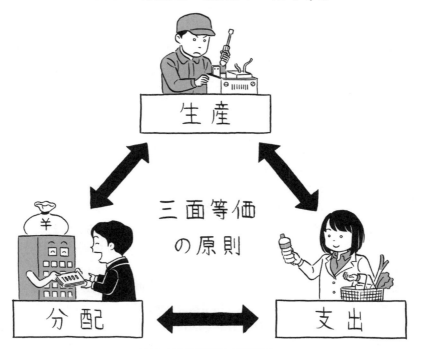

GDP では三面等価の原則が成立

ただし三面等価の原則は、あくまでもある一定期間の経済活動が終了したときの事後的な統計上の関係であって、事前的な意味で、すなわち、個々の企業や家計の意思決定のレベルで常に成立しているわけではない。企業の財・サービスの望ましい供給水準と家計の財・サービスの望ましい需要水準は、必ずしも一致しない。そ

の場合、企業が計画どおりに販売できなかったものは在庫品の増加となるが、これを意図せざる在庫投資という形で投資に含めることにより、統計上の貯蓄と投資は事後的に等しくなる。

▶ GDP（国民所得）の決定

マクロ経済モデルには大きく分類すると、ケインズ経済学と新古典派経済学のモデルがある。このうち、短期の視点でマクロ経済を考察する際にもっとも基本となるのは、ケインズ経済学のモデルである。本章でもこのモデルを中心に説明したい。このケインズ・モデルでは、抽象的なマクロ財市場という市場を想定し、国民所得（= GDP）はそこの需要に応じて決定されると考える。ケインズ経済学の基本的な考え方は、有効需要（＝所得の裏付けのある実需）の原理である。

この原理によると、価格調整メカニズムは総じてうまく機能しておらず、マクロ経済全体における需要と供給のギャップを調整するものは価格ではなく数量である。たとえば、マクロ財市場において需要の方が供給より少ない超過供給の状態にあるとしよう。企業の生産物があまり売れず、在庫が多くある。ここで需要が増加すれば、それだけ生産も増加し、企業は生産の拡大が可能になる。つまりケインズ経済学では、価格の調整スピードが遅く、需要と供給の調整は短期的には数量調整、特に需要に応じた生産の調整によると考えている。

これは、生産能力に余裕があり、現在の価格水準のもとで需要があるだけ生産するのが企業にとって採算上有利である状況を想定している。価格の調整スピードが短期的に遅く、また企業の生産能力が余っている不況期によく当てはまる。1930年代の大不況を背景としてケインズ経済学が生まれてきたことを考えると、自然な発想であった。

したがって、ケインズ経済学では、仮想的なマクロ財市場において有効需要 A がどう決まるかが最大の関心事となる。閉鎖経済を想定すると、マクロ経済における有効需要 A は、消費 C と投資 I と政府支出 G の合計（＝総需要）で与えられる。

$$A = C(Y) + I + G \tag{6-1}$$

第2章で説明したように、消費 C は国民所得 Y（= GDP）の増加関数と考える。単純化のためにここでは、投資はある水準で変化しないと想定する。政府支出は政策的に決定される。投資 I と政府支出 G は外生変数となる。したがって有効需要あるいは総需要 A も、C の（そして Y の）増加関数となる。また、所得が1単位

増加するときに総需要が何単位増加するかを示す比率 $\dfrac{\mathrm{d}A}{\mathrm{d}Y}$ は、限界消費性向 $\dfrac{\mathrm{d}C}{\mathrm{d}Y}$ に等しくなる。ケインズ・モデルでは、限界消費性向が 1 より小さいため、所得の増加ほど総需要は増加しない。マクロ財市場の均衡条件は、この総需要に等しいだけの生産[注1]が行われることである。

$$Y = A \tag{6-2}$$

つまり、各経済主体（家計、企業、政府）の需要の合計＝総需要に見合うだけの生産が行われると考える。

国民所得の決定メカニズムを**図6.1**で考えてみよう。縦軸は総需要 A を、横軸は生産量である国民所得 Y を表したものである。45 度線は $A = Y$ で与えられる財市場の均衡条件を、AA 線は総需要線を示している。前述したように AA 線は右上がりであり、その傾き（限界消費性向）は 1 より小さい。AA 線が 45 度線と交わる点 E が財市場の均衡点である。E 点で総需要は供給と等しくなる。

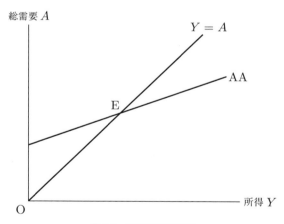

図 6.1 国民所得の決定

AA 線は、45 度線よりその傾きが小さくなっている。これは、限界消費性向が 1 より小さいからである。したがって、両曲線の交点で与えられる均衡点 E は、必ず 1 つだけ存在する。E 点の右側では $A < Y$ であり、総需要より総供給が上回る超

注1　マクロ・モデルでは、生産と国民所得を同じ Y という記号で表す。これは、GDP の定義による（三面等価の原則）。これと有効需要 A が等しい点で均衡状態における Y（実際に生産される Y）が決まる。

過供給の状態にあるから、意図せざる在庫が発生する。企業は売れない在庫を抱えるのを避けて生産量を縮小させるため、最終的に E 点まで生産が縮小し、ちょうど需要に見合った生産が可能となる。逆に、E 点の左側では $A > Y$ となっている。企業は需要があるだけ生産を拡大するのが有利だから、生産量は増加し、E 点まで生産が拡大して財市場が均衡する。

したがって、財市場の均衡条件は次式となる。

$$Y = C(Y) + I + G \tag{6-3}$$

ここで投資 I は外生変数、政府支出 G は政策変数である。民間消費 C は、GDP ($= Y$) の増加関数である。この式を満たすように Y が決まる。限界消費性向 $C'(Y) = \dfrac{dC}{dY}$ が 0 と 1 の間にあるから、均衡解となる GDP はユニークに存在する。複数均衡の可能性は排除される。

総需要が生産量よりも多いときは、生産が増加する。こうした調整過程を考えると、Y の変化に関して

$$\dot{Y} = \alpha\{[C(Y) + I + G] - Y\} \tag{6-4}$$

という定式化が可能である。ここで $\dot{Y} \equiv \dfrac{dY}{dt}$ は時間に関する微分係数、$\alpha > 0$ は超過需要に応じて生産が増加するスピードを示す調整係数である。$C'(Y) < 1$ なので、$\dfrac{d\dot{Y}}{dY} = \alpha(C'(Y) - 1) < 0$ が成立して、この調整過程は安定的である。

2 財政政策と乗数

▶ 政府支出乗数

このもっとも単純なマクロ・モデルを前提として、マクロ政策の効果について考察しよう。最初に、総需要管理政策としての財政政策の効果を取り上げる。たとえば、景気対策として公共事業などの政府支出が 1 兆円だけ増加したとしよう。これは何兆円の GDP の拡大をもたらすだろうか。この大きさは政府支出の乗数（政府支出乗数とも）と呼ばれている。

図6.2は、財市場のモデルを用いて乗数メカニズムを示したものである。縦軸に総需要 $A = C + I + G$ を、横軸に生産＝所得 Y をとっている。ここで、C は消費、I は投資、G は政府支出である。マクロ財市場の均衡条件は45度線（$Y = A$）上であり、総需要曲線（$A = C + I + G$）は AA 線で示される。

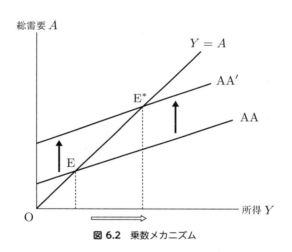

図 6.2 乗数メカニズム

政府支出 G の拡大によって、**図6.2** で AA 線が1兆円だけ上方にシフトする。AA 線は $G + I$ のある一定値に対応して描かれているから、$G + I$ が変化すれば、別の AA 線（＝ AA′ 線）を描く必要がある。AA 線をシフトさせる外生変数 G や I は、シフト・パラメータと呼ばれる。当初の均衡点 E から 45 度線上を右の方に移動した点 E^* が、新しい均衡点である。図に示すように、国民所得は増加する。限界消費性向（＝追加的な1単位の所得の増加がどのくらいの消費の拡大をもたらすかを示す比率） $c \left(= \dfrac{dC}{dY} \right)$ が大きいほど乗数は大きく、1から限界消費性向を引いた限界貯蓄性向の逆数 $\dfrac{1}{1-c}$ で与えられる。この乗数は1よりも大きい。

1兆円の外生的な政府支出の増加によって、限界貯蓄性向の逆数の大きさだけ国民所得が増加する。まず1兆円の政府支出が増加した分だけ所得も増加し、それに誘発された消費が限界消費性向を掛けた c 兆円だけ増加する。この誘発された消費の増加は財市場では需要の増加となるから、さらに所得を c 兆円だけ増加させる。そしてこの c 兆円の所得の追加的な増加により、それに限界消費性向を掛け合わせた c^2 兆円の大きさだけさらに消費が増加する。これがまた所得を増加させ、さら

に消費を拡大させていく。

したがって、累積的な需要の拡大は無限等比数列の形で表現される。その和についての公式を用いると、

$$1 + c + c^2 + c^3 + \cdots\cdots = \frac{1}{1-c}$$

となる。すなわち、

$$\frac{dY}{dG} = \frac{1}{1-c} \tag{6-5}$$

となる。これは (6-3) 式を G について微分しても導出できる。

$$\frac{dY}{dG} = c\frac{dY}{dG} + 1$$

この式を整理すると、(6-5) 式を得る。外生的に需要が 1 兆円だけ増加すると、国民所得は $\frac{1}{1-c}$ 兆円だけ増加する。限界貯蓄性向 $1-c$ の逆数値の分だけ政府支出の外生的な変化は増幅されて国民所得を増大させる。

AA 曲線の傾きは限界消費性向 c の大きさに対応しており、45 度線の傾きよりは小さい。**図6.2** からわかるように、AA 曲線の傾き（限界消費性向）がより 1 に近くなるほど乗数の値は大きくなる。限界消費性向 c が 0.8 であれば、限界貯蓄性向の逆数 $\frac{1}{1-c}$ は 5 となり、外生的な需要増加の 5 倍だけ所得が増加する。たとえば 1 兆円の政府支出の増加は、5 兆円の所得の増加を生み出す。

▶ 税制の自動安定化装置

乗数効果は、政府支出 G ではなく民間投資 I が外生的に変化した場合にも同様に成立する。なぜなら、投資需要が外生的に変動したとき、乗数倍だけ総需要も変動するからである。G も I もシフト・パラメータとして総需要に及ぼす効果は同じである。

ところで、所得税 t が組み込まれていると、そうでない場合よりも乗数は小さくなる。所得税が入っていると、消費関数は所得 Y ではなく可処分所得 $(1-t)Y$ に依存すると想定する方がもっともらしい。

$$C = C[(1-t)Y] \tag{6-6}$$

その結果、政府支出乗数は、

$$\frac{dY}{dG} = \frac{1}{1 - c(1-t)} \tag{6-7}$$

となる。$t > 0$ の分だけ実質的な限界消費性向 $c(1-t)$ が小さくなって分母が大きくなるから、乗数値は小さくなる。これは、所得が増大しても、税負担が同時に増大することで消費の増大が少し相殺され、総需要の増大効果が小さくなるからである。政府支出乗数が小さくなるのは財政政策の効果という視点で望ましくない。

しかし、乗数値の低下はマクロ経済変動のショックを緩和させるというメリットもある。すなわち、投資需要や輸出需要など外生的な要因が変動するとき、所得（＝生産活動）があまり大きく変動しない方がマクロ経済はより安定な体系になる。これが税制の自動安定化装置（ビルト・イン・スタビライザー）である。

所得税、法人税などの税制以外にも、失業保険などの社会保障制度も同様の安定化効果を持っている。たとえば、景気が悪くなり失業者が増大すると、失業保険の給付も増加して、失業者の消費の落ち込みを最小限にとどめる。これは、投資や輸出の需要が下落して景気が悪くなったときに消費の落ち込みを下支えし、さらに景気が悪化するのを緩和する効果を持っている。逆に、景気がよくなると失業者は減少するから失業保険の給付も減少し、消費が大きく拡大するのを抑制する。これは、景気の過熱を抑制して経済を安定化させる効果を持っている。

▶ 減税の乗数効果

次に、税金を政策的に1兆円減らす効果を調べてみよう。減税によって総需要は増大する。なぜなら減税の結果、可処分所得（＝税金を差し引いた後で家計が自由に処分できる所得）が拡大し、消費が刺激されるからである。税率 t ではなく税収 T が政策変数である場合のモデルは、次のようになる。ここで t は内生変数としてモデルの中で調整される。

$$C = C(Y - T) \tag{6-6}'$$

$$Y = C(Y - T) + I + G \tag{6-3}'$$

I と G が一定で T のみが変化する政策変数であるから、T について微分すると

$$\frac{dY}{dT} = c\left(\frac{dY}{dT} - 1\right)$$

となる。整理すると、

$$\frac{dY}{dT} = -\frac{c}{1-c} \tag{6-8}$$

となる。この式は、税 T が増加（＝増税）した場合の所得 Y の変化を表している。したがって、減税（$dT<0$）の乗数効果は増税の効果とは符号が逆になり、$\frac{c}{1-c}$ となる。

　減税の場合、政府支出 G は一定なので、総需要に与える効果は、減税による可処分所得の増加が消費を刺激するという間接的な効果でしかない。1兆円の政府支出の増加は総需要を直接1兆円だけ増加させる。一方、1兆円の減税は、1兆円だけ可処分所得を増加させるが、消費は1兆円以下しか増加しない。したがって1兆円の減税は、総需要を直接的な刺激目標として c 兆円だけ増加させる点で、c 兆円の政府支出の増加と同じ効果を持つことになる。減税の総需要拡大効果は、c が1より小さい分だけ政府支出増より小さくなる。

▶ 均衡予算乗数

　では、税収 T と政府支出 G を同額だけ増加させるという均衡予算制約のもとでは、乗数の大きさはどうなるであろうか。減税乗数の場合と同様に、税率 t ではなく税収 T が財政政策の対象になっているケースである。財市場の均衡条件は、

$$Y = C(Y-T) + I + G \tag{6-9}$$

となるから、全微分すると、

$$dY = cdY - cdT + dG$$

となる。ここで、均衡予算制約 $dT = dG$ を考慮して整理すると、最終的に

$$\frac{dY}{dG} = 1 \tag{6-10}$$

となる。すなわち均衡予算乗数は、限界消費性向とは独立して常に1になる。

　政府支出を増加させるとともに増税をする場合は、均衡予算を維持しながら政府支出の規模を拡大させる政策と考えられる。政府支出の増加自体の乗数の大きさ

は、限界貯蓄性向の逆数 $\frac{1}{1-c}$ であった。また増税は、減税のちょうど反対の政策であるから、増税自体の乗数はマイナスであり、$-\frac{c}{1-c}$ となる。均衡予算を維持しながら政府支出を増大させる場合であるから、両方の乗数を足し合わせると 1 となる。この結果は、均衡予算乗数の定理と呼ばれている。

3 IS=LM モデル

▶ IS 曲線

　財政政策は政府支出や税金を政策手段とする政策であり、金融政策は貨幣供給や金利を政策手段とする政策である。前節のモデルでは、金融面を考慮の外においていた。したがって、ここまでの議論のように財政政策の効果は分析できるが、金融政策の効果は分析できない。ケインズが 1930 年代に『一般理論』を公刊するより前の時代で支配的な考え方であった古典派の経済学では、貨幣という名目変数は生産量や雇用量などの実質変数に影響を与えないという「貨幣の中立性」が想定されていた。これに対してケインズ経済学では、貨幣は中立ではなく、実質的な経済変数に影響を与えると考える。貨幣的側面と財市場の均衡とを同時に考慮するのが、マクロ経済学の標準的モデルとなっている IS=LM 分析である。

　IS=LM モデルは IS 曲線と LM 曲線からなる。最初に IS 曲線を説明する。これまで投資は外生変数と想定してきた。より一般的に考えれば、投資もモデルの中で説明される内生変数だろう。企業は、借り入れた資金にともなう利子率が低ければ利子の支払いの負担が軽いので投資を増やそうとし、逆に利子率が高ければ投資を減らそうとする。すなわち投資は、利子率と負の相関関係にあり、減少関数になる。式で書くと、次のようになる。

$$I = I(r) \tag{6-11}$$

　ここで、I は投資を、r は利子率を表す。I は r の減少関数である。

　いま、財市場で当初の利子率がある一定水準 r_A であり、これに応じた投資の水準が I_A であったとする。政府支出はある一定水準 G_A で変わらない。このときの

均衡国民所得 Y^* を Y_A^* と表す。そこで、なんらかの理由で利子率が r_A から r_B に上昇したとする。投資は利子率の減少関数だから、これに応じて投資は I_A より少ない I_B に減少する。このとき財市場における均衡国民所得は、当初の均衡水準 Y_A^* よりも少なくなる。

つまり、財市場において利子率が上昇すると投資が減少するため均衡国民所得が減少する。この関係を、縦軸に利子率 (r)、横軸に GDP (Y) をとったグラフで示したのが**図6.3**である。この図における右下がりの曲線、すなわち財市場の均衡状態における利子率と GDP の負の相関関係を表した曲線を IS 曲線と呼ぶ。これは、利子率が変化したとき、財市場で需要と供給が均衡するにはどの Y の水準が必要かを示す曲線である。

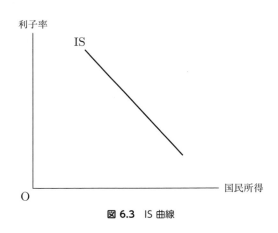

図 6.3 IS 曲線

IS 曲線を式で表すと、次のように書ける。

$$Y = C(Y) + I(r) + G \tag{6-12}$$

ここで Y は国民所得（GDP）、C は民間消費、I は投資、r は利子率、G は政府支出である。C は Y の増加関数であり、I は r の減少関数である。I は C とともにモデルの内生変数になる。(6-12) 式を満たす Y と r の組合せが IS 曲線になる。

▶︎ オイラー方程式と利子率

IS 曲線を別の形で導出してみよう。第 2 章でも説明したように、消費のオイラー

方程式は、消費と貯蓄の決定に利子率が影響することを示唆する。したがって経済合理性を考慮すると、消費関数も利子率に影響を受けると考えられる。この関係を簡単に定式化してみよう。オイラー方程式から次のような関係式を得る。

　　今期の消費 1 単位から得られる限界効用 $u'(c)$
　　$=(1+$ 利子率 $)\beta \times$ 来期の消費 1 単位から得られる限界効用 $u'(c^*)$

ここで、$u(c)$ は効用関数、c は今期の消費、c^* は来期の消費である。また、$\beta<1$ は割引要因である。割引率を ρ とすると、$\beta=\dfrac{1}{1+\rho}$ の関係がある。この異時点間の消費配分の最適条件式において、単純化のため効用関数を対数関数と仮定する。

$$u(c) = \log c \tag{6-13}$$

限界効用は

$$u'(c) = \frac{1}{c} \tag{6-14}$$

となるから、次式を得る。

$$\frac{1}{c} = (1+r)\frac{\beta}{c^*} \tag{6-15}$$

なお、$*$ が付いたものは来期の変数、そうでないものは今期の変数を表す。r は利子率である。

この式を書き直すと、利子率すなわち金利 r と生産量 y について負の関係を示す IS 曲線を導出できる。

$$r = \frac{y^*}{y}\frac{1}{\beta} - 1 \tag{6-16}$$

ここで、c と y は線形でプラスに相関していると考える。将来の生産量 y^* と割引要因 β を所与とみなすと、金利（$=r$）と GDP（$=y$）の関係を示す IS 曲線を双曲線として描ける。これは、投資関数ではなく消費関数で利子率を考慮することにより IS 曲線を導出するアプローチである。

貨幣の役割

次に、IS=LM モデルにおけるもう 1 つの方程式である LM 曲線を説明するため、まずは貨幣の役割を考えよう。いま、国民所得は財市場で決まるとし、さしあたって一定とする。このとき、貨幣の需要と供給を調整する市場である貨幣市場における需要と供給は、利子率の調整によって等しくなる。**図6.4** は、縦軸に利子率を、横軸に貨幣の需要と供給を示したものである。MM 曲線は、貨幣に対する需要を表す。貨幣は利子を生まないので、利子率が上昇すると利子を生む金融資産の需要が増大し、貨幣需要は減少する。つまり貨幣需要と利子率の間には負の関係があり、右下がりの MM 曲線は流動性選好表と呼ばれる。MM 曲線のシフト・パラメータとして、国民所得（= GDP）が入っている。GDP が増大すると経済取引も活発になり、取引需要としての貨幣需要も増大する。

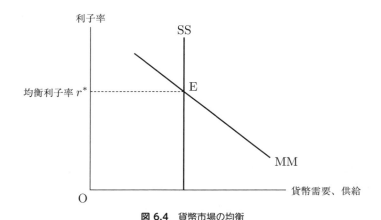

図 6.4 貨幣市場の均衡

他方、貨幣の供給は政策変数であり、モデルの外で説明される外生変数であるから、単純化のために一定と考える。供給曲線 SS は利子率とは独立であり、垂直線となる。貨幣市場の均衡は両曲線の交点 E である。E 点の上方では、貨幣の供給が貨幣に対する需要を上回っており、貨幣市場が超過供給の状態にある。これを債券市場から見ると、債券に対する超過需要の状態にある。

ここでは単純化のために、資産としては貨幣と債券の 2 種類しかないと考え、債券を持つか貨幣を持つかという資産選択を想定している。債券を持てば利子を得ることができるが、債券価格の変動により購入時点の債券価格よりも売却時点の債券

価格が低下すれば、購入額よりも売却額が低くなって資本損失（キャピタル・ロス）を被る。すなわち、債券価格の高いときに買って低いときに売れば、保有期間内でいくら利子を稼いでも売買価格差による損失（資本損失）が大きく、結果として損をする。したがって、債券を保有する場合には、その債券の価格が将来どう変動するかが問題となる。

債券の価格がいま正常と思われる水準よりかなり高いと判断していると、人々は将来の債券価格は低下すると予想する。このとき、将来その債券は低い価格でしか売れない。将来の売却時点でキャピタル・ロスを被ると予想されるため、人々は現在時点で債券を保有するよりは貨幣で持とうとする。

ところで、利子率と債券価格とは負の関係にある。なぜなら利子率が高ければ、新規に発行される債券の利子支払いは、利子率が低いときに発行されていた既発債券の利子支払いよりも条件が良くなっているからである。したがって、既発債券を市場で売却するとき、購入時点での債券価格も低くないと、その債券は消化されない。逆に、利子率が低くなれば、既発債券の方が保有期間の利子収入が大きいので、その債券保有は魅力的となり、高い価格でもその債券は消化される。よって、利子率が高い（債券価格が低い）ときには貨幣に対する資産需要が小さく、逆に利子率が低い（債券価格が高い）ときには貨幣に対する資産需要が大きい。

貨幣市場が超過供給で債券市場が超過需要であれば、利子率は低下し、債券の価格は上昇するだろう。利子率の低下は、貨幣市場で需要と供給が等しくなる E 点まで続く。逆に E 点の下方では、貨幣の需要が供給を上回る超過需要の状態にある。このときは、債券の価格が低下し、利子率が上昇して均衡点 E 点が実現する。

▶ LM 曲線

財市場において GDP（均衡国民所得）が増加したとする。このとき、同じ利子率の水準であっても（つまり資産需要が同じ水準であっても）取引需要が増加するため、貨幣需要は全体として増加する。したがって MM 曲線は右へシフトする。

貨幣供給が変わらない限り、これにともなって均衡利子率は上昇する。GDP が増加すれば、貨幣市場において均衡を維持するために利子率が上昇する。この関係を、縦軸に利子率（r）、横軸に GDP（Y）をとった**図6.5**に示すと、貨幣市場の均衡状態における利子率と GDP の正の相関関係を表した曲線すなわち右上がりのLM 曲線が得られる。貨幣市場で最終的に需要と供給が均衡するまで、つまり LM 曲線上の点に至るまで利子率 r が調整される。

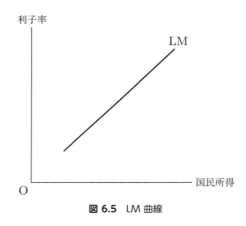

図 6.5 LM 曲線

LM 曲線は、式で書くと次のようになる。

$$M = L(Y, r) \tag{6-17}$$

ここで、M は貨幣供給量、L は貨幣需要量、Y は国民所得（GDP）、r は利子率である。L は Y の増加関数であり、r の減少関数である。(6-17) 式を満たす Y と r の組合せが LM 曲線である。

▶ 一般均衡モデル

IS 曲線による国民所得の決定理論では、利子率（あるいは投資）を所与として、財市場で需給が一致するように国民所得が決まることを説明した。また LM 曲線では、国民所得を所与として、貨幣市場で需給が一致するように利子率が決まることを説明した。

実際の財市場と貨幣市場は、完全に分離されているのではなく、お互いに影響している。国民所得あるいは国民総生産は貨幣市場で決まる利子率の動向に依存しているし、利子率も財市場で決まる国民所得の動向に影響される。投資需要を通して生じる両市場の相互依存関係を考慮することで国民所得と利子率を同時に説明するのが、ケインズ経済学の標準的な理論的枠組みである IS=LM 分析である。

まとめると、貨幣市場の均衡を意味する LM 曲線は貨幣供給量 M が一定のもとで貨幣市場を均衡させる (Y, r) の組合せを表し、財市場の均衡を意味する IS 曲線は政府支出 G が一定のもとで財市場を均衡させる (Y, r) の組合せを表す。IS 曲線

とLM曲線の両方を用いて、財市場と貨幣市場の両方の均衡を考えてみよう。

$$Y = C(Y) + I(r) + G \quad \text{IS 曲線} \tag{6-10}$$

$$M = L(Y, r) \qquad \text{LM 曲線} \tag{6-17}$$

このように、モデルは2つの独立した式で構築される。ここで、内生変数はYとrであり、政策変数はGとMである。IS曲線が財市場の均衡を、またLM曲線が貨幣市場の均衡を表している。**図6.6**のように、両曲線の交点Eで両市場が同時に均衡する。財市場と貨幣市場が同時に均衡するように、国民所得と利子率が決定される。それに応じて均衡における消費、投資、貨幣需要などのマクロ変数も決定される。IS曲線が右下がり、LM曲線が右上がりであるから均衡点Eは1つしか存在しない。

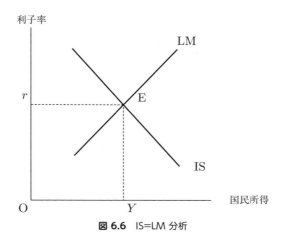

図 6.6 IS=LM 分析

国民所得が決まると、それに対応する雇用量も決まってくる。マクロ経済活動が活発な好況期には、国民所得も大きくなるから雇用水準も高くなる。逆にマクロ経済活動が低迷する不況期には、国民所得も小さく、雇用水準も低い。

ところでこの単純なマクロ・モデルでは、家計の労働供給が外生的にほぼ一定と考えられている。労働を供給できる年齢の人口は短期的に一定である。もちろん、賃金が高いか低いかで働く意欲も異なるから、労働供給は短期的にも変化しうる。しかし、価格同様に賃金にも硬直性があり、短期的に賃金があまり変動しないと考えると、労働供給はさしあたって一定とみなせる。

所与の労働供給水準のもとで、つまり労働者を完全雇用して生産される GDP を完全雇用 GDP と呼ぶ。IS 曲線と LM 曲線の交点で求められる均衡 GDP が、完全雇用 GDP に一致する保障はない。一般的に不況期では、均衡 GDP が完全雇用 GDP よりも小さい。そのギャップに相当する失業者は、働く意欲があるにもかかわらず雇用されない非自発的失業者である。ケインズ経済学は、不況期に非自発的な失業が存在することをもっとも単純な枠組みで説明している。ケインズ経済学の主要な関心は、マクロ総需要を適切に管理することで完全雇用 GDP を実現し、非自発的失業を解消することにある。

▶ IS=LM モデルでの財政政策

金融政策の効果を分析する前に、IS=LM モデルの枠組みで財政政策の効果を考える。政府支出が増大して総需要も増加すると、利子率が上昇し、投資需要が抑制される。これは財市場で総需要を抑制する方向に働く。したがって、利子率がまったく上昇しない場合より、政府支出乗数の値は小さくなる。**図 6.7** の A 点は、利子率がもとの E_0 点における値のままであるときの財市場の新しい均衡点を示している。これは、政府支出乗数の値が $\dfrac{1}{1-c}$ のときに対応している。

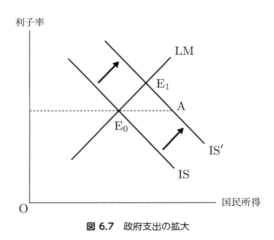

図 6.7 政府支出の拡大

A 点から E_1 点への動きは、利子率が上昇したために投資需要が抑制される効果を反映している。財政政策の拡張効果は、利子率の上昇によって部分的に相殺され

て小さくなる。これは政府支出の増加によって民間投資が部分的に抑制される効果であるから、政府支出のクラウディング・アウト効果（押し退け効果）と呼ばれる。IS 曲線や LM 曲線の傾きが極端な場合には、クラウディング・アウト効果がまったく発生しないか、あるいは完全に発生することもある。

ここで LM 曲線が外生的な変動要因によりランダムに変化しているとしよう。また、財政政策は完全雇用 GDP と現実の GDP とのギャップを埋めるようになされるとする。景気対策としての財政政策がこのように制度的に織り込まれているとすれば、政府支出は

$$G = G_0 + g(Y_F - Y) \tag{6-18}$$

のように定式化できる。ここで、G_0 はある外生的な政府支出の水準であり、g はプラスのパラメータである。均衡所得 Y が完全雇用 GDP である Y_F よりも小さい場合には、その乖離幅に応じて制度的に政府支出が追加される。したがって、政府支出 G は内生変数になる。

単純化のために、消費関数も線形で近似すると、IS 曲線は

$$Y = c_0 + G_0 + (c_1 - g)Y + I(r) + gY_F \tag{6-19}$$

と書ける。ここで c_1 は限界消費性向である。$c_0 > 0$ は外生的に所与のパラメータであり、所得 Y がゼロでもなお生じる消費需要を意味する。したがって、IS 曲線の傾きは、

$$\frac{dr}{dY} = \frac{1 - (c_1 - g)}{I_r} \tag{6-20}$$

となる。ここで I_r は、投資関数の利子率に関する微分係数である。g は、g がない場合（$g = 0$ のとき）の限界消費性向を小さくするのと実質的に同じ効果を持つ。g によって (6-20) 式の右辺の絶対値は大きくなり、IS 曲線の傾きは急になる。すなわち、不完全雇用の状態では GDP と政府支出がマイナスの相関を持つから、それを織り込んだ IS 曲線は傾きがより急になる。

こうした場合に LM 曲線がランダムな変動要因に応じてシフトすると、GDP の変化よりも利子率の変化の方が大きくなる。したがって、利子率 r を一定にするように金融政策で調整することにより、LM 曲線に対するランダムな変動要因を政策的に相殺しやすくなる。こうした状況では利子率を目標として金融政策を操作する

ことが望ましい。

IS=LM モデルでの金融政策

ここで、金融政策の効果を考えてみよう。貨幣供給 M が増加すると、**図6.8** のように LM 曲線は右下方にシフトする。均衡点は、E_0 点から E_1 点に移動する。E_1 点では、E_0 点に比べて利子率が低下し、国民所得が増加する。貨幣供給の増加が総需要を拡大させる効果は、貨幣供給の増加に応じて利子率がどのくらい低下するのか、また利子率の低下に応じて投資需要がどのくらい刺激されるのかに大きく依存する。すなわち、貨幣需要の利子弾力性が小さいほど貨幣供給の増大は利子率の低下を引き起こしやすく、また投資需要の利子弾力性が大きいほど利子率の低下は投資の拡大を引き起こしやすいため、金融政策の効果も大きくなる。

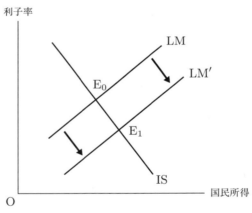

図 6.8 貨幣供給の増加

数式による政策効果分析

(6-10) 式と (6-17) 式を全微分すると、IS=LM モデルの政策効果を数式で検証できる。これは比較静学分析である。

$$\begin{bmatrix} 1 - C_Y & -I_r \\ L_Y & L_r \end{bmatrix} \begin{bmatrix} dY \\ dr \end{bmatrix} = \begin{bmatrix} 1 \\ 0 \end{bmatrix} dG + \begin{bmatrix} 0 \\ 1 \end{bmatrix} dM \tag{6-21}$$

下付きの添え字が付いた変数は、もとの変数を添え字で偏微分した結果であるこ

とを表す。$0 < C_Y < 1$、$I_r < 0$、$L_r < 0$、$L_Y > 0$ という性質がある。クラメルの公式を用いると、政策効果に関して次式を得る。

$$\frac{dY}{dG} = \frac{L_r}{\Delta} \tag{6-22}$$

$$\frac{dY}{dM} = \frac{I_r}{\Delta} \tag{6-23}$$

ただし、$\Delta \equiv (1 - C_Y)L_r + I_r L_Y < 0$ である。

ここで注目したいのは、財政政策の効果は貨幣需要の利子率に対する反応 L_r に依存し、金融政策の効果は投資需要の利子率に対する反応 I_r に依存する点である。貨幣需要の利子弾力性が大きいと L_r の絶対値が大きく、政府支出の拡大でも金利はほとんど上昇しないので、金利上昇が投資需要を抑制するクラウディング・アウト効果も小さく、政府支出乗数は大きくなる。また、投資の利子弾力性が小さい場合は I_r の絶対値が小さく、金利が上昇しても投資需要があまり減退しないので、政府支出乗数は大きくなる。$I_r = 0$ のケースでは、財市場のみを考慮するモデルでの乗数 (6-5) 式に帰着する。

投資の利子弾力性が大きいと、金融政策の効果は大きくなる。これは拡張的な金融政策で金利が低下することで、投資需要が大きく刺激されるためである。また貨幣需要の利子弾力性が大きくなると金利があまり低下しないので、金融政策の効果は小さくなる。貨幣需要の利子弾力性が無限大のケースすなわち $L_r \to -\infty$ のときは、$\Delta \to -\infty$ となって (6-23) 式がゼロとなるため、金利が変化せず、金融政策の効果はゼロになる。

4 金融政策とマクロ経済

▶ 金融政策の3つの手段

IS=LM モデルが想定しているように、マクロ金融政策とは中央銀行が貨幣供給を変化させる政策である。ただし、貨幣供給の操作は実際にはやや複雑である。なぜなら、中央銀行は直接的に貨幣供給量を操作できるわけではない。現金通貨や金利をコントロールして間接的に貨幣供給を操作し、民間の経済活動水準や物価に影

響を与えるのが金融政策である。ここでは、金融政策の手段について説明しよう。

金融政策は、価格政策と数量政策に大きく分かれる。価格政策の手段としては基準金利政策などがあり、数量政策の手段としては公開市場操作などがある。その他、法定準備率操作という手段もある。

基準金利政策

最初に、基準金利政策から説明する。中央銀行は、民間（市中）の銀行に対して貸出をしている。この際の金利である基準金利の操作は価格政策の代表的なものであり、価格である貸出利率を直接操作することにより貨幣供給を調整している。

日本銀行は 1994 年まで、公定歩合（日本銀行が民間銀行へ貸付を行う際に適用する基準金利）を操作することで金融政策を行ってきた。公定歩合が引き上げられると市中の銀行にとって中央銀行から借り入れるコストが上昇するから、企業に対する手形の割引需要が減少したり、企業に対する貸出需要が減少したりする。したがって利子率は上昇する。これは総需要を抑制するから、景気の過熱を防ぐのに役立つ。逆に公定歩合が引き下げられると利子率が低下し、総需要を刺激するのに役立つ。1994 年に民間銀行の金利が完全に自由化された後、日本銀行は公定歩合を操作する代わりに短期金融市場の金利（無担保コール翌日物の金利）を操作することになった。

基準金利の変更が現実にどのくらいの効果を持つかは、そのときのマクロ経済状態に依存する。民間の投資需要がそれほど活発でない不況期で、投資の利子弾力性があまり大きくないときには、民間の資金需要は大きくなく、利子率の低下によっても投資需要は刺激されない。このようなときに基準金利が引き下げられても、市中の銀行は中央銀行から資金をあまり借り入れようとしない。不況の際に金利の引き下げなどによる景気刺激策をとる金融緩和期には、景気の過熱やインフレーションを防ぐために金利の引き上げなど総需要を抑制する政策を行う金融引き締め期と比較して、景気刺激を目的とする基準金利政策があまり有効ではない。

公開市場操作

金融政策のうち数量政策は、貨幣供給量をコントロールしようとする。このうち公開市場操作では、中央銀行が手持ちの債券や手形を市場で売ったり（売りオペ）、買ったり（買いオペ）する。公開市場操作は、アメリカやイギリスでもっとも重要

な金融政策の手段とみなされている。わが国でも金融自由化が進むにつれて金融市場が整備されており、公開市場操作の役割は大きくなっている。現在では金融政策の中心となっている。

ここで、売りオペの効果を検討してみよう。たとえば中央銀行が1兆円の売りオペを実施したとする。中央銀行は、債券と交換に現金を1兆円だけ市中から吸収する。これは市中の銀行にとって手持ちの現金の減少となるから、もし法令に定められた支払い準備金（預金の引出に備えて準備しておかなければならない現金）しか銀行が保有していなかったら、準備金が不足する。したがって銀行は、企業や家計に対する信用（貸付など）の供与を減らさざるを得ない。その結果として極端な場合には、貨幣供給が準備金の減少に対してある乗数倍だけ減少する。この点は、以降に登場する「貨幣の信用創造乗数」で説明する。

中央銀行が債券を市場から買い入れる買いオペは、売りオペとは逆のケースのため、信用は拡張される。

法定準備率操作

次に、法定準備率の操作を取り上げよう。民間の金融機関は、受け入れた預金の一定割合を支払い準備金として中央銀行に預け入れなければならない。この一定割合は法律で決められており、これを法定（預金）準備率と呼ぶ。そして中央銀行が法定準備率を変更する政策が準備率の操作である。

法定準備率の操作は、急激な貨幣供給の変化をもたらす。ただし法定準備金以上の準備金を銀行が持っている場合、法定準備率の変更は単に、中央銀行への預け金を準備金の増加分だけ増やすのみに終わるかもしれない。法定準備率の操作は、貨幣供給の微調整ではなく、金融政策の大きな流れを変更するのに適した政策手段である。

貨幣の信用創造乗数

信用創造とは、現金通貨の増加が預金準備率の逆数倍だけ預金通貨を増加させるプロセスであり、準備率の逆数が信用創造の乗数となる。一般に銀行は、預金の支払いにあてる現金を100％準備しておくことはない。現金で持っていてもなんの収益も生まないからである。それよりも、貸出にまわして収益を上げようとする。市中の銀行は、支払い準備のための現金を中央銀行への預け金の形で保有する。市中

銀行が受け入れた預金に対して中央銀行への預け金が占める比率が預金準備率である。

いま、預金準備率が 10 % であるとして、信用創造のメカニズムを説明しよう。現金通貨が 10 億円だけ増加したとする。これは、さしあたっては、どこかの銀行の預金の増加となる。このとき銀行は、$10 \times 0.1 = 1$ 億円 を中央銀行への預け金にまわし、残りを貸付にまわす。なぜなら、銀行は貸付によって得られる利子率をその収益源としているからである。貸し付けられたお金は、どこかの銀行の口座に振り込まれる。その銀行は、9 億円のうち $9 \times 0.1 = 0.9$ 億円 を中央銀行への預け金にまわし、残りの 8.1 億円をさらに貸付にまわす。

このプロセスが限りなく続けば、各銀行の口座に振り込まれて預金通貨となる金額の総額は、次のような無限等比数列の和で示される。

$$10 + 9 + 8.1 + \cdots\cdots = \frac{10}{1 - 0.9} = 100$$

すなわち預金準備率が 10 % で現金通貨が 10 億円増加したときには、預金通貨が準備率の逆数倍だけ、この例では 10 億円の 10 倍の 100 億円だけ増加する。準備率の逆数が信用創造の乗数になっていることが確認できる。

▶︎ 貨幣供給のコントロール

ただし、中央銀行がハイパワード・マネー(現金通貨＋銀行準備)をコントロールしても、必ずしも貨幣供給量を正確にコントロールできるわけではない。利子率が上昇すれば、銀行は現金準備(準備金)を節約し、また、公衆は現金保有を節約する。したがって、貨幣供給は利子率の増加関数となる。貨幣供給は政策変数であるハイパワード・マネーの増加関数であるとともに、内生変数である利子率の増加関数でもある。

ハイパワード・マネーを H、貨幣供給を M、公衆保有の現金(市中で流通している現金)を CU、預金を D、銀行の現金保有を V、中央銀行への預け金を R とすると、

$$M = CU + D \tag{6-24}$$

$$H = CU + V + R \tag{6-25}$$

の関係がある。両者の比をとると、次式を得る。

$$\frac{M}{H} = \frac{\frac{CU}{D} + 1}{\frac{CU}{D} + \frac{V}{D} + \frac{R}{D}} \tag{6-26}$$

公衆の現金・預金保有比率 $\frac{CU}{D}$、銀行の現金・預金比率 $\frac{V}{D}$、そして中央銀行預け金・預金比率 $\frac{R}{D}$ が比較的安定しているか操作可能であれば、この関係を利用してハイパワード・マネー H を通じた貨幣供給 M のコントロールが可能となる。法定準備率を引き上げると、$\frac{R}{D}$ が上昇し、$\frac{M}{H}$ は低下する。金融の技術[注2]の進歩によって、銀行がより効率的に現金を管理できるようになれば、$\frac{V}{D}$ は低下する。公衆の現金・預金保有比率 $\frac{CU}{D}$ は金融における技術革新とともに低下する。預金金利の上昇は公衆の現金保有の機会費用を増加させて、$\frac{CU}{D}$ を低下させる。したがって、貨幣供給を完全にコントロールするのは難しい。

マクロ政策の評価

▶ 評価のポイント

マクロ経済政策の評価は、(1) 有効であるか、(2) 適切な時期に行われるか、(3) 政策担当者がどのような目的で用いるかという3つの視点で考えることができる。(1) の有効性については、総需要管理政策が本当に総需要を管理できるのか、またその場合の乗数がどのくらいなのかが議論の対象である。(2) の政策のタイミングについては、政策の遅れ(ラグ)をどの程度深刻と考えるかによって裁量政策(政策当局の裁量に基づく政策)の有効性を評価することになる。(3) の政策担当者の目的については、政権政党＝与党の利害を反映した政策がどのように決定されるのかが問題となる。かりに (1) と (2) の点でマクロ経済政策が有益であっても、(3) の点が担保されないと、実際に採用される政策が望ましくないこともある。これら

注2　金融の技術：現金保有を節約する技術としては、クレジットカード決済の普及、ネットバンキングでの決済機能、コンビニでのATMの普及など。現金を持ち歩かなくても決済ができる便利さがある。

3つの視点それぞれについて詳細に見ていこう。

▶ 財政金融政策の有効性

ケインズ・モデルでは財政金融政策の有効性を当然と考えているが、その有効性を疑問視する考え方もある。民間部門が政府の裁量的な政策を織り込んで（＝予想して）行動すると、裁量的な政策が結果として無効になる可能性もある。たとえば、減税の乗数効果を考えてみよう。過去の消費行動では、減税による可処分所得の拡大が消費を刺激する効果が大きかったとする。したがって、これからも減税政策の効果は大きいと考えたくなるだろう。しかし、減税の後では少し時間がたってから増税が行われる可能性が高く、民間の経済主体がそれを予想すると、減税の乗数効果は小さくなる。この点は、次節以降で詳しく説明したい。

ところで、マクロ経済的な金融政策の代表的な考え方は3つある。1つは、総需要を適切に管理するように貨幣供給を裁量的に操作するのが望ましいとするケインズ的な立場である。逆に、裁量的な総需要管理政策を否定し、貨幣供給をある外生的な割合で成長させる政策が望ましいというのがマネタリストの立場である。多くのマネタリストは、裁量的な金融政策が短期的な総需要管理に効果があることを認めてはいるが、長期的には、裁量的な政策よりもある決められたルールで金融政策を維持する方がメリットが大きいと考えている。また、裁量的な金融政策は短期的にも効果がないばかりか、攪乱的な悪影響を持っているという立場（新マネタリスト）もある。

こうした相違は、貨幣の中立性に対する考え方の相違に基づいている。貨幣供給が増加したときに物価水準も即座に調整されれば、消費、投資、GDPなどの実質的なマクロ経済変数になんの効果もない。これが貨幣の中立命題である。ケインズ的な立場は、将来の価格予想＝期待インフレ率の形成があまり合理的に行われないと考えるため、貨幣の中立性には懐疑的である。新古典派あるいはマネタリストの立場では、中長期的に貨幣は中立的だと考える。また、期待インフレ率は利用可能な情報を駆使して最大限合理的に予想されると考える。その結果、マネタリストは裁量的な金融政策の効果について懐疑的である。

ケインズ的な総需要管理政策が有効であるのかどうかは、ケインズ的立場と新古典派的立場（新マネタリストも含む）との最大の論点であった。当初は、長期的にも総需要管理政策が有効でありうるのかが議論されたが、今日の標準的見解では、総需要管理政策は長期的に実物経済変数に影響を与えないこと、すなわち、金融政

策が長期的に中立的であることに関してておおむね意見の一致が見られる。長期的には需要側の要因よりも供給側の要因でGDPが決定されると考える方がもっともらしい。

▶ 適切なタイミング

　現実の政策においてはどのような政策であっても、問題の発生から対応までにある程度の時間的な遅れが生じる。これを政策の遅れ（ラグ）と呼んでいる。政策の遅れは、通常3つに分類される。第1は、認知の遅れである。ある経済状態が発生してから、それが政策当局によって認識されるまでの時間である。たとえば、景気が悪くなっていても、それが経済指標として表面化するまでにはある程度の時間がかかる。第2は、実行の遅れである。政策発動が必要であると認識されても、実際にそれが実行されるまでには、政策当局内部での調整や議会での決定、関連する機関との折衝などさまざまな調整が必要である。第3は、効果の遅れである。実際に政策が実行されても、それが当初意図した効果を発揮するまでには時間がかかる。

　金融政策の場合には、第2の実行の遅れは比較的小さいと考えられるが、効果の発現には時間がかかる。たとえば基準金利の変更は中央銀行の専管事項であるから迅速に対応できるが、基準金利が変更されて市中の金利が変化したとしても、それが企業の投資意欲や家計の消費意欲に影響を与えるまでには時間がかなりかかる。

　これに対して財政政策の場合には、実行の遅れがあるものの、効果に関してはそれほどの遅れはない。財政政策の変更には、予算案の作成、審議、可決や、税率の変更による税法の策定、審議、可決という立法措置が必要であるから、時間的には迅速に対応できない。たとえば、景気刺激策として拡張的な財政政策を発動しようとしても、補正予算を作成して国会に提出し、これを可決しなければならない。しかしいったん成立すれば、財政支出の変化や税率の変更という形で、直接政府支出を変化させるか、あるいは企業や家計の投資、消費行動に影響を与えることができる。

　このように、金融政策も財政政策も政策の遅れという観点ではそれぞれ長所と短所を持っている。また認知に関しては、両方の政策とも遅れる可能性を排除できない。したがって、場合によっては必要な時期に適切な規模で政策上の対応がとれないこともある。ケインズ・モデルが想定するように、マクロ経済政策が短期的に有効であり、強力な需要調整能力を持っているとしても、それが適切な時期に遂行されないとすれば、かえって逆効果になる。

▶ 中央銀行の独立性

　財政政策と金融政策は、マクロ経済政策における車の両輪である。しかし、財政と金融では違いもある。まず、財政政策を行うには予算を国会で成立させるなど時間がかかる。また、国会での議決を必要とするから、政治的な支持（与党の支持）も不可欠である。これに対して金融政策は、中央銀行が迅速に決定できるし、政治的にも独立した環境で意思決定ができる。これは、資金市場での資金の流れを対象としている金融政策の方がより迅速で専門的な対応が求められるためである。わが国でも、中央銀行の独立性は法律で尊重されている。

　わが国では、財政赤字が拡大して国債残高が累増するにつれ、財政面からの景気刺激政策には制約がかかってきた。また、金利水準がゼロ近くにまで低下し、金融面から新たな緩和政策をとる余地は乏しい。こうした状況では財政と金融それぞれの政策当局で、お互いの政策に過度に期待する傾向が生まれる。たとえば財政当局は、財政で打つ手はもうないから金融当局がもっと大胆な手を使ってでもインフレーションを起こすべきだと主張する。金融当局も、金融面で打つ手はもうないから財政当局が景気対策により実効性のある予算編成を行うべきだと主張する。

　政策協調の観点からいえば、2つの政策当局が協調して実効性の高い政策を追求すべきだろう。また、選挙を意識して積極的な景気対策が実施されるなど、財政運営が政治的なバイアスに影響されることが多い以上、金融政策を担当する中央銀行は政治的に独立した形で政策決定をすることも重要である。同時に、短期的な景気対策と中長期的な構造改革の役割分担を明確にすることも重要である。

6 IS=LM分析の再検討

▶ IS曲線のミクロ経済的基礎

　政府支出政策のマクロ経済効果を分析する標準的な枠組みは、これまで説明してきたケインズ・モデルである。ケインズ・モデルは通常、IS=LM分析として説明されることが多い。たしかにIS=LM分析は、ケインズ・モデルのもっとも標準的な枠組みであるが、そのミクロ経済的な基礎（裏付け）がいまひとつ明確でないという理論的な難点を持っている。そのため、学部レベルの入門マクロ経済学のテキス

トでは広範囲に用いられているものの、より専門的な論文や大学院レベルのマクロ経済学のテキストではほとんど用いられていない。本節ではこうした点を考慮し、ミクロ経済的な基礎のある形でIS曲線を導出し、拡張版のケインズ・モデルを用いて政府支出拡大の効果を分析しよう。

▶︎ ニュー・ケインズ・モデル

ある小国を想定し、すべての価格変数はモデルの外から外生的に与えられるとしよう。なぜ価格が需給を一致させるように変化しないのかについては、ニュー・ケインズ・モデルとして多くの研究が蓄積されている。その一例を説明しよう。ここでは価格の硬直性についてモデルの中で説明するのではなく、小国を仮定して受け入れることにしよう。小国では外国で実現している財の価格をそのまま受け入れる。貿易が自由なので世界中で一物一価の原則が成立する。その際の価格は外国の事情で決まるので、小国国内でのマクロ経済活動が変動しても、価格は不変となる。また、金融的な側面を捨象しているので、LM曲線のミクロ経済的な基礎についても分析の対象からはずしたい。

2期間モデルで家計の効用最大化行動を定式化しよう。効用関数と予算制約式は次のようになる。

$$
\begin{aligned}
&\text{最大化} \quad u(c_1, c_2) \\
&\text{制約条件} \quad a = c_1 + \beta c_2
\end{aligned}
\tag{6-27}
$$

ここで、c_i は第 i 期の消費 ($i = 1, 2$)、a は家計の生涯所得、$\beta = \dfrac{1}{1+r}$ は割引要因、r は利子率である。

生涯所得 a は、次式で与えられる。

$$
a = y_1 - I - \tau_1 + \beta[y_2 - \tau_2] \tag{6-28}
$$

ここで、I は投資、y_i は第 i 期の GDP（＝産出）、τ_i は第 i 期の税負担である。ケインズ・モデルでは、需要は供給よりも小さく、すべての価格変数は外生的に一定で価格硬直性があると考える。労働市場でも賃金率が一定で固定されており、労働供給は労働需要を上回っている。したがって、家計の労働供給は企業の労働需要で決定される（＝数量制約）から、家計の意思決定において賃金所得は自らの選択変数ではなく外生変数とみなされる。家計の所得は賃金所得と企業利潤からの配当

の合計からなるが、両方とも家計にとって所与の変数であるから、集計されたマクロ・レベルでこれは $y_i - I$ に等しい。

家計の効用関数をコブ＝ダグラス型に特定化すると、第 i 期の消費関数は次のように与えられる。

$$c_1 = \alpha a = c_1(a) \tag{6-29}$$

$$c_2 = \gamma a/\beta = c_2(a, \beta) \tag{6-30}$$

α と γ はそれぞれ $\dfrac{1}{2}$ よりも小さいと仮定する。これらのパラメータは c_1、c_2 への支出割合を示す。

この定式化は暗黙のうちに、家計の所得のうちの一部が外国の財の購入（輸入）にあてられることを想定している。外国の財を明示的にモデルに導入すると、(6-29)(6-30) 式と同様の消費関数をそれぞれの期における外国の財に対しても適用する必要がある。この場合、外国の財に対する支出割合のパラメータと α と γ の合計がそれぞれの期で 1 になる。しかし、議論を単純にするために、以降のモデルでは外国の財に対する購入を明示的には取り扱わない。小国の仮定により、外国で生産される財の需給均衡条件はモデルの外で扱われる。

企業は利潤を最大にするように労働需要と投資行動を行う。ケインズ・モデルでは、企業が財市場で数量制約（＝超過供給であり需要サイドで取引水準が決定される）に直面している。第 1 期に資本ストックは k_0 で所与だから、労働のみが可変的な生産要素である。財市場では超過供給の状態にあり、y_1 という外生的な需要制約に直面している。最適な労働需要は生産関数 $y_1(k_0, L_1)$ より

$$y_1 = y_1(k_0, L_1) \tag{6-31}$$

を満たす L_1 で与えられる。

第 2 期には資本ストックも選択可能になる。第 1 期末＝第 2 期首の資本ストックを k_1 と表すと、第 2 期の生産関数は

$$y_2 = y_2(k_1, L_2) \tag{6-32}$$

と書ける。ここで単純化のために、資本ストックは 100％減価すると想定すると $k_1 = I$ であり、第 1 期の投資が第 2 期の生産に使われる資本ストックになる。第 2 期でも財市場では数量制約に直面しているから、企業の最適化問題はある所与の

y_2 と生産関数の制約のもとで、利潤

$$\beta y_2 - I - \beta w_2 L_2 \tag{6-33}$$

を最大にすることである。ここで、w_2 は第2期の賃金率である。

この問題は費用最小化問題に他ならない。したがって、資本と労働の限界生産の比率が要素価格 $\left(\text{利子率}\dfrac{1}{\beta}\text{と賃金率 }w_2\right)$ の比率に等しい点が最適点となる。たとえば、生産関数がコブ＝ダグラス型

$$y_2 = B k_1^{\epsilon} L_2^{1-\epsilon} \tag{6-34}$$

であれば、次式を得る。

$$I = \nu y_2 \tag{6-35}$$

ここで B は生産関数のパラメータ（技術水準に対応）であり $\nu = B^{-1}\left[\dfrac{1/\epsilon - 1}{\beta w_2}\right]^{\epsilon-1}$ である。

▶ 政府の行動

政府は、一括固定税か公債で調達した資金で財を購入する。第1期の政府支出を g_1、第2期の政府支出を g_2 とする。政府と民間が同じ利子率で資本市場にアクセスできれば、第9章で議論する公債の中立命題が成立する。すなわち減税と公債発行がセットになる場合、経済合理的な家計は、将来公債を償還するための増税があることを正しく予想するので、現在の減税の効果はなくなる。以降では、ケインズ的な状況に分析の焦点を当てるために、政府は民間部門よりも低い金利で資本を借りることができるとしよう。このとき、政府の2期間を通じる予算制約式を現在価値に直して表すと次のようになる。

$$g_1 + \beta_g g_2 - \tau_1 - \beta_g \tau_2 = 0 \tag{6-36}$$

ここで、$\beta_g > \beta$ が想定されている。政府の利子率が民間の利子率よりも低いので、政府の割引要因 β_g は民間の割引要因 β よりも高い。

マクロ財市場の均衡

家計、企業、政府についてのここまでの想定を前提として、マクロ経済均衡を考えてみよう。価格変数（w_1、w_2、β、β_g）は外生変数であり、労働市場とマクロ財市場で超過供給になるケースを想定する。したがって、均衡は需要サイドで決定される。すなわち、第1期、第2期の財市場の均衡条件は次のように与えられる。

$$y_1 = c_1(a) + I(y_2, \beta w_2) + g_1 \tag{6-37}$$
$$y_2 = c_2(a, \beta) + g_2 \tag{6-38}$$

ここで

$$a = y_1 + \beta y_2 - I(y_2, \beta w_2) - (1 - \beta/\beta_g)\tau_1 - \beta g_1/\beta_g - \beta g_2 \tag{6-39}$$

である。(6-37) (6-38) 式は、それぞれの期の IS 曲線を規定している。すなわち、外生的な価格変数（w_2、β、β_g）と政策変数（g_1、g_2、τ_1、τ_2）を所与として、それぞれの期の生産（y_1、y_2）が決定される。4つの政策変数のうち1つは独立ではない。ここでは第2期の税収 τ_2 を消去している。家計の資産 a の決定式から、もし $\beta_g = \beta$ なら τ_1 は家計の資産になんら影響しないことがわかる。このとき、課税政策の変更はマクロ均衡にもなんら影響しないという中立命題が成立している。

なお本来ならば、自国で生産している財に対する外国からの需要（自国から見れば輸出）も考慮すべきであろう。しかし、ここでは議論を単純化するために輸出はゼロと想定している。ゼロ以外の輸出をしている場合であっても、その大きさは外国での消費・貯蓄行動の結果として決定されるから、自国にとっては所与である。小国の仮定では、それらの効果を無視しても特に問題はない。

a と (6-29) (6-30) (6-35) 式をそれぞれの期の IS 式である (6-37) (6-38) 式に代入すると、次のように政策変数や外生変数を右辺に明示した誘導形の IS 曲線が求められる。

$$\begin{aligned} y_1 = & \alpha\beta[y_2 - g_2]/(1-\alpha) + \nu y_2 + \\ & [1 - \alpha(\beta/\beta_g)]g_1/(1-\alpha) - \alpha[1 - \beta/\beta_g]\tau_1/(1-\alpha) \end{aligned} \tag{6-40}$$

$$y_1 = (1-\gamma)\beta[y_2 - g_2]/\gamma + \nu y_2 + \beta g_1/\beta_g + [1 - \beta/\beta_g]\tau_1 \tag{6-41}$$

ところで、$\alpha, \gamma < \dfrac{1}{2}$ と想定しているから、**図6.9** に示すように縦軸に y_2 を、横

軸に y_1 をとると、IS_1 曲線の方が IS_2 曲線よりも傾きが急になる。ここで IS_1 曲線は（6-40）式、IS_2 曲線は（6-41）式に対応する。それぞれの曲線は、第 1 期と第 2 期における財市場の均衡条件 IS 曲線を意味する。ただし、小国の仮定により金利が外生なので、標準的な IS 曲線では生産 Y が 1 つに決まってしまう。ここでは、2 期間モデル（将来のことも考慮して経済活動が行われる）なので、今期の Y $(= y_1)$ と来期の Y $(= y_2)$ が同時決定されるモデルになっている。両曲線が右上がりとなる直感的な説明は、次のようになる。

- IS_1 曲線：y_2 が増えると将来（第 2 期）の需要が増大すると予想できるので、それに応じて今期の投資が増加し、y_1 も増大する
- IS_2 曲線：y_1 が増えると生涯所得も増加して y_2 への需要も増加する一方で、第 2 期に利用可能な資本も増大しているので、第 2 期の生産も増大する

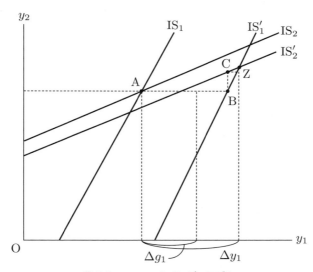

図 6.9 ニュー・ケインズ・モデル

▶ 政府支出拡大の効果

さて、政府支出拡大政策の効果を分析しよう。まず g_1 のみの拡大、すなわち一時的に政府支出を拡大させる効果を分析しよう。もしかりに $\beta = \beta_g$ ならば、IS_1 曲線と IS_2 曲線はともに同じ大きさ Δg_1 だけ右にシフトする。つまり、

$$\frac{dy_1}{dg_1} = 1 \tag{6-42}$$

である。これは均衡予算乗数に他ならない。

しかしこのニュー・ケインズ・モデルでは $\beta_g > \beta$ を想定しているので、IS_1 曲線は Δg_1 以上の大きさで右にシフトし、IS_2 曲線は Δg_1 以下の大きさしか右にシフトしない。したがって A 点と新しい均衡点 Z における y_1 の差 Δy_1 は Δg_1 より大きく、

$$\frac{dy_1}{dg_1} > 1 \tag{6-43}$$

となる。すなわち、政府支出拡大の乗数効果は 1 よりも大きくなる。**図 6.9** 中の IS_1' 曲線、IS_2' 曲線、Δg_1、Δy_1 はこの状況を示している。

このようなケインズ的な拡張効果が生じる理由を考えてみよう。かりに y_2 が一定であれば、経済は A 点から B 点へと移動する。B 点における y_2 は、y_1 の大きさから期待される水準と比較すると小さすぎる。y_1 の拡大により y_2 の期待水準は C 点になる。これは、y_1 に対するさらなる追加需要が消費を増加させ、生涯期待所得が上昇し、y_2 への需要も増加して y_2 が拡大するからである。経済が C 点に移ると、y_2 の増加を見越して第 1 期の投資が増加し、結果として y_1 が増加する。これはさらに y_2 の期待水準を高めるので調整が行われ、最終的に Z 点が新しい均衡点となる。この乗数過程では、将来の財市場における数量制約の大きさ y_2 に対する期待が重要な役割を果たしている。しかし、$\beta_g > \beta$ でなければ、将来税負担が増大するという予想が y_1 の増大による生涯所得の拡大の効果を完全に相殺するので、y_2 が増大するという期待は生じない。

新古典派マクロ・モデル

▶ 分析の目的

マクロ経済学のミクロ経済的な基礎を極端に広げると、ミクロ経済のモデルをそのままマクロ経済に適用する新古典派モデルに行き着くことになる。こうした新古典派の理論では、IS 曲線や財政政策のマクロ経済的な効果はどのように考えられて

いるだろうか。財政政策の考察としては、課税調達か公債調達かという財源の代替に関するものと、政府支出の拡大の効果を問題にするものがある。このうち財源の代替に関する考察は、中立命題として第9章で詳しく分析する。

ここで簡単に説明しておくと、課税調達にしろ公債調達にしろ、資源が民間部門から政府部門にまわされる大きさは同じであり、マクロ経済的な差異はない。前節の想定とは異なり、政府と民間は同じ利子率で資金を貸し借りできるという資本市場の完全性を仮定する。公債発行は税金の支払いを将来に繰り延べたものであるが、人々が合理的に考えると、現在のみならず将来の税負担のことも考えて行動するから、税金をいつ支払うかはマクロ経済的な差異をもたらさない。したがって、減税をしてその分だけ公債を発行しても、需要を拡大させる効果はない。この財源代替に関する中立命題を前提にして、政府支出の拡大が持つマクロ経済的な効果を考えてみよう。

▶ 異時点間の最適化モデル

次のような無限期間の効用の割引現在価値を最大化するように行動する代表的個人を想定しよう。

$$V = \sum_{t=1}^{\infty} \beta^{t-1} u(c_t, g_t) \tag{6-44}$$

ここで、β は主観的な割引要因であり、$0 < \beta < 1$ である。c_t は t 期における消費量を、g_t は t 期における政府の財・サービスに対する支出量を意味する。政府支出は民間消費と代替的な消費として用いられるか、レジャーと補完的な支出に使われるかであろう。前者の例としては学校給食や図書館での本の購入などが、後者の例としては公園や行楽地への道路整備などがある。

新古典派モデルでの代表的な経済主体は、家計でもあり企業でもある。この民間部門の生産関数は、

$$y_t = f(k_{t-1}, g_t) = w_t + r_t k_{t-1} + \mu g_t \tag{6-45}$$

と書ける。ここで、y_t は t 期における総生産量であり、k_{t-1} は t 期の期首に蓄積されている資本ストック量である。また w_t は t 期における労働の限界生産（＝賃金率）、r_t は t 期における資本の限界生産（＝利子率）、μ は時間を通じて一定の政府

支出の限界（＝平均）生産である。g_t の一部分は生産を刺激する目的で使われるとする。

民間部門の予算制約式は、次のようになる。

$$b_t - b_{t-1} + k_t - k_{t-1} + c_t + T_t = w_t + r_t k_{t-1} + r_t b_{t-1} + \mu g_t \tag{6-46}$$

ここで、b_t は t 期において民間部門が保有する債券（公債あるいは社債）、T_t は t 期において政府の課す税金である。不確実性のない世界で資本と債券は完全代替である。

民間部門の予算制約式を現在価値で表すと、次のように書き直せる。

$$\sum_{t=1}^{\infty} R_t c_t = k_0 + b_0 + \sum_{t=1}^{\infty} R_t (w_t + \mu g_t - T_t) \tag{6-47}$$

ここで、$R_{t-1} = \prod_{j=1}^{t}(1+r_j)$ 注3 である。この式は、フローの可処分所得（資本所得を除く）の現在価値の合計と当初の期首資産の和が消費の現在価値の合計に等しいことを意味する。

政府の予算制約式は、フローでは

$$b_{gt} - b_{gt-1} + T_t = g_t + r_t b_{t-1} \tag{6-48}$$

となり、現在価値に直すと、

$$\sum_{t=1}^{\infty} R_t g_t + b_{g0} = \sum_{t=1}^{\infty} R_t T_t \tag{6-49}$$

となる。b_{gt} は t 期において政府が発行している公債である。つまり、公債 b_{gt} の初期の水準と政府支出の現在価値の合計に等しいだけの税収出が現在価値で見て必要となる。(6-48)（6-49）式は、財政破産が生じない条件でもある。民間部門内での貸し借りはマクロ経済全体では相殺されるから、$b_0 = b_{g0}$ となる。また単純化のため、$k_0 = 0$ とおく。

(6-47)（6-49）式より、マクロ経済全体の制約式は次のようになる。

注3　総乗 Π：総和 Σ に似たもので、すべて掛け合わせていくことを表す。
　　$\prod_{j=1}^{t}(1+r_j) = (1+r_1)(1+r_2)\cdots\cdots(1+r_{t-1})(1+r_t)$

$$\sum_{t=1}^{\infty} R_t c_t = \sum_{t=1}^{\infty} R_t [w_t - (1-\mu)g_t] \qquad (6\text{-}50)$$

　家計は、実質的にこの式に基づいて異時点間の消費の最適な配分を決める。この式に税負担は現れていないから、支出一定のもとでの課税政策はなんら実質的な影響を持たない。公債の中立命題が成立する。

　さて、このような世界で政府支出拡大の効果を検討してみよう。単純化のために、政府支出と民間消費がある一定の割合 γ で完全代替であるとしよう。すなわち、

$$c_t^* = c_t + \gamma g_t$$

が成立すると仮定する。ここで、c_t^* は有効消費であり、c_t^* が大きいほど家計の効用も上昇する。効用関数 (6-44) 式において、$u(c_t, g_t) = u(c_t^*)$ が成立する。γ は家計にとっての g_t の評価を示している。

　このとき、(6-50) 式は次のように書き直せる。

$$\sum_{t=1}^{\infty} R_t c_t^* = \sum_{t=1}^{\infty} R_t [w_t - (1-\mu-\gamma)g_t] \qquad (6\text{-}51)$$

この式の右辺は経済全体の有効資産である。新古典派モデルでは $1-\mu-\gamma$ がゼロよりも大きいと想定する。

▶ 一時的支出と恒常的支出

　新古典派のモデルでは、政府支出が拡大する場合、今期の支出の変化だけではなく将来のすべての期間について支出のパターンがどうなるのかに家計は関心を持つ。なぜなら、人々が合理的に行動しようとすれば、今期の経済状態だけではなく、将来のすべての期間の経済状態や政府の政策がどうなるかを考えて消費と貯蓄の最適な配分を決めるからである。その場合、消費を決める重要な経済変数が恒常所得という概念である。

　「恒常所得」とは、現在から将来までのすべての期間で予想される所得とちょうど等しい安定的な所得である。たとえば、単純化のため利子率をゼロとして、毎年交互に 500 万円と 1000 万円のフローの所得があるものとしよう。このときの恒常

所得は750万円となる。また恒常所得が増加すれば、その分だけ毎年の消費を増加させることができる。

新古典派モデルにおける最適な消費・貯蓄行動は、異時点間の消費の平準化である。第2章でも説明したように、これはオイラー方程式からも確認できる。金利と割引率がほぼ等しいと仮定すると、今期の消費と来期の消費は同じ水準に維持するのが望ましい。すなわち、この恒常所得仮説に従うと、恒常的なレベルで見て所得に等しい消費を維持するのが望ましい。したがって、恒常所得の増加分だけ今期の消費（＝恒常消費）を増やすことが最適となる。恒常所得の限界消費性向は1となる。

政府支出についても、恒常的な支出と一時的な支出に分けて考えることができる。いま、毎年1兆円だけ政府支出が増加するとしよう。今期の恒常的な政府支出が1兆円増加したケースである。今期の政府支出が増加しなくても、来年に2兆円だけ増加し、それ以降は毎年1兆円だけ増加すると予想されるケースでも、今期の恒常的な政府支出は1兆円だけ増加したことになる。

一時的な支出を、恒常的な支出が一定のもとで今期の支出が増加したケースと定義しよう。たとえば、今期の支出が1兆円増加し、来期の支出が1兆円減少するケースである。一時的な支出増では政府支出の現在価値は変化しないから、$\sum_{t=1}^{\infty} R_t \mathrm{d}g_t = 0$ が成立する。恒常的な支出増の場合には、$\mathrm{d}g_t$ がすべての期で同じ値 $\mathrm{d}g$ となり、$\mathrm{d}g_t = \mathrm{d}g > 0$ となる。よって $(1 - \mu - \gamma) \sum_{t=1}^{\infty} R_t \mathrm{d}g$ だけ実質的な増税になって、資産の現在価値は減少する。

▶ 一時的支出増の効果

さて、一時的な政府支出の増加がもたらすマクロ経済的な効果を考えてみよう。単純化のために、政府支出と民間消費には代替関係がなく、政府支出は生産面でも効果がないとする。すなわち、$\mu = \gamma = 0$ と仮定する。定義により、政府支出の現在価値あるいは恒常的な政府支出は変化しないから、家計の恒常所得は一定に保たれる。恒常的な政府支出が変化したときにのみ、恒常所得は変化するからである。したがって、恒常的な所得が変化しない以上、家計の消費も変化しない。

政府支出 g が1単位増加しても消費 c は増加しないから、投資 I を外生変数と考えると、総需要 Y_D （$= c + I + g$) も1単位しか増加しない。すなわち、IS曲線に対応するマクロ財市場での総需要を考えると、一時的な政府支出の増加が総需要に与える直接的な効果は1となる。

ところで、総供給 Y_S は利子率 r の増加関数となる。短期的に調整可能な生産要素は労働供給であるが、これは利子率の増加関数と考えられる。なぜなら、利子率が上昇すると現在のレジャーの消費よりも将来のレジャーの消費の方が相対的に有利になり（異時点間の代替効果）、現在のレジャーの消費が減退して現在の労働供給が増加すると考えられるからである。

図6.10 に、新古典派モデルにおける総供給曲線と総需要曲線を示している。総需要曲線は、ケインズ・モデルのIS曲線に対応している。政府支出の拡大により総需要曲線 Y_D は1単位だけ右へシフトする。その結果、当初の生産水準では財市場が超過需要になり、利子率が上昇する。これは消費と投資を抑制し、労働供給を刺激して、財市場の均衡が回復する。均衡点はEからE′に移動する。利子率は上昇し、国民所得も増加する。しかし、その乗数効果は1以下にとどまる。なぜなら、今期の政府支出が増加しても、今期の民間需要（消費と投資）が減少するからである。**図6.10** でE点から水平方向に Y'_D 曲線との交点を求めると、その点とE点との距離が1に相当する。つまり、Y'_D 曲線は Y_D 曲線を右方向に1だけシフトした曲線である。

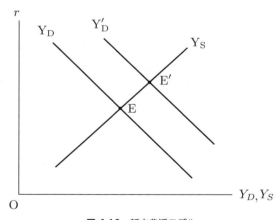

図 6.10 新古典派モデル

前節で議論したように、ケインズ的な考え方では、政府支出が増加して今期の国民所得が増えれば今期の消費も増え、結局その乗数は1を上回る。新古典派の世界では、今期の総需要が増えても恒常所得が増えないから消費は増えず、乗数は1以下にとどまる。政府支出の恒常的水準が一定である以上、今期の支出の増加は来期

以降の支出の減少と必ずセットになっている。今期の所得が増えても恒常所得は増えないため、1を上回る乗数効果は期待できない。

▶ 恒常的支出増の効果：その1

次に、恒常的な政府支出の増加がもたらすマクロ経済的な効果を検討しよう。単純化のために、今期の政府支出は増加しないものとしよう。来期以降の政府支出を増加させることを政府が今期に公約するケースである。たとえば、今期の政府支出が増加しなくても、来年に2兆円だけ増加し、それ以降は毎年1兆円だけ増加すると公約するケースである。この場合、今期から恒常的政府支出は1兆円だけ増加したことになる。

このとき、(6-51) 式の右辺は減少するから、恒常所得は政府支出の恒常的増加の分だけ減少する。その分だけ増税が行われると予想されるからである。したがって、消費も同額だけ減少する。今期の政府支出は変化しないから、総需要は消費が減少する分だけ減少する。総需要に与える直接的な効果の比率は、−1となる。その結果、当初の生産水準では財市場で超過供給となり、利子率が低下する。これは消費と投資を刺激し、財市場の均衡が回復する。したがって、乗数はゼロと−1の間になる。

▶ 恒常的支出増の効果：その2

最後に、今期の政府支出も含めて恒常的な政府支出が増加したケースを考えよう。たとえば利子率をゼロとして、今期から毎年政府支出が1兆円増加するケースである。これは、一時的支出増のケースと恒常的支出増（その1）のケースの両方が同時に起きているケースと考えられる。したがって、両方のケースでの効果を足し合わせればよい。すなわち、$\mu = \gamma = 0$ のもとで、政府支出の増加分だけ恒常所得が減少し、消費も同額だけ減少する。政府支出は今期増加しているから、総需要は結局変化せず、当初の生産水準がそのまま維持される。利子率は変化せず、乗数はゼロとなる。

▶ 政府支出の代替効果

これまで、$\gamma = 0$ とおいて、政府支出は家計の消費に直接影響しないと想定してきた。しかし多くの政府支出は恒常所得の変化を通じて消費に影響するだけではな

く、直接家計の消費に影響する可能性もある。公的支出と民間支出との代替の程度 γ は、民間の消費水準の決定にも影響する。1単位の政府支出の増加は γ 単位だけの民間支出の増加と同じであると受け取られるから、γ 単位だけ民間消費は減少する。

よって $\gamma > 0$ のケースでは、一時的な政府支出の増加にともなって消費が γ だけ減少し、総需要に与える直接的な効果も $1 - \gamma$ となる。恒常的支出増（その1）のケースでは、1単位の政府支出増は γ 単位だけの民間支出増とみなせる。それだけ家計に民間消費を減らせる余裕を与えて、γ 単位だけ恒常所得を増加させる。したがって、1単位の政府支出増による今期の消費の変動は $1 - \gamma$ だけの減少にとどまり、総需要に与える直接的な効果も $-(1 - \gamma)$ となる。恒常的支出増（その2）のケースでは、前述の2つのケースの合計となるから、結局、γ は相殺されて、消費は1だけ減少し、乗数はゼロのままとなる。

▶ 政府支出の生産に与える効果

これまでの分析では、政府支出が家計の消費に与える効果のみが問題とされた。これは、アプローチの仕方は異なるにせよ、ケインズ的な世界でも同様の前提であった。ここで簡単に政府支出が生産に与える効果を考慮してみよう。その場合でも、新古典派の世界では政府支出の乗数がかなり小さくなるという結論は変わらない。

$\mu > 0$ と考えると、政府支出の1単位の増加によって生産水準がその分だけ増加する。これは、超過需要を緩和する効果を持っている。一時的な政府支出増の場合には、$1 - \gamma - \mu$ だけの大きさの超過需要が生じる。したがって利子率が上昇するのは、$\mu = 0$ の場合と同様である。生産に及ぼす効果は $\mu > 0$ の分だけ大きくなるが、それでも乗数が1より小さくなる点は変わらない。需要拡大効果は $1 - \gamma$、供給拡大効果は μ となるから、乗数はどちらか大きい方の近くで決まり、$1 - \gamma$ と μ の間になる。

恒常的支出増（その1）のケースでは、資産の現在価値が $1 - \mu - \gamma$ だけ減少し、恒常所得もその分だけ減少する。消費は $1 - \mu - \gamma$ だけ減少し、総需要も同額減少する。生産所得は今期はなんら変化しないから増加せず、超過供給が $1 - \mu - \gamma$ だけ発生する。その結果、利子率は低下する。この場合の乗数は、0と $1 - \mu - \gamma$ の間の値になる。

恒常的支出増（その2）のケースは、前述の2つのケースの総計となるから、消

費は $1-\mu$ だけ減少し、総需要は μ だけ増加する。供給も μ だけ増加し、財市場は政府支出増加前と同じ利子率のままで均衡する。乗数は 1 よりも小さい μ となる。

総じて、新古典派の世界では恒常的な政府支出の増加はなんら利子率を変化させない。一時的な政府支出の増加のみがマクロ経済的に超過需要をもたらし、利子率にプラスの影響を持つ。今期の政府支出の増加が予想され、そしてそれが将来も続くと予想されていれば、政府支出の増加をちょうど相殺するだけの消費の減少が起きて、財政政策の需要拡大効果はなくなる。政府支出がまったく予想されないものか、予想されても今期限りの一時的なものであれば、ある程度の需要拡大効果はある。しかし、ケインズ的世界のような 1 を越える乗数効果は生じない。したがって、景気対策の有効性を乗数効果の大きさで測るとすれば、どちらのモデルがより現実に当てはまるかによって、景気対策の有効性の評価も異なることになる。

代表的なマクロ経済学者

ジョン・メイナード・ケインズ（John Maynard Keynes、1883 年〜1946 年）

イギリスの経済学者。『雇用・利子および貨幣の一般理論』（1935 年〜1936 年）で、有効需要に基づくマクロ経済学を確立した。

ミルトン・フリードマン（Milton Friedman、1912 年〜2006 年）

アメリカの経済学者。裁量的なケインズ的総需要管理政策を批判し、新自由主義、マネタリズムに基づく業績で 1976 年にノーベル経済学賞を受賞。

ポール・アンソニー・サムエルソン（Paul Anthony Samuelson、1915 年〜2009 年）

アメリカの経済学者。公共財、国際貿易論、社会厚生関数の理論などの業績で 1970 年にノーベル経済学賞を受賞。

第 7 章

マクロ経済：長期の分析

ハロッド・ドーマー・モデル

▶ 適正成長率

本章では、マクロ経済活動を長期的視点で取り上げる。ここでの主要な分析対象は経済成長＝GDPの継続的な増加である。経済成長率は高ければ高いほど良いわけでもないが、それでもある程度の成長は生活水準の向上に不可欠である。途上国の最大の関心は高い経済成長率の実現である。1990年代以降成長率が低迷しているわが国でも、3％程度の成長率の実現が政策目標になっている。経済成長の理論的分析も、古くから経済学の主要な関心事であった。本章では経済成長の標準的な理論的枠組みを提示してきたハロッド・ドーマーの成長理論とソローの新古典派成長理論を説明する。まず、経済成長理論の出発点であるハロッド・ドーマーの理論から見ていこう。

前章で説明したように、ケインズ・モデルでは投資が有効需要の構成要素であることを強調する。ところで、投資は現在の有効需要の1つであると同時に、将来の生産に用いられる資本設備を増加させて、供給能力を高める側面を持っている。このような投資の持つ2面性を考慮して成長理論を展開したのが、ハロッド・ドーマー・モデルである。

経済成長には、GDPなどの経済活動水準の持続的、長期的な拡大が必要である。そこでは需要が増加するとともに、供給能力も増加する。経済成長の理論モデルは、投資が生産能力を拡大する効果に注目する。

ハロッド・ドーマー・モデルを数式で表してみよう。時間に関する微分係数を $(\dot{\ }) = \dfrac{\mathrm{d}(\ )}{\mathrm{d}t}$ で表し、I を投資とすれば、投資1単位あたり $\dfrac{1}{v}$ の大きさだけ生産能力 Y が増加するという次式が成立する。

$$\dot{Y} = \frac{I}{v} \tag{7-1}$$

ここで必要資本係数 v は、生産量1単位を生み出すのに必要な資本設備である。ハロッド・ドーマーの成長理論では、必要資本係数を技術的に一定と仮定する。そのため資本 K を完全操業[注1]すると、$\dfrac{K}{v}$ だけの Y が生産可能であると想定する。

注1 完全操業：現在利用可能な機械設備などの資本ストックをすべて稼働させて生産活動を行うこと。

$$Y = \frac{K}{v} \tag{7-2}$$

この式を時間で微分すると、(7-1) 式を得る。なお、ここで $\dot{K} = I$ の関係があることに注意したい。これは投資の生産能力効果である。

財市場の均衡は貯蓄＝投資である。マクロ経済全体の平均貯蓄性向 s を与件（＝外生的に一定）として、国民所得を Y、貯蓄を S、投資を I で表すと、次式を得る。

$$Y - cY = S = sY = I \tag{7-3}$$

ここで c は消費性向であり、$s = 1 - c$ である。(7-1)(7-3) 式より I を消去すると、GDP の成長率 $\dfrac{\dot{Y}}{Y}$ は次式で与えられる。

$$\frac{\dot{Y}}{Y} = \frac{s}{v} \tag{7-4}$$

これは、資本ストックの稼働率を企業にとって望ましい水準（必要資本係数に対応する完全操業水準）に維持しながら、国民経済が成長を続ける成長率であり、適正成長率 G_w と呼ばれる。これは資本の完全操業を保証する成長率である。この式で与えられる $\dot{Y}$ だけの需要が実際に生まれるためには、現実の資本ストックと GDP との比率である現実の資本係数と、技術的に与えられる必要資本係数とが一致する必要がある。適正成長率 G_w はこの条件を満たす成長率である。

▶ 支出成長率

他方で、支出成長率 G_r は総需要がどれだけのスピードで成長するかを示す成長率である。この需要サイドの成長率は、マクロ総需要がどれだけのスピードで成長するかで求められる。それには、(7-3) 式の需要を決める式に加えて、投資需要がどのようなスピードで増加しているかがポイントになる。需要サイドの投資が G_w の割合で成長していれば、資本ストックは完全操業される。しかし、投資が G_w の割合で増加するかどうかは不確定である。

では、現実の（総需要）成長率が適正成長率を上回って上方への乖離が生じるとき、経済はいつまでも発散し続けるだろうか。成長率の上限を与えるものとして、自然成長率 G_n という概念がある。自然成長率はその経済にとって労働の完全雇用を維持しながら達成可能な成長率であり、労働供給の成長率 n と労働節約的な（実

質的に労働者の数が増大する）技術進歩率 μ の和からなる。自然成長率に等しい割合で経済が成長していけば、労働を完全雇用しながらの長期的な経済の成長が可能となる。したがって、現実の成長率は長期的には自然成長率を上回ることはできない。

ナイフの刃

　適正成長率と自然成長率、そして、現実の支出成長率の3つが一致していれば、労働も資本も完全に雇用、操業される均衡成長を達成できる。しかし、ハロッド・ドーマー・モデルの体系では、自然成長率と支出、適正成長率を決める要因がそれぞれ独立に与件（外生的なパラメータ）として与えられており、3者が長期的に一致する内在的メカニズムは市場経済に存在しない。

　ハロッド・ドーマー・モデルでは、現実の成長率は必ずしも適正成長率に等しくならない。また、現実の成長率と適正成長率とが乖離したとき、調整メカニズムは不安定であり、ますます乖離の幅が広がっていく。これがナイフの刃と呼ばれる現象である。現実の成長率と適正成長率とが一致しないときには、意図せざる在庫の増減がある。たとえば、現実の成長率が適正成長率を下回る場合には、資本を完全に操業して生産を行うと、財市場で超過供給の状態になっているから、意図せざる在庫が増大する。このとき、現実の資本ストックは、必要資本係数から求められる適正な値から見て過剰となり、投資意欲は減少する。その需要に与える効果は乗数過程を経て、さらに現実の成長率を低下させ、ますます適正成長率から下方へ離れていく。逆に、財市場が超過需要となって、意図せざる在庫の減少が生じている局面では、現実の成長率が適正成長率を上回る。この場合は投資意欲が刺激され、ますます現実の成長率が上昇していく。

　すなわち、現実の成長率がいったん適正成長率と一致しなくなると、累積的にその差は拡大していく。このような不安定な経済成長の性質がナイフの刃の現象である。

財政金融政策の効果

　財政政策を考慮した適正成長率は、需要の増加に見合う形での供給能力の成長率が財政政策によってどの程度影響されるかを見たものである。T を税収、G を政府支出として、税率 $t = \dfrac{T}{Y}$ と政府支出率 $g = \dfrac{G}{Y}$ を考慮すると、適正成長率は次のよ

うに書き表せる。

$$G_w = \frac{\dot{I}}{I} = \frac{\dot{K}}{K} = \frac{\dot{Y}}{Y} = \frac{1 - c(1-t) - g}{v} \tag{7-5}$$

この式から財政政策の効果が判断できる。この公式の分子 $1 - c(1-t) - g$ は、財政政策がない場合は家計の貯蓄性向 s に等しい。財政政策を考慮すると、税負担分だけ家計の消費が減少するが、経済全体の貯蓄を高めて適正成長率を上昇させる。しかし、政府支出は消費的な支出であるから、経済全体の貯蓄を低下させて適正成長率を引き下げる。まず、政府支出率 g の拡大の効果から見ておこう。政府支出率の拡大によって適正成長率は低下する。逆に、税率 t の上昇によって、適正成長率は上昇する。

g の拡大や t の低下は、財政赤字の拡大を意味する。財政赤字が拡大すれば適正成長率は低下し、逆に、財政黒字が拡大すれば適正成長率は上昇する。t の上昇や g の減少は投資増加による乗数の値を小さくする。したがって、投資の拡大による生産能力の伸びに見合った需要を創出するためには、投資をより速い速度で増加させて、所得を増加させる必要がある。その結果、政府の収支を黒字にして民間部門に資源を還元することで、適正成長率も高くなる。

たとえば、消費性向 $c = 0.8$、必要資本係数 $v = 3$、税率 $t = 0.2$、政府支出の対GDP比 $g = 0.21$ とする。適正成長率の公式 (7-5) 式にそれぞれの値を代入すると、

$$\frac{1 - 0.8(1 - 0.2) - 0.21}{3} = 0.05$$

すなわち、適正成長率は 5 ％となる。

わが国の例で見ると、戦後の高度成長期に財政収支は均衡し、自然増収は減税という形で民間部門に還元されていた。これは適正成長率を上昇させて、供給面から経済成長を刺激する効果を持った。金融政策を緩和して金利を引き下げ、現実の成長率を高めに誘導し、財政政策を抑制して適正成長率を高めに誘導すれば、結果として高い成長率が実現できる。政府支出の拡大と増税が同額だけ行われる均衡予算のもとで、政府支出拡大政策には $\dot{t} = \dot{g}$ の制約が加わる。この場合、政府支出の拡大は適正成長率を低下させる。

なお、g がすべて公共投資であるとすれば、(7-5) 式の分子から g は消去される。なぜなら、公共投資は消費ではなく貯蓄だからである。この場合、増税 (t の上昇) は同額だけ公共投資を増加させて、適正成長率を上昇させる。

2 ソロー・モデル

▶ 基本方程式

　新古典派成長モデルでは、資本と労働の生産要素市場での利子率と賃金率の調整によって常に資本と労働が完全操業・雇用され、安定的な成長が実現すると考える。すなわち、資本が労働に比べて相対的に過剰になれば、資本市場で資本の借入需要よりも資本の供給の方が大きくなり、その借入価格である利子率が低下する。また、労働市場で企業の労働需要が家計の労働供給よりも大きくなり、労働雇用のコストである賃金率が上昇する。したがって、労働よりも資本を相対的に多く使う技術が割安となる。その結果、より資本集約的な技術が採用され、必要資本係数は上昇する。逆に、労働の方が資本よりも過剰になれば、資本を借りるコストよりも労働コストの方が相対的に安くなるから、より労働集約的な技術が採用されて、必要資本係数は減少する。

　このように生産要素間の代替が可能な生産関数のもとでは、資本の成長率が労働の成長率を上回るときにより資本集約的な技術が採用されることによって、あるいは逆のケースではより労働集約的な技術が採用されることによって、必要資本係数は現実の資本係数と常に等しくなり、労働の完全雇用とともに資本の完全操業が実現する。

　現在存在する資本ストックの量を K、労働供給量を L とすると、これらを完全に操業・雇用して得られる生産量が現実の GDP になる。新古典派成長モデルにおける生産関数は、K、L と Y の間の技術的に代替可能な関係を示すマクロの生産関数であり、次のように定式化される。

$$Y = F(K, L) = F\left(\frac{K}{L}, 1\right) L = f(k)L \tag{7-6}$$

　$k\left(=\dfrac{K}{L}\right)$ は資本労働比率（あるいは資本集約度）である。関数 F は 1 次同次であり、資本と労働が同じ割合で増加すれば、生産量も同じ割合で増大する性質がある。また、収穫逓減という法則が成り立ち、資本か労働の一方しか増大しない場合でも生産は増加するが、生産の拡大幅は次第に小さくなる（$f' > 0$、$f'' < 0$）。

　労働（= 人口）は外生的に毎期 n の割合で上昇すると仮定する。

$$\dot{L} = nL \tag{7-7}$$

マクロ経済で考えると、貯蓄したものは投資され、資本蓄積（資本ストックの増加）になる。所得 Y の一定割合 s が貯蓄にまわるという簡単な貯蓄関数を想定すると、次式を得る。

$$\dot{K} = sY \tag{7-8}$$

$\dfrac{\dot{k}}{k} = \dfrac{\dot{K}}{K} - \dfrac{\dot{L}}{L}$ という関係式を考慮して、(7-6) (7-7) (7-8) 式を変形すると、次のようなソロー・モデルの基本方程式が得られる。

$$\dot{k} = sf(k) - nk \tag{7-9}$$

資本集約度（＝資本労働比率）の変化 $\dot{k}$ は、1人あたりの貯蓄 $sf(k)$ から資本集約度を一定に維持するために必要な貯蓄 nk を差し引いたものに等しい。資本労働比率の初期値がどの水準から出発しても、長期的には均衡水準 k^* に収束する。新古典派成長モデルでは、要素市場での利子率と賃金率の調整によって常に資本と労働が完全に操業・雇用され、安定的な成長が実現している。長期均衡では資本ストック、GDP、消費、貯蓄、投資、労働供給はすべて外生的に与えられる人口の成長率 n（＋技術進歩率）で成長している。

新古典派成長モデルでは供給サイドの要因（＝人口成長率 n ＋技術進歩率）で長期的な成長率が決まる。したがって、望ましい投資という需要は経済成長を決める要因には無関係である。同様に、インフレーションを引き起こさない成長率あるいは労働の完全雇用を生み出す投資需要、投資と貯蓄を等しくさせる成長率という概念は、なんらかの形で需要要因を考慮しているが、これらも新古典派成長モデルでは無関係になる。

なお、定常状態は資本、GDP、労働などすべての経済変数が同じ割合で成長する状態を意味する。また、そこでは賃金、利子率などの要素価格は一定になる。ただし、定常状態への移行過程では、これらの経済変数は変化している。しかし、移行過程でも資本と労働が完全に操業・雇用されていることに変わりはない。要素価格の調整によって常に完全雇用が実現しているのが、新古典派成長モデルの特徴である。

図7.1 に示すように、資本集約度が長期均衡における集約度 k^* よりも小さいと

きには、$sf(k)$ 曲線の方が nk 線よりも上方にあるから、k は増大する。逆に、k が k^* よりも大きいときには、$sf(k)$ 曲線の方が nk 曲線よりも下にくるから、k は減少する。結局、どの k の水準から出発しても、長期的には両曲線の交点 E に対応する均衡水準 k^* に収束する。このような特徴を、体系が安定的であるという。生産要素の相対的な希少性を反映して、資本と労働の報酬率である利子率と賃金率が伸縮的に動くことで、資本と労働の円滑な代替が可能となる。

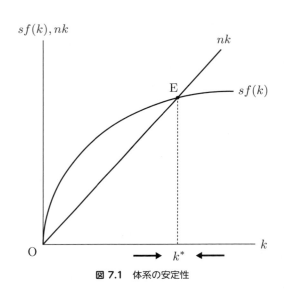

図 7.1 体系の安定性

▶︎ 財政金融政策の効果

財政政策は長期均衡での資本集約度 k^* に影響する。比例的な所得税率 t を導入すると、可処分所得は $(1-t)Y$ となる。基本方程式は、均衡予算原則のもとで次のように修正される。

$$\dot{k} = s(1-t)f(k) - nk \tag{7-10}$$

税率の上昇によって資本蓄積（あるいは資本労働比率）は抑制される。これは、直感的にもっともらしいだろう。しかし、すべての政府支出が投資的な目的（＝公共投資）に使われると、基本方程式は次のように修正される。

$$\dot{k} = s(1-t)f(k) - nk + tf(k)$$
$$= [s + t(1-s)]f(k) - nk \tag{7-11}$$

政府支出率の拡大によって公共投資が刺激される効果が大きく、長期的に資本集約度が増大して、マクロ全体の資本蓄積が促進される。

ところで、貯蓄対象資産として実物資産である資本の他に金融資産である貨幣保有を想定すると、金融政策も資本蓄積に影響を与える。拡張的な金融政策によりインフレーションが進行し、貨幣保有の実質的なコスト（＝名目利子率）が増大すると、家計は金融資産よりも実物資産の方を多く持つように資産選択を変化させる。これはインフレーションが実物投資を刺激するトービン効果であり、このトービン効果によって拡張的な金融政策は経済成長を刺激する。

▶ 黄金律

新古典派の経済成長モデルで長期的にもっとも望ましい状態は、黄金律として知られている。$\dot{k}=0$ である長期定常状態では、1人あたりの消費水準 c と資本労働比率 k や人口成長率 n との間には次のような関係がある。これは基本方程式 (7-8) 式で $\dot{k}=0$ とおいて、$sf(k) = f(k) - c$ の関係式を考慮すると得られる。なお、ここで $f(k) - c$ は貯蓄を意味する。

$$c = f(k) - nk \tag{7-12}$$

nk は長期的に資本労働比率を一定に維持するために必要な投資量であり、n が大きいほど、それに合わせて投資しないと資本労働比率 k を一定に維持できないことを意味している。

図7.2 は、$f(k)$ と nk を表している。この差額が c である。**図7.2** に示すように c が最大になる k の水準は、$f(k)$ の傾き $f'(k)$ すなわち資本の限界生産が、nk の傾き n つまり人口成長率に等しい点で与えられる。言い換えると、定常状態での c を最大にするという意味で長期的に望ましい経済成長あるいは資本蓄積水準は、

$$f'(k) = n \tag{7-13}$$

である。これが黄金律の条件である。長期的に k をいくらでも蓄積することは必ずしも望ましくない。経済成長あるいは資本蓄積率は、高ければ高いほど良いという

ものではない。

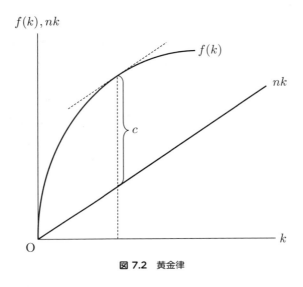

図 7.2 黄金律

また、この黄金律は動学的効率性の条件でもある。すなわち、$f' > n$ であれば、より資本蓄積を促進することが長期的な消費を最大にする意味で望ましい。しかし、経済成長を黄金律まで刺激しようとすると、その移行プロセスでは貯蓄がより必要になるので消費を抑制しなければならない。つまり、長期的な消費の拡大のために、移行プロセスでは消費を犠牲にする必要がある。

ところが $f' < n$ であれば、黄金律に移行するために、むしろ消費を拡大して資本を食いつぶすことが要求される。この場合は長期均衡への移行プロセスで資本を減らして消費を拡大することができる。したがって、このケースではすべての時点で消費を犠牲にすることなく、黄金律に移行できる。逆にいうと、$f' < n$ のケースでは、黄金律と比較して、動学的に資源が有効に利用されていないといえる。この意味でこのケースを動学的に非効率なケース、また、逆に $f' > n$ のケースを動学的に効率的なケースと呼んでいる。

▶ 成長会計 と 技術進歩

成長会計は、資本と労働がその限界生産力に応じて報酬を受け取るという前提のもとで、経済成長における資本と労働の貢献度を測定し、それらでは説明しきれな

い残差を技術進歩に基づくとみなす（全要素生産性（TFP）の向上とみなす）経済成長の要因分析である。成長会計では、労働や資本の蓄積で説明しきれない残差を、技術進歩により全体の生産性が上昇した結果と考える。

コブ＝ダグラス型の新古典派のマクロ生産関数を想定しよう。

$$Y = AK^\alpha L^{1-\alpha} \tag{7-14}$$

A は生産関数のパラメータであり、技術水準のレベルに対応する。この式を時間に関して微分すると、次式を得る。

$$\frac{\dot{Y}}{Y} = \frac{\dot{A}}{A} + \frac{\alpha \dot{K}}{K} + \frac{(1-\alpha)\dot{L}}{L} \tag{7-15}$$

ここで、α はマクロ生産関数のパラメータであり、資本の生産への貢献度を示す。同様に $1-\alpha$ は労働の貢献度を示す。

資本蓄積の速度 $\dfrac{\dot{K}}{K}$ と労働人口成長率 $\dfrac{\dot{L}}{L}$ については、国民所得統計などの統計データを利用できる。α というマクロ生産関数のパラメータは、生産関数の推計によって求めることもできるし、完全競争市場を前提とすると、

$\alpha =$ 資本分配率

という関係を利用することもできる。

こうしたデータを (7-15) 式に代入すると、残差として技術進歩の度合い $\dfrac{\dot{A}}{A}$ が求められる。たとえば経済成長率 $\dfrac{\dot{Y}}{Y} = 5\%$、資本蓄積率 $\dfrac{\dot{K}}{K} = 4\%$、労働人口成長率 $\dfrac{\dot{L}}{L} = 2\%$、資本分配率 $\alpha = 0.4$ とすると、資本蓄積の貢献分は $4 \times 0.4 = 1.6\%$、労働成長の貢献分は $2 \times (1 - 0.4) = 1.2\%$ となるから、2つの生産要素の貢献分の合計は、2.8% である。したがって、$5 - 2.8 = 2.2\%$ が技術進歩の貢献分、すなわち、全要素生産性の上昇とみなされる。

経済成長を支える大きな要因は、資本ストックの成長および技術水準の向上である。日本の高度成長期には、全要素生産性つまり技術進歩が経済成長に寄与した効果が大きかった。平均的な成長率のうちの半分程度が技術進歩によると推定されている。また、諸外国と比較すると、資本ストックの成長への貢献分も大きく、労働人口の成長への貢献分はそれほど大きくはなかった。すなわち高度成長の秘密は、企業の旺盛な設備投資意欲とそれを可能とした豊富な貯蓄、高い教育水準を備えた

良質な労働供給によるところが大きかったが、同時に、近代化した資本ストックに体化された技術進歩、そして一般的な技術水準の順調な上昇によるところも大きかった。また、1970年代後半以降の経済成長率が低下した時期では、全要素生産性＝技術進歩の貢献が大きく減少している。言い換えると、資本設備の増加があまりGDPの増加につながってこなくなった。

なお、TFPの伸びは資本や労働の投入量だけでは計測することができない全投入要素の生産性の上昇に対する寄与分である。ここには、純粋な技術進歩以外のさまざまな要因が含まれる。たとえば、労働、資本について発生した質的な変化（教育訓練による労働者の能力の向上、最先端のIT技術を含む設備投資など）が労働者数、資本ストック量などのデータに定量的に盛り込まれない場合は、TFPの変化として計測されることになる。また、投入要素の利用方法の改善（IT化による生産手法の革新など）もここに含まれる。さらに、産業間の資源配分や企業の参入・退出行動もTFPの伸びに影響を与える。

③ 最適成長モデルと政府支出

▶ 標準的な最適成長モデル

ソロー・モデルでは貯蓄率を一定と想定していた。しかし、家計の異時点間の消費・貯蓄行動を考えると、第2章でも説明したように、この仮定は恣意的かもしれない。家計が消費・貯蓄行動を最適に決定する成長モデルが、最適成長モデルである。本節ではこの最適成長モデルを紹介するとともに、このモデルを用いて政府支出の経済効果を分析してみよう。

最適成長モデルでは、代表的個人は無限期間の効用の割引現在価値の総和を最大化するように、貯蓄と消費の異時点間の最適配分を決めると考える。家計の効用関数 U は私的消費と政府支出に依存している。ρ を主観的な割引率とすると、家計の目的関数は次式で与えられる。

$$\sum_{t=0}^{\infty} \beta^t U(C_t, G_t) \tag{7-16}$$

ここで、C_t は t 期における家計の消費、G_t は t 期における政府支出、$\beta = \dfrac{1}{1+\rho}$ は割引要因である。

t 期の生産は、t 期の資本 K_t と非弾力的に供給される労働（1 に基準化している）を用いて、$F(K_t)$ を産出するマクロ生産関数に集約される。生産物 $F(K_t)$ は消費 C_t、政府支出 G_t と投資 $K_{t+1} - K_t$ に配分される。したがって、マクロ財市場の均衡条件は次式となる。

$$F(K_t) = C_t + K_{t+1} + G_t - K_t \tag{7-17}$$

政府支出 G を所与として、(7-17) 式の制約のもとで (7-16) 式を最大化する家計の最適化問題を考えよう。ラグランジュ関数は次のようになる。

$$\sum_{t=0}^{\infty} \beta^t \{U(C_t, G_t) + \lambda_t[-K_{t+1} - C_t - G_t + F(K_t) + K_t]\} \tag{7-18}$$

この式を C_t と K_{t+1} のそれぞれについて微分してゼロとおくと、最終的に最適条件は、(7-17) 式に加えて次の 2 式となる。

$$U_c(C_t, G_t) = \lambda_t \tag{7-19-1}$$

$$(1+\rho)\lambda_t = \lambda_{t+1}[F'(K_{t+1}) + 1] \tag{7-19-2}$$

(7-17)(7-19-1)(7-19-2) 式の 3 つの式により、当初の資本ストック K_0 と政府支出を所与とすると、最適な経済成長の経路を決められる。(7-19-1) 式はラグランジュ乗数 λ が消費の限界効用に等しいことを意味する。(7-19-2) 式は限界効用の変化が主観的な割引率と資本の限界生産＝利子率の差に依存することを意味する。これは現在消費と将来消費に関する最適配分条件であり、オイラー方程式である。

この経済は資本ストック K とラグランジュ乗数 λ の 2 つの変数の動きに注目すると、理解しやすい。まず、(7-19-1) 式より

$$C_t = C(\lambda_t, G_t) \tag{7-20}$$

となる。この (7-20) 式を (7-17) 式に代入して、次式を得る。

$$K_{t+1} - K_t = F(K_t) - C(\lambda_t, G_t) - G_t \tag{7-21}$$

定常状態での条件式は、(7-19-2)(7-21) 式のそれぞれに $\lambda_t = \lambda_{t+1}$ と $K_t = K_{t+1}$ を代入して求められる。**図7.3** に描いているのは、そのそれぞれの式に対応する位相線、$D\lambda = 0$ 曲線と $DK = 0$ 曲線である。この2つの曲線で経済は4つの領域に区分され、K の当初のあらゆる水準に対応して、定常状態に収束する経路（＝鞍点）がただ1つ存在し、それが最適な経路となる。

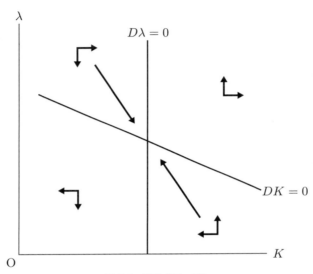

図 7.3 経済成長モデル

▶ 政府支出の効果：恒常的拡大

このモデルを用いて、政府支出拡大の効果を分析してみよう。まず、恒常的な政府支出の拡大の効果を分析する。すなわち、定常状態で均衡にあった時点 t_1 において G が増加し、しかもその増加はそれ以降も続くものとする。その政策を家計は前もって予想していなかったとしよう。

G の変化は位相線 $DK = 0$ 曲線をシフトさせる。そのシフトの仕方は、消費の限界効用 U_c の C と G に関する偏微分の大きさ（U_{cc} と U_{cg}）に依存する。もし $U_{cc} - U_{cg} < 0$ であれば、$DK = 0$ 曲線は t_1 の時点で上方にシフトし、**図7.4** に示すように、消費の限界効用 λ は古い均衡点 E_0 から新しい均衡点 E_1 へ直ちにジャンプする。資本ストックの定常水準は変化しないので、恒常的な政府支出の増加は生産量や資本蓄積になんら影響しない。政府支出が増加した分だけ民間消費が直ち

に同額減少する。

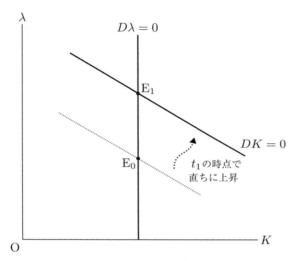

図7.4 予想されない拡大の効果

限界効用逓減の仮定により $U_{cc}<0$ であるが、U_{cg} の符号は不確定だから、必ず $U_{cc}-U_{cg}<0$ であるとは限らない。もし $U_{cc}-U_{cg}>0$ であれば、$DK=0$ 曲線は下方にシフトする。しかしこの場合でも、消費や資本蓄積、生産に与える効果は前述の場合と同様である。

次に、政府支出の t_1 時点での拡大が、それより以前の時点 t_0 で民間の家計によって予想されていたとしよう。$U_{cc}-U_{cg}<0$ の場合、**図7.5** に示すように、消費の限界効用 λ は t_0 の時点で E_0 から A へ直ちに上昇し、経済が t_1 の時点で新しい均衡への収束経路に乗るように調整される。t_1 時点以降は E_1 へ収束するように、λ は上昇し、K は低下する。

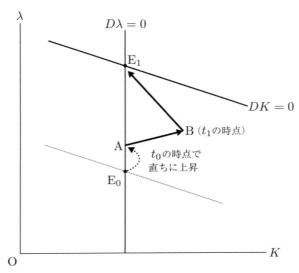

図7.5 予想された拡大の効果

　政府支出の変化が予想されない場合と比較すると、λ は t_0 時点ではより大きく、t_1 時点でより小さい。G が所与であれば、λ は C の増加とともに減少するから、両方のケースで G が同じである以上、予想されたケースの方が予想されないケースよりも、消費は t_0 時点では小さく、t_1 時点ではより大きい。これは、消費の時間的な限界効用の変化をなるべく小さくする消費の最適配分を反映している。

　直感的には次のように説明できる。もし $U_{cc} - U_{cg} < 0$ であれば、G の上昇による負担がその期の民間消費のみにしわ寄せされると（つまり、t_1 以降のすべての時点で $\dot{G} = -\dot{C}$）、λ に大きな影響がある。もし消費者が G の増加を前もって予想できれば、民間消費を t_1 より前の時点に前倒しする方が望ましい。したがって、政府支出の予想された増加は、予想されなかった場合よりも予想された時点 t_0 での消費を減少させる。

　生産と資本蓄積に与える効果は、**図7.6** にあるように、t_1 時点での生産が予想されなかった場合より予想された場合の方が高くなる。より高い生産量は t_0 から t_1 への投資の増加を反映している。将来の効用の低下に備えて、いまから貯蓄し、その準備をすると理解してもよい。

　もし $U_{cc} - U_{cg} > 0$ であれば、$DK = 0$ 曲線は下方にシフトする。同様の議論により、C は予想されたケースの方が予想されなかったケースよりも、t_0 時点で

高く、t_1 時点で低くなる。また、生産は予想されなかったケースよりも予想されたケースの方が t_1 時点で低い。

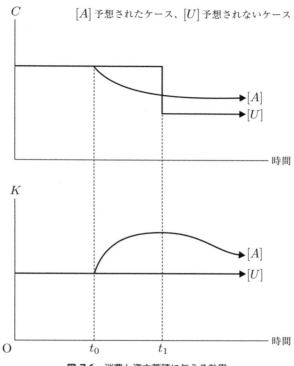

図 7.6 消費と資本蓄積に与える効果

▶ 政府支出の最適規模

政府支出の最適規模は、(7-16) 式を (7-17) 式の制約のもとで C と G について最大化することで導出される。この最適条件は、(7-19-1)(7-19-2) 式に加えて、

$$U_c = U_g \tag{7-22}$$

となる。これまで説明したように、政府支出の拡大が予想された場合と予想されない場合との相対的な効果が消費に与える影響は、$U_{cc} - U_{cg}$ の符号に依存していた。ここで、p.197 で定義した有効消費の概念を導入して、$C^* = C + \gamma G$ としよう。これは、政府支出が中立的な財であることを意味し、$U_c - U_g$ の符号と $U_{cc} - U_{cg}$ の

符号とが1対1に対応する。

$$U = U(C^*) \tag{7-23}$$

ここで、$\gamma < 1$ とおくと、$U_c > U_g$ となり、政府支出は最適規模から見て過大になる。このとき、予想された政府支出は予想されない政府支出よりも、民間消費に対してより拡張的な効果を持つ。$\gamma > 1$ であれば、逆に予想されない政府支出の方がより拡張的な効果を持つ。

一般的な効用関数の形では、もし政府支出が正常財であれば、$\dfrac{U_{cg}}{U_{cc}} - 1 < \dfrac{U_g}{U_c} - 1$ が成立する。したがって、もし $0 < \dfrac{U_{cg}}{U_{cc}} - 1$ であれば、$0 < \dfrac{U_g}{U_c} - 1$ となる。もし予想されない恒常的な政府支出の拡大が予想された拡大よりも民間消費に拡張的に働けば、政府支出は過小である。

逆に、もし政府支出が劣等財であれば、$\dfrac{U_{cg}}{U_{cc}} - 1 > \dfrac{U_g}{U_c} - 1$ となる。したがって、もし $0 > \dfrac{U_{cg}}{U_{cc}} - 1$ ならば、$0 > \dfrac{U_g}{U_c} - 1$ となる。このとき、もし予想された恒常的な政府支出の拡大が民間消費に与える効果が、予想されない場合よりも大きいならば、政府支出は過大である。

このように、予想される政府支出の拡大と予想されない政府支出の拡大との相対的な効果は、効用関数のもっともらしい定式化のもとで、政府支出の最適規模と実際の規模との乖離の方向を示唆している。

4 内生的成長モデル

▶ 内生的な経済成長

前節の最適成長モデルでは、資本蓄積は長期的に、外生的に与えられる人口成長や技術進歩によって規定され、財政金融政策と独立になる。前節のモデルでは人口成長も技術進歩も捨象したので、長期的な成長率はゼロであり、それは財政金融政策によっても変更できなかった。

内生的成長モデルでは、外生的な技術進歩や人口成長を想定しないで、長期的な成長が内生的に変化するメカニズムを導入している。このモデルでは、収穫一定や

4 内生的成長モデル

収穫逓増のもとで、均衡成長が可能となる。内生的成長モデルでは投資による私的な収益と社会的な収益の乖離を認め、市場経済で貯蓄と経済成長が必ずしも最適とならないことに注目する。私的な限界生産は逓減するが、社会的な限界生産は知識や他の外部性によって、収穫一定または収穫逓増になる可能性を考慮する。あるいは、人的資本も含む広い意味で資本が収穫一定の技術を想定する。

この意味での収穫一定の技術を想定した内生的成長モデルを考える。前節の標準的な新古典派成長モデル同様、ある代表的家計は、無限の期間についての効用を最大化する行動をとる。単純化のため、(7-16) 式とは異なり、政府支出の消費面での便益はないと考える。

$$\sum_{t=0}^{\infty} \beta^t U(c_t) \tag{7-24}$$

ここで、c は 1 人あたりの消費水準である。また、人口は一定と考える。単純化のため、効用関数は次のような対数関数の形をしているとする。

$$U(c_t) = \log c_t \tag{7-25}$$

マクロの生産関数は、

$$y_t = f(k_t) \tag{7-26}$$

であり、k_t は t 期における資本労働比率、y_t は t 期における 1 人あたりの生産量である。労働供給は一定とする。(7-25) 式の効用関数を前提とすると、$f(k_t) + k_t = c_t + k_{t+1}$ という制約式のもとでこれを最大化することになる。λ_t は t 期のラグランジュ乗数とすれば、ラグランジュ関数は次のようになる。

$$\sum_{t=0}^{\infty} \beta_t \{\log c_t - \lambda_t[f(k_t) + k_t - c_t - k_{t+1}]\}$$

この式を c_t と k_t のそれぞれについて微分してゼロとおくと、この最適化問題の解は次のようになる。

$$\frac{1}{c_t} = \lambda_t \tag{7-27-1}$$

$$\frac{\lambda_{t+1}}{\lambda_t} = \frac{1+\rho}{1+f'} \tag{7-27-2}$$

ここで f' は資本の限界生産である。(7-27-2) 式はオイラー方程式であり、(7-27-1) 式も考慮すると、消費の成長率について、次の式が導出できる。

$$\frac{c_{t+1}}{c_t} - 1 = \frac{f' - \rho}{1 + \rho} \tag{7-28}$$

資本の（私的な）限界生産が割引率よりも高ければ（$f' > \rho$、つまり右辺の符号がプラスならば）、消費を増加させることが望ましく、プラスの経済成長が実現する。

ところで、資本の限界生産逓減を仮定せず、次のような収穫一定の生産関数を想定しよう。

$$y = Ak \tag{7-29}$$

ここで $A > 0$ は一定の資本の限界生産である。限界生産が逓減しない生産関数を想定するのが、内生的成長モデルと前節までの新古典派成長モデルとの大きな相違である。

収穫一定の仮定は、資本が人的資本も含む広い概念であると考えればもっともらしいだろう。人的資本には子どもの養育費用や教育投資が含まれる。$f' = A$ を (7-28) 式に代入すると、次式を得る。

$$\gamma = \frac{A - \rho}{1 + \rho} \tag{7-30}$$

ここで γ は、1人あたりの消費の成長率を示す。

この経済では、すべての経済変数 c、k、y は γ の割合で定常的に成長している。ここで、政府部門を導入しよう。g を1人あたりの公共支出とし、公共支出は民間が無料で（料金を支払わなくても）利用可能であり、他の人の利用によっても影響を受けないとする。つまり、高速道路を例にすると、政府が高速道路をつくり、民間はそれを無料で利用でき、かつ、利用の際に混雑現象も生じず快適に利用できるとする。特に、ここでは公共支出を民間の生産に役立つものと想定しよう。生産関数は k と g に関して収穫一定とする。ここでは簡単化のため、次のようなコブ＝ダグラス型の生産関数を想定する。

$$y = Ag^\alpha$$

ここで、$0 < \alpha < 1$ である。両辺を k で割って $\Phi(x) = Ax^\alpha$ を使って表すと、

$$\frac{y}{k} = \Phi\left(\frac{g}{k}\right) = A\left(\frac{g}{k}\right)^\alpha \tag{7-31}$$

なお、ここでの政府支出はフローの概念であり、政府が公共資本を所有して生産活動に従事する可能性は考えない。

公共支出は比例的な所得税で調達される。

$$g = T = \tau y = \tau k \Phi\left(\frac{g}{k}\right) \tag{7-32}$$

ここで、T は政府の収入であり、τ は税率である。家計の数は 1 に基準化する。(7-32) 式は、均衡予算のもとでの政府の予算制約を示したものである。

生産関数 (7-31) 式の性質より、資本の限界生産は次式で与えられる。

$$\frac{\partial y}{\partial k} = \Phi\left(\frac{g}{k}\right)(1-\eta) \tag{7-33}$$

ここで η は y の g に関する弾力性であり、0 と 1 の間をとる。資本の限界生産は g を所与として計算される。言い換えると、家計は、資本や所得が変化しても公共支出は変化しないと想定している。

民間部門の最適化は、(7-28) 式において、f' を私的な資本の限界生産と置き換えたものとなるから、消費の成長率は、次式となる。

$$\gamma = \frac{\Delta c}{c} = \frac{(1-\tau)\Phi\left(\frac{g}{k}\right)(1-\eta) - \rho}{1+\rho} \tag{7-34}$$

τ が一定である限り、$\frac{g}{y}$ も一定であり、$\frac{g}{k}$ も η も一定であるから、γ も一定となる。したがって、経済成長のダイナミックスは以前と同様である。(7-34) 式から明らかなように、政策変数である τ、g は成長率を変化させる。すなわち、財政政策によって成長率が内生的に決まるモデルになっている。

▶ 成長率と政府の大きさ

政府の規模の大きさ、τ や $\frac{g}{y}$ の相違が成長率 γ に与える影響を考えてみよう。

これには2つの効果がある。1つは、τの上昇が私的な資本の限界生産を直接減少させ、γを減少させる効果である。もう1つは、$\dfrac{g}{y}$の上昇が資本の限界生産$\dfrac{\partial y}{\partial k}$それ自体を上昇させ、$\gamma$を上昇させる効果である。政府の規模が小さいときには第2の効果が支配的となるが、資本の限界生産は逓減的だから、政府の規模が大きくなるにつれて、第1の効果が支配的となる。コブ＝ダグラス型の生産関数の場合にはηがα（一定の値）と等しくなり、このαがτと等しいときに成長率も最大となる。この成長率と政府の規模との関係は**図7.7**に描かれている。

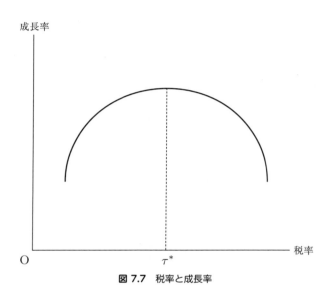

図 7.7 税率と成長率

この経済の貯蓄率sは次式で与えられる。

$$s = \frac{\dot{k}}{k}\frac{k}{y} = \gamma/\Phi\left(\frac{g}{k}\right) \tag{7-35}$$

$\dfrac{k}{y}$は$\dfrac{g}{y}$とともに減少するから、τが上昇したときに、貯蓄率は成長率よりも前に最大値をとる。

しかし市場経済では、政府が成長率γや貯蓄率sを最大にする政策を実施する必然性はない。社会厚生を最大化している慈悲的な政府であれば、代表的個人の効用の割引現在価値を最大にするような政策を実施するだろう。ηが一定の場合には、これはγを最大化することに帰着する。

政府の大きさと経済成長との関係を実証的に研究する試みは、おもに、政府消費と成長率との相関を調べることで行われてきた。これまでの多くの実証研究は、成長率と政府消費について負の相関を見いだしている。また、政府消費と政府投資を区別して、それぞれとの成長率との関係を調べると、政府消費と成長率について負の相関を見いだしている。これは非生産的な部門に資源が投入されることで、経済全体の成長率が低下するためである。これに対して、政府投資と成長率との相関関係は有意ではなかった。これは多くの国が成長率を最大化するように政府投資を操作していると考えると、本節の理論と整合性があるだろう。

マクロ経済学者

ロイ・ハロッド（Roy Forbes Harrod、1900 年～1978 年）

イギリスの経済学者。ケインズ経済学の動学化に貢献し、ハロッド・ドーマー・モデルの経済成長モデルを構築した。

エブセイ・ドーマー（Evsey David Domar、1914 年～1997 年）

アメリカの経済学者。ケインズ経済学を基礎に経済成長論を研究し、ハロッド・ドーマー・モデルを提唱した。

ロバート・マートン・ソロー（Robert Merton Solow、1924 年～）

アメリカの経済学者。経済政策や経済成長などに関するマクロ動学モデルでの業績で、1987 年にノーベル経済学賞を受賞。

ロバート・ルーカス（Robert Emerson Lucas Jr.、1937年〜）

アメリカの経済学者。合理的期待仮説に基づいた経済成長論の業績で、1995年にノーベル経済学賞を受賞。

ポール・マイケル・ローマー（Paul Michael Romer、1955年〜）

アメリカの経済学者。イノベーションが持続的な成長を生み出すメカニズムをモデル化し、内生的成長理論の確立に貢献した。

第 8 章

マクロ・ダイナミックス

景気循環とマクロ経済変動

▶ 景気循環とは

　本章では、第6章での短期的なマクロ経済活動と第7章での長期的な経済成長との中間的なマクロ経済変動である中期的な景気循環を取り上げる。マクロ経済活動水準の動向を見ると、各産業分野の活動は必ずしも同じ方向に動いているわけではない。個々の経済主体（企業や家計）を見ても、中期的に経済状態が改善している良い企業や家計もあれば、あまりかんばしくないままの企業や家計もある。しかし、おおざっぱに中期的な期間で見ると、多くの企業や家計の経済活動は、良いときと悪いときを繰り返しながら、同じ方向に変動している。そして、マクロ経済全体の活動水準も、あるときには活発になり、あるときには不活発になりながら、10年前後の中期的な期間である程度規則的に変化している。

　すなわち、ある程度の長さの中期的な期間をとると、多くの家計や企業の活動水準はバラバラではなく、マクロ経済活動と歩調を合わせて、規則的に拡張と収縮を繰り返している。このような中期的なマクロ経済の変動を景気循環と呼んでいる。特に、GDPの動きには、拡大期と縮小期が見られる。ただし、長期的に高い水準の経済成長が生じている場合には、縮小期といっても活動水準が下落することはまれであり、実際には長期的な成長トレンドから下方に乖離しているだけという状況が多い。したがって、循環は長期的な成長トレンドからの乖離幅として理解するのがもっともらしい。

　ところで、1990年代以降のわが国では経済成長率がゼロかマイナスの期間が長く続いている。こうしたマクロ経済の低迷期では、好況期であってもGDPの成長率は高くないし、ほとんどゼロのこともある。このとき多くの人々は好況を実感しにくいが、経済学では好況や不況を平均的なトレンドGDPからの乖離で見る。潜在的な成長率が低下していれば、好況期といえどもGDPの成長率はそれほど高くなく、所得が大きく増加しているわけでもない。このように景気と成長は一致しないので、経済学では景気循環と経済成長を区別することが重要である。したがって、景気対策はあくまでも経済変動の安定化を目的とするものであり、トレンドGDPの引き上げ自体は成長政策の課題になる。

　図8.1は典型的な1つの景気循環を示したものである。景気循環は、通常4つ

の局面に分けて考えられる。経済活動が上昇しつつある局面を拡張期、拡張期が終わって経済活動水準が低下し始める時期を景気の山（あるいは、上方転換点）、経済活動の下降局面を収縮期、そして、それが底に達して景気が回復し始める時期を景気の谷（あるいは、下方転換点）と呼ぶ。

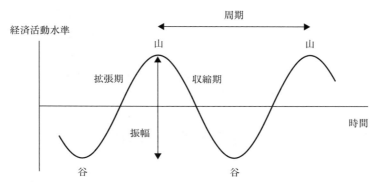

図 8.1　景気循環の形

1つの景気循環の長さは1つの山から次の山までの長さで定義され、景気の周期と呼ばれる。また、景気の山と谷の乖離の程度は振幅と呼ばれる。大きく上下に振れるほど、振幅は大きい。理論モデルでは景気循環はある程度の規則性を持って繰り返されるが、現実にはまったく同じ景気循環のパターンが必ずしも繰り返されるわけではない。

消費は景気循環のプロセスでもそれほど大きく変動しないが、投資はかなり大きく変動する。第2章でも見たように、家計は異時点間で消費をあまり変化させないように消費・貯蓄行動を調整するのが、長期的な効用の最大化という観点から望ましい。実際にも多くの家計はこのような消費の異時点間平準化行動をとっている。したがって、所得が変動しても消費はそれほど大きくは変動しない。それに対して、企業の投資は将来の経済環境に対する期待に大きく依存しており、期待が変化すると大きく変動する。その結果、経済各部門の動きを見ると、非耐久消費財部門では景気変動の振幅はあまり大きくならず、耐久消費財や投資財部門では景気の振幅はかなり大きくなる。

景気循環をその周期の長さに応じて、いくつかに分類してみよう。キッチンは、景気循環は主循環と2あるいは3の小循環から成り立っており、小循環の周期は平均して40ヶ月であることを示した。キッチンの示した小循環は、販売量との比較

により適正な量の在庫を確保すべく、生産量を調整するために生じるものである。これは在庫循環（キッチン循環）と呼ばれ、もっともよく観察される景気循環のパターンである。次に、周期が7年から10年くらいの循環は設備投資循環と呼ばれる。これは設備投資の循環を示す。そして、周期が20年くらいのものは建設循環（クズネッツ循環）と呼ばれる。建設投資の循環は、通常の設備投資の場合よりも周期が長いと考えられる。さらにコンドラチェフは、18世紀末から1920年までに2回半の景気循環を観測して、平均50年周期という長期の景気循環があることを示した。これらの景気循環は、産業革命や鉄道建設など、歴史的に見ても重要な技術革新によって引き起こされたものである。このように周期が数十年という長い循環は、コンドラチェフ循環と呼ばれる。

▶ 加速度原理と乗数の相互作用

さて、景気循環のメカニズムについて、1つの理論的枠組みを説明しよう。これはケインズ・モデルを前提に、景気循環を累積的な乗数過程の結果生じる不安定な現象と見るものである。

第6章で見たように、乗数過程は当初の外生的なショックがそれ以上の規模の総需要＝GDP の変動をもたらすという累積的な特徴を持っている。消費関数で定式化されるように、所得が増大すると消費の増加が引き起こされ、それがまた所得を増加させて、累積的に所得の増加プロセスが進行する。しかし標準的なケインズ・モデルでは、総需要の拡大が生産のさらなる拡大を引き起こす乗数過程は発散することはない。所得増の一部は必ず貯蓄として所得増から消えてしまうので、1回限りの外生的なショックによって、GDP が無限に拡大し続けることはない。やがて GDP は新しい水準に収束していく。したがって、単純な乗数過程だけでは、累積的な経済活動の活発化あるいは循環変動は説明できない。

ただし、外生的なショックがランダムに何度も生じる場合、しかも、プラスのショックとマイナスのショックが交互に生じる場合は、それによって引き起こされる GDP の変動は景気循環の変動要因となりうる。後述の「2　均衡循環理論」では、こうした原因でのサイクルを想定している。これに対して、ケインズ・モデルで景気循環を説明する場合は、モデルの中で景気循環をもたらすなんらかの経済的要因を考えている。それは乗数効果と加速度原理の相互作用である。

標準的なケインズ・モデル（IS=LM のモデル）では、投資は利子率に依存すると考えてきた。しかし、中長期的には、投資の限界メリット（＝投資の限界生産

自体もモデルの中で内生的に変化すると考える方がもっともらしい。すなわち、マクロ経済が好況になって人々の所得が増加すると、企業の将来に対する期待がより強まり、同じ利子率のもとでも投資需要が刺激される。ここで、所得の増加に応じて在庫投資や設備投資が増加すると考えてみよう。これが加速度原理の考え方である。

まず、在庫投資から考える。企業が在庫と生産（＝所得）との間にある適正な関係を維持しようとしていると、在庫投資は所得に依存する。生産が増加して適正在庫の水準も増加すれば、企業は在庫投資を活発にする。このとき、在庫投資の増加はまず所得を増加させるが、その一部は消費の増加となり、企業に対する財の需要をまた増加させる。その結果、予期せざる出荷増によって現実の在庫が減少し、再び適正在庫水準よりも現実の在庫水準が落ち込む。こうして乗数と在庫投資の相互作用が続くと、在庫は常に適正値より低くなり、在庫投資が増大して、経済拡張の圧力が常に続くことになる。

次に、加速度原理と乗数の相互作用を考えてみよう。設備投資が所得に依存する場合、生産設備と生産量との間にも適正な関係が生じる。経済が拡張しているときは、乗数効果によって所得が増加すると生産が増加し、現存の生産設備は適正な生産設備の値よりも小さくなる。これは設備投資を刺激するから、再び乗数過程を経て所得を増加させる。これがさらに生産設備に対する投資意欲を刺激して、拡張のプロセスが続いていく。このように、在庫投資、設備投資いずれに注目しても、GDP の拡大により投資が刺激される可能性を考慮すると、発散的かつ累積的な拡張プロセスをモデル化できる。

▶︎⋙ 式と図による説明

前述の乗数と投資の相互作用を式と図を用いて説明しよう。まず、t 期における投資（I）と GDP（Y）との間に、次の乗数の関係があるとする。

$$Y_t = \alpha I_t \tag{8-1}$$

ここで、α（> 1）は乗数値であり、投資 I の一定倍（α）だけ GDP が生産されることを意味する。投資関数は次のように定式化しよう。

$$I_t = v Y_{t-1} \tag{8-2}$$

つまり、前期の所得（Y_{t-1}）の一定倍の投資（v）が誘発されると考える。これは前期の所得が高ければ、将来の所得予想も高くなり、企業の投資意欲が刺激されると想定している。ここでは簡単化のために、利子率は外生的に一定と考える。すなわち投資 v は Y のみに依存する。

(8-2) 式を (8-1) 式に代入すると、次式を得る。

$$Y_t = \alpha v Y_{t-1} \tag{8-3}$$

つまり $\dfrac{Y_t}{Y_{t-1}} = \alpha v$ なので、$\alpha v > 1$ であれば $Y_t > Y_{t-1}$ となり、GDP は拡大を続けることになる。

図 8.2 は、縦軸に Y_t、横軸に Y_{t-1} をとって、(8-3) 式を描いたものである。αv が 1 よりも大きければ、**図 8.2** に示すように、Y_t と Y_{t-1} の関係を表す (8-3) 式は 45 度線の上方にあるから、累積的に GDP が拡大を続けていく。乗数値 α が大きいほど、また、前期の所得が今期の投資を誘発する程度 v が大きいほど、このような状況は生まれやすい。

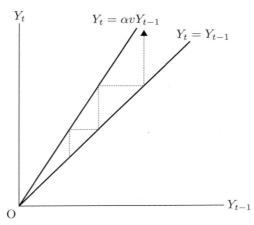

図 8.2 累積的な拡張プロセス

図 8.2 の発散的なメカニズムでは、GDP は常に拡大し続ける。これは、景気の拡大が永遠に続くことを意味する。しかし、現実にはある期間が過ぎると景気は後退期に入る。では、累積的な拡張プロセスが終わり、景気が山を迎えるのはなぜだろうか。さらに、景気が山の状態にとどまらず、反転して収縮期に入るのはなぜだ

ろうか。

　景気を反転させる要因は生産能力の上限である。その大きな要因は労働力の制約であろう。設備投資によって生産設備は拡充できても、労働力は急速には拡大しえない。もちろん、労働節約的な技術進歩があれば、ある程度（効率単位で測った）労働供給は増加する。また、内生的成長モデルが強調しているように、資本蓄積とともに経済的意味での効率単位で測った労働供給もある程度は拡大するかもしれない。

　しかし、景気の拡大局面では、設備投資や生産の増加率は、技術進歩を考慮した労働供給の増加率よりも高くなる。教育投資や熟練による労働の質の向上にはある程度の時間がかかるからだ。たとえ経済全体では完全雇用が達成されなくて労働供給に余裕があるとしても、ある基幹産業で労働者不足が発生するかもしれない。また、労働以外の生産要素、たとえば石油などのエネルギー資源や電力供給の不足が、生産の拡大にストップをかけるかもしれない。また、賃金率などの上昇によって生産コストが上昇し、採算を考えると投資の拡大が困難になるということも考えられる。

　労働供給などの制約による生産能力の上限は、企業の期待に変化をもたらす。拡大局面では将来に対する楽観的な期待が支配的であり、それが投資意欲の増加となって表れる。しかし、生産能力に対する限界が認識され、生産コストの上昇などによって企業の期待が弱まると、設備投資意欲も減少する。これは乗数過程を経て、生産の増加を抑える方向に働くので、悲観的予想をさらに強めることになる。これは投資を抑制する方向に働くため、結果として需要も低迷して、生産活動も停滞するだろう。

　ひとたび経済活動が停滞すると、そこにとどまることは不可能であろう。なぜなら、在庫と生産設備が適正値をとるなら、それ以上の在庫や生産設備の拡大は必要でなくなるため、新たな在庫投資や設備投資がきわめて低い水準に落ち込むからである。ところが、投資が落ち込むと所得は乗数倍だけ落ち込む。したがって、景気循環の山に到達した経済は、**図8.3**に示すように、そこにとどまらず、景気の縮小局面に入っていくことになる。

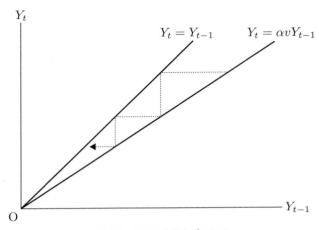

図 8.3 累積的な縮小プロセス

(8-1)(8-2)式のモデルにおいて、$\alpha v < 1$ であれば累積的な縮小プロセスが続く。企業の投資意欲が減退して v が小さくなると、この可能性が生まれる。景気の縮小局面では、拡大局面とは逆のことが起きる。すなわち、加速度原理と乗数の相互作用によってマクロ経済が累積的に収縮していく。投資需要の落ち込みが生産活動を低迷させ、また、生産活動の低迷がさらに投資需要を減退させる。

しかし、景気の縮小局面と拡大局面とでは重要な違いもある。縮小局面においては、設備投資は物理的理由によりあまり大きくは落ち込まない。言い換えると、設備を意図的に破壊、廃棄しない限り、グロスの（粗の）設備投資が負の値をとることはない。企業は新規の設備投資を控えるに過ぎない。またネットの（純の）設備投資は、グロスの設備投資から減価償却あるいは減耗分を差し引いたものであるから、ネットの設備投資は減耗分だけマイナスの値をとるに過ぎない。

では、累積的な縮小局面が終わりとなり、景気が回復するためには、どのような変化が考えられるだろうか。

1つは、新しい経済成長を支える力が働くことである。たとえば、新しい技術が開発されて、新しい市場が開拓され、企業の投資意欲が回復すれば、経済は拡張期に入る。AI、LED、IT 関連の新技術の導入により、産業全体、経済全体の投資が刺激される例などが考えられる。

また、人口が増加すれば生活必需品の需要も増加するし、食料や住宅部門への投資を呼び起こす。もちろん、時間がたてば資本の減耗も進むから、新しい投資需要もやがては刺激される。経済が回復するには、結局、投資の回復が必要なのであ

る。経済全体の基調としての成長があり、そこに投資意欲の回復があれば、乗数過程が働いて、景気は再び拡大に向かう。

(8-1) (8-2) 式のモデルでは、$\alpha v > 1$ の状況に戻れば景気が回復し、GDP の上昇局面が生じる。投資意欲が回復して v の値が大きくなることが景気の反転の条件になっている。景気が回復して、好転する大きなきっかけは新しい技術の採用、イノベーションである。シュンペーターは景気循環の原動力を革新者の革新に求めた。革新とは、新技術や新しい経営方法などの産業上の発展をいう。革新者が新しい革新を行うと、模倣するものが続いて、投資が活発となり景気が上昇する。新しい生産設備が稼働してその財が大量に生産されるようになると、価格が低下し、景気の後退がはじまる。

▶ 投資行動と景気循環

ここで、少し複雑な投資行動をモデルに導入しよう。前期の GDP がその前の期よりも増加したときに、企業の将来に対する期待が強まり、今期の投資が増加すると考える。すなわち、前期の GDP とその前の期の GDP との差によって企業の将来に対する期待が変化し、今期の投資が増減すると考える。(8-2) 式と異なり、GDP の増分が企業の将来に対する期待に影響すると考える。

$$I_t = I_0 + v(Y_{t-1} - Y_{t-2}) \tag{8-4}$$

ここで I_0 は GDP とは独立に行われる投資水準であり、外生的に所与と想定している。この投資関数のもとでは、Y_t は次式のようになる。

$$Y_t = \alpha I_0 + \alpha v(Y_{t-1} - Y_{t-2}) \tag{8-5}$$

あるいは、次のように書ける。

$$Y_t - \alpha v Y_{t-1} + \alpha v Y_{t-2} - \alpha I_0 = 0 \tag{8-5}'$$

これは 2 階の定差方程式である。$Y_t = Y_{t-1} = Y_{t-2} = Y^*$ とおいて、この式の Y_t が一定となる不動点を求めると、次のようになる。

$$Y^* = \alpha I_0 \tag{8-6}$$

この特性方程式は

$$\lambda^2 - \alpha v \lambda + \alpha v = 0 \tag{8-7}$$

である。この式の判別式を D とすると

$$D = (\alpha v)^2 - 4\alpha v \tag{8-8}$$

この D が正のとき実根が存在し、負のときは複素根が存在する。$\alpha v - 4 > 0$ でこの特性根（特性方程式を満たす値）が実根である場合、モデルの Y は時間とともに単調に発散するか、単調に不動点に収束することになる。他方、$\alpha v - 4 < 0$ で (8-7) 式の特性根が複素根の場合、このモデルで示される経済では内生的に変動（＝景気循環）が存在する。

▶ 景気対策の意味

このようなケインズ・モデルにおける景気対策の政策的含意を見ておこう。景気が大きく振幅すると、拡張期における過剰な資本の操業と、収縮期における過大な資本の不完全操業という資源の無駄を引き起こす。長期的な成長トレンドが同じであれば、景気循環の振幅が小さくなる方が労働や資本をより効率的に利用できるため、資源配分上望ましい。したがって、なるべく景気循環の振幅が大きくならないような政策的な介入が正当化される。財政金融政策によって、景気の過熱を防いだり、景気の回復を促進したりする政策が意味を持つ。

均衡循環理論

▶ 新古典派の景気循環論

新古典派のマクロ・モデルでは、マクロ財市場は中長期的に均衡していて、非自発的失業は存在しない。このようなマクロ・モデルは (1) 伸縮的な価格調整を前提とした市場均衡と (2) 合理的期待形成を前提としている。なお合理的期待形成とは、人々が現時点で入手できるすべての情報を駆使して、もっとも合理的・効率

的に将来を予測するという仮説である。過去のデータだけではなく、将来の経済状況や財政金融政策など、マクロ経済に関するあらゆる情報を利用して各人は合理的に期待を形成すると考える。したがって、期待がはずれる場合でも、一定の方向に（常に過小に、あるいは、過大に）はずれることはなく、ランダムにはずれる。

この理論では、景気循環を同じような経済活動の繰り返しとして理解するのではなく、単なる撹乱的なショックに対する反応の結果として理解する。したがって、マクロ経済活動水準が低迷する時期がたとえ長く続いたとしても、景気が悪化しているとは考えず、単に撹乱的なショックがたまたまそうした状況を引き起こしたに過ぎないと見ている。言い換えると、景気循環それ自体にはなんら資源配分上の浪費がなく、景気変動をなだらかにする政策的介入も必要ないと考える。

もちろん、より現実的な新古典派のマクロ・モデルでは、短期的に価格の調整メカニズムが働かない可能性も考慮している。その場合、短期的に非自発的失業も生じるし、景気変動は資源配分上のコストとなる。それでも、中長期的には価格の調整メカニズムがうまく働くはずであるとして、政府が裁量的な景気対策を大規模に実施することには消極的である。

▶︎ 貨幣的要因の景気循環論

ところで、新古典派的な均衡循環理論には、貨幣的要因（貨幣供給の変動によるショック）を強調する考え方と実物的な要因（技術革新など生産性に影響を与える要因、天候不順といった気象条件の変化など）を重視する考え方の2つのアプローチがある。最初に、フリードマンに代表される貨幣供給を重視する学派（マネタリスト）による、貨幣的要因に基づく循環理論を取り上げよう。これは、景気変動の要因をケインズ・モデルが強調するような投資の変動ではなく、予想されない貨幣供給量の変化ととらえる立場である。

予想されない金融政策は期待インフレ率と現実インフレ率の乖離をもたらして、短期的に実物的な効果（GDPや消費、投資など、財・サービスの経済活動に影響する効果）を持つ。合理的な期待形成を前提にしても、撹乱的な金融政策の変化は予想できない。では、予想されない金融政策、特に、予想されない貨幣量の変化がある程度撹乱的に生じると、経済活動にはどのような影響があるだろうか。

予想されないショックである以上、長期的に見ればプラスとマイナスとがほぼ同じ割合で生じているはずだから、結果として循環的な動きが生じる可能性が高い。たとえば、予想外に貨幣供給の増加率が大きく、現実インフレ率が期待インフレ率

以上になると、消費・投資需要が刺激されて GDP は拡大する。逆に貨幣供給の増加率が予想外に小さいときには、現実インフレ率は期待インフレ率以下にしかならないから、消費・投資需要は抑制されて GDP は減少する。このような撹乱的な金融政策の結果として、中期的に GDP の拡大と縮小が交互に観察されて、マクロ経済活動の循環が生まれる。

現金制約モデル

貨幣的要因による景気循環モデルにはさまざまな定式化があり、いずれも複雑なモデルを構築している。ここでは、そのうちの1つである現金制約モデルの特徴を簡単に紹介したい。

資本市場が不完全であり、貸付の金利と借入の金利が一致していない場合、当初資金をたくさん持っている家計とそうでない家計で、資産蓄積のパターンが異なる。たとえば、当初発展途上であまり借入資金を持っていない国は、将来の所得をあてにして外国から資金を借り入れる。その場合の利子率が高ければ十分に借り入れられず、高い経済成長率も実現しにくい。途上国の間での成長率格差の要因は金融市場の整備状況にも大いに依存している。

ここで、現金制約を導入してみよう。現金制約モデルでは、2種類の消費財、すなわち、現金財と信用財の区別を考える。現金財は現金でなければ購入できない財であり、信用財は現金を用いなくても購入できる財である。経済は無数の同質的な家計からなるとする。このモデルでは分析を行いやすくするため、各家計の同時点内の効用関数を次のような対数線形の形に特定化することがよくある。

$$u_t = \alpha \log c_{1t} + (1-\alpha) \log c_{2t} - \gamma h_t \tag{8-9}$$

ここで c_1 は現金財の消費、c_2 は信用財の消費、h は労働時間である。また、α は0と1の間の定数、γ は正の定数である。この特定化はシミュレーション分析を容易にするための仮定であり、理論的には一般的な関数の形でもモデルを構築できる。対数線形だと消費関数が簡単な形で導出できるため、数値計算でモデルの解の性質を調べる際に、計算が容易になるという利点がある。

現金財消費に関しては現金制約がある。t 期首におけるこの家計の現金保有額を $\hat{m}_t$ とする。これは、前期末の貨幣保有と今期首に政府から与えられる現金給付の合計から債券保有の増分を差し引いたものである。

このとき、現金制約は次の式になる。

$$p_t c_{1t} \leq \hat{m}_t \tag{8-10}$$

ここで、p_t は t 期における財 1 単位の価格である。この式は、現金財のために支出される金額（左辺）が期首の現金保有額を上回ることはできないという現金制約を表している。同時に、この家計は通常の意味での予算制約式も満たさなくてはならない。

他方、生産部門に関しては、現金財と信用財はまったく同じ技術で生産されると仮定する。その結果、現金財価格と信用財価格は均衡において等しくなる。最後に、政府は現金を発行して毎期そのすべてを給付の形で各家計に分配する。これにより、技術的ショックに加えて貨幣供給ショックが導入される。その結果、金融的な要因でマクロ経済変数が変動するなら、貨幣的な要因で景気循環を説明できることになる。

▶ 実物的景気循環理論

次に、貨幣以外の要因、特に、実物的な生産性のショックによって生じる均衡循環理論を取り上げよう。これは、実物的循環理論、あるいはリアル・ビジネス・サイクル理論と呼ばれる新古典派の景気循環論である。この理論も貨幣的な循環理論と同様に、(1) 伸縮的な価格調整を前提とした市場均衡と (2) 合理的期待形成を前提としている。

実物的循環理論（リアル・ビジネス・サイクル理論）の基本モデルでは確率的な技術ショックを導入する。いま、ある経済主体の意思決定（たとえば企業の投資計画）になんらかの時間的要素が必要であり、計画が完全に実行されるまでに時間の遅れがあるとしよう。ここで、その計画が策定された後でなんらかの外生的ショックが生じると、計画とは異なる結果が実現してしまう。たとえば、企業の投資計画策定時にはなかった生産技術上のショック（天候の変化、消費者の嗜好の変化、生産における品質管理上のショックなど）が生じると、生産水準が当初の予定とは異なってしまう。

合理的期待形成を前提としても完全予見ではないから、予想されない外生的ショックは事前にわからない。計画が実現した後ではじめて、外生的ショックが発生したことがわかる。生産に対してプラスに働くショックの場合、次期以降の将来について投資計画と消費計画が上方に修正される。その結果、マクロ経済活動は活発化する。しかし、この効果は一時的ショックによるものだから、やがてなくなっ

てしまう。このように外生的ショックが撹乱的に生じると、結果としてマクロ経済活動が活発になったり、不活発になったりして、マクロ経済変数が循環運動を示す。

技術ショックに不確実性があると、家計は消費や労働供給について確定的な選択はしない。不確実性のもとでのオイラー方程式は、今期の消費が次期の利子率および消費の期待（予想）に影響されると考える。ここで利子率が上昇して、異時点間の相対価格が低下すると今期よりも来期の消費が割安になり、来期の余暇の消費が増大して、今期の余暇消費は減少する。したがって、利子率の上昇で今期の労働供給は相対的に増加する。これは労働供給の異時点間代替仮説と呼ばれる。

次に、消費への影響を考える。所得効果は実質的な所得が増大したとき、消費がどのように影響されるかを示す。通常は所得が拡大すれば消費も増加する。貯蓄は将来消費のために行われるから、将来消費を増大させるために貯蓄も増大する。したがって、（恒常的な）実質所得が増大して、将来消費も増大するとき、貯蓄は増加する。また、代替効果は2つの財の相対価格が変化したときに、どちらの財の需要が高まるかを示す。貯蓄の収益率が上昇すると、現在消費をするよりは貯蓄をして将来消費を多くする方が相対的に有利になる。その結果、貯蓄が増大する。これが代替効果である。したがって、代替効果の観点からは資本蓄積の拡大により利子率が下がって貯蓄の収益率が低下すると、貯蓄意欲が減退する。

プラスの技術ショックがあると、次期資本の限界生産は上昇するから、家計は貯蓄をする。同時に、貯蓄の一時的な高まりにより利子率の上昇が引き起こされ、労働供給は増加する。

▶︎ モデルによる定式化

実物的循環理論を単純なモデルで説明しよう。家計全体の効用関数を次のように定式化する。

$$U = E_0 \sum_{t=0}^{\infty} \beta^t U_t \tag{8-11}$$

ここで E_0 は0期での期待値、β は主観的割引要因である。家計全体の t 期の効用 U_t は次のように定式化される。

$$U_t = (1+\eta)^t u_t \tag{8-12}$$

ここで η は人口成長率、u_t は t 期における代表的家計の効用である。この u_t は

次のように定式化される。

$$u_t = \frac{1}{1-\sigma}\left[(c_t^{1-\alpha}l_t^{\alpha})^{1-\sigma} - 1\right] \tag{8-13}$$

ここで α は消費と余暇の効用関数をコブ＝ダグラス型に特定する際のパラメータである。また、c_t は t 期の消費、l_t は t 期の余暇、σ は家計がどのくらい消費や余暇の変動を嫌うかを示すパラメータである。その逆数 $\dfrac{1}{\sigma}$ は「異時点間の代替の弾力性」である。

t 期における貯蓄を x_t とすれば、代表的家計の予算制約式は次のようになる。

$$c_t + x_t = y_t \tag{8-14}$$

ここで t 期における所得＝生産量 y_t は、次の生産関数で生産されると考える。

$$y_t = z_t(k_t^{\theta}h_t^{1-\theta}) \tag{8-15}$$

ただし z_t は技術水準、k_t は資本投入、h_t は労働投入を表す（いずれも t 期の変数）。また、θ は資本と労働の生産関数をコブ＝ダグラス型に特定する際のパラメータである。

代表的家計の時間制約は、次のようになる。

$$h_t + l_t = 1 \tag{8-16}$$

資本蓄積式は次のようになる。

$$k_{t+1} = (1-\delta)k_t + x_t \tag{8-17}$$

ここで δ は資本の減耗率である。また、技術水準は確率項と非確率項の2つからなる。

$$z_t = (1+\gamma)^{(1-\theta)t}e^{\xi_t} \tag{8-18}$$

ここで γ は技術進歩率（非確率変数）、e は自然対数の底であり、ξ_t は次のような確率変数である。

$$\xi_{t+1} = \rho \xi_t + \epsilon_{t+1} \tag{8-19}$$

ρ は絶対値が 1 よりも小さな定数であり、ϵ は平均がゼロ、標準偏差が $\sigma\epsilon$ で表現される確率変数である。これは、技術的なショックを定式化したものである。

このようなリアル・ビジネス・サイクルのモデルでは解析的に解を求めることが困難であるため、数値計算によってモデルの性質を分析するのが通常である。すなわち、こうしてモデル化されたマクロ経済に特定のパラメータを仮定して、モデルの解を数値計算で求めてみる。その結果が現実のデータの特徴と整合的であれば、モデルはもっともらしいと判定する。具体的には次のような手順がとられる。まず現実のデータと対応するモデルのパラメータの値を設定する。そのもとでモデルのシミュレーションを行う。このとき、シミュレーションを行う期間の数を現実のデータのサンプル期間と同じに設定する。攪乱項の系列を正規分布から確率的に発生させる。この結果からいくつかの統計量が計算できる。こういったシミュレーションを繰り返して、これら統計量の平均値を求める。これを現実のデータから観察される統計量と比較して、両者が似通っていれば、モデルは現実経済の特徴をよく再現できたと判断できる。

これまでの標準的な結果によると、プラスの技術ショックの後で技術ショックがゆっくり減衰していくケースでは、資本はショック時には変化せずその後徐々に増加し、ピークに達した後で標準水準に回帰していく。産出水準はショックのあった期に増加し、その後次第に標準水準へと回帰していく。消費は産出量より小幅にゆっくり反応するため、投資は消費より変動が大きい。

技術のショックはプラス、マイナス両方のケースがランダムに生じるので、こうした変動の結果、景気循環が生じる。このモデルでは市場の失敗は存在しないので、マクロ経済変動はショックに対する最適な反応として導出される。したがって、マクロ経済変動を減らそうとする政策的介入は必要ない。むしろ、無理に介入すれば、かえって経済厚生を低下させる。

▶ 内生的循環モデル

ここまで説明したような、外生的要因によってマクロ経済活動の循環的変動をモデル化する循環理論とは別に、モデルの中で循環の動き自体を発生させるモデルが内生的循環モデルである。ここでは、これまでの外生的循環モデルとは異なる内生的循環モデルを簡単に説明しよう。形式的に考えると、内生的に循環を生むメカ

ニズムとしては、次のような関係があればよい。あるマクロ経済変数、たとえば資本ストックの t 期の水準を k_t で表し、

$$k_{t+1} = \phi(k_t) \tag{8-20}$$

で示される動学的関係を想定する。今期の資本ストックの水準が与えられると、今期の貯蓄も決定され、その結果来期の資本ストックも決定される。そのような関係を定式化したのが、(8-20) 式である。

図 8.4 に示すように、この ϕ 曲線が右上がりで、かつその傾きが逓減的であれば、長期均衡点に収束していく。長期均衡点は ϕ 曲線と 45 度線との交点 E になる。この場合には、k_t は単調に増加あるいは減少していき、内生的循環は生じない。第 7 章で考察したソロー・タイプの新古典派成長モデルでは、この図のような動学的調整メカニズムを想定していた。

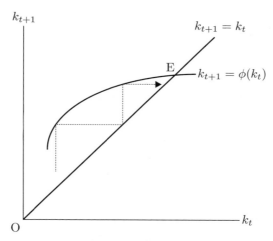

図 8.4 内生的循環のないケース

しかし、**図 8.5** に示すように、ある点を超えてこの ϕ 曲線が右下がりになれば、循環の可能性が出てくる。たとえば、**図 8.5** において A 点に対応する k_t が当初の点であるとしよう。このとき、k_{t+1} は縦軸上にある B 点に対応する高さで与えられるから、横軸では k_{t+1} は C 点になる。C 点で k が与えられると、次期の k すなわち k_{t+2} は縦軸上にある D 点に対応する高さになる。D 点と A 点とが同じ横軸上にあれば、次の k は B 点の水準になり、その次は D 点の水準になる。こうして、

k の大きさは高水準の A、D 点と低水準の B、C 点とを交互に繰り返す。つまり、外生的ショックに頼らずに内生的に循環運動が生まれる。

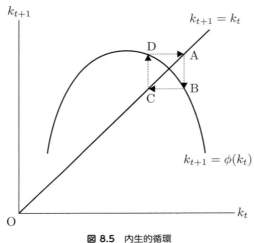

図 8.5 内生的循環

では、**図 8.5** のように、ある点を超えると右下がりになる ϕ 曲線の形状は、経済的にもっともらしく生じるだろうか。k_t を資本ストックと考えると、ϕ 曲線は貯蓄の大きさに対応する。今期の資本ストックを所与とすると、今期の貯蓄が大きいと来期の資本ストックも大きくなる。資本蓄積水準が小さい場合に、資本が増大すれば貯蓄も増加し、資本ストックの蓄積水準が大きい場合に、逆に、資本がさらに増大すると、今度は貯蓄が減少するとすれば、**図 8.5** のような ϕ 曲線が導出可能になる。

資本ストック水準が増加すれば貯蓄も増加するのは、所得効果からはもっともらしい。しかし、代替効果からは、資本蓄積が大きいとすでに資本の限界生産が小さく、貯蓄の収益率も小さくなっているから、貯蓄をする誘因も小さい。この場合、代替効果が所得効果よりも大きければ、かえって貯蓄が減る可能性が生まれる。すなわち、資本蓄積水準が小さいときに所得効果が支配的になり、資本蓄積水準が大きくなって代替効果が支配的になると、**図 8.5** のような曲線を描くことができる。こうした場合に、内生的循環が導出できる。

たとえば、

$$k_{t+1} = -k_t + 10 \tag{8-21}$$

という右下がりの関係が近似的に均衡点の近くで見られるとしよう。$k_0 = 5$ であれば、定常値 5 をずっととり続けるが、$k_0 = 2$ であれば、$k_1 = 8$、$k_2 = 2$、$k_3 = 8$、……と 2 と 8 を交互に繰り返す。$k_0 = 3$ であれば、3 と 7 を交互に繰り返す。

ただし、(8-21) 式のような簡単な定式化では好況と不況を交互に繰り返すことはモデル化できても、より現実的な景気循環のサイクルを描写できているわけではない。連続的な曲線の形で内生的に景気循環を発生させるには、微分方程式（あるいは、定差方程式）の複雑な定式化が必要となる。安定的な景気循環を扱うリミット・サイクルなどの分野では、こうした視点でさまざまな数学的モデルの構築がなされている。

3 資産価格とバブル

▶ 株価の配当仮説

マクロ経済活動の変動として、GDP、投資、消費などの実質的な経済変数が変動することを分析してきたが、財・サービス価格や資産価値などの価格変数が変動することもある。1970 年代の石油危機のときにはフローの財価格が大きく上昇して高いインフレ率を経験し、「狂乱物価」と呼ばれた。1980 年代後半から 1990 年代初頭のわが国の「バブル経済」の時期には、フローの財・サービス価格は安定していて、また、GDP などの実質的経済活動水準も大きく変動しなかったが、土地や株などのストックの資産価格が大幅に上昇した。そして、1990 年代以降の「失われた 20 年」で日本経済が低迷したときは、地価や株価が下落し続けた。その後は資産価格のみならず、フローの財・サービス価格も下落するデフレ現象が生じている。以降では、資産価格の変動について考えてみよう。

株価などの資産価格は効率的な資産市場でどのように形成されるだろうか。簡単な資産価格の決定理論を紹介しよう。ある資産を保有すると、現在のみならず将来にその資産から収益を手に入れることになる。通常のフローの消費財と異なり、資産保有のメリットは現在限りで消滅することはない。さらに、市場で売らない限

り、いったん資産を手に入れるとその所有権は永遠にその保有者のものとなる。

いま、代表的な資産として株式を想定しよう。株式を所有すると、その保有者は今期のみならず将来にその企業の利益配分を受け取る権利を有する。企業から株主への利益還元は配当である。したがって、株式を持つメリットは現在から無限の先までの配当を手に入れることである。言い換えると、株式取得のメリットは現在から将来までの配当の割引現在価値に等しい。株式取得のコスト（1株あたり）は、現在時点での株式の市場価格であるから、結局、株式の価格は配当の割引現在価値で与えられる。

もし、株価が配当の割引現在価値よりも高ければ、その株を持つコストよりもメリットの方が少ないから、株は売られ、その時点での株価は低下する。もし、逆に、株価が配当の割引現在価値よりも低ければ、その株を持つコストよりもメリットの方が大きいから、株は買われ、株価は上昇する。均衡では、株価は配当の現在価値に等しくなる。

では、株式を永遠には保有せず、将来売却しようとしている場合、株価形成はどうなるだろうか。株式を今期購入して来期に売却するとしよう。今期の購入コストは今期の株価である。株式を1期間保有するメリットは、今期に受け取る配当と来期に売却する売却代金の合計である。売却代金は来期の株価に等しい。

来期の株式の購入者がそれから先も株式を所有するとすれば、そのメリットは来期以降の配当の割引現在価値に等しい。したがって、今期の株式保有のメリットは、結局、今期の配当と来期以降の配当の割引現在価値の合計に等しくなる。これは、今期の所有者が永遠に株式を所有し続けるケースと同じである。

次に、来期の所有者が途中で株を売却するケースを想定しよう。この場合には次の所有者が株を所有すれば、それ以降の配当の割引現在価値でその時点の株価が決まるから、将来の所有者の受け取る配当の割引現在価値は来期の所有者の売却価格に反映されているはずである。

この関係を用いると、前と同様の議論により、現在の株価は現在から将来までの配当の割引現在価値に等しくなる。結局、無限の先まで誰かがその株を所有し続けていく以上、どの時点で株が売買されようと、その時点での株価はその時点から無限の先までの配当の割引現在価値に等しくなる。これが株価決定の配当仮説である。

▶ 数式による定式化

この議論を数式で定式化してみよう。t 期における株式投資と安全資産である債券への投資の裁定を考える。p_t を t 期の株価、d_t を t 期の配当、r を安全資産で一定値をとるある債券の利子率とすると、資産保有の裁定式として次式が成立する。

$$p_t(1+r) = p_{t+1} + d_t \tag{8-22}$$

ここで、左辺は p_t 円で株式を 1 株買う代わりに、債券投資する場合の $t+1$ 期での収益（＋元本）を示し、右辺は p_t 円で株式を 1 株購入し、$t+1$ 期にその株式を売却する場合の $t+1$ 期での収益を示す。なお、p_{t+1} は t 期に完全予見されると想定している。これは合理的期待形成のもっとも単純なケースである。

(8-22) 式から次式を得る。

$$\begin{aligned}
p_t &= \frac{d_t}{1+r} + \frac{p_{t+1}}{1+r} \\
&= \frac{d_t}{1+r} + \frac{d_{t+1}}{(1+r)^2} + \frac{p_{t+2}}{(1+r)^2} \\
&= \frac{d_t}{1+r} + \frac{d_{t+1}}{(1+r)^2} + \frac{d_{t+2}}{(1+r)^3} + \frac{p_{t+3}}{(1+r)^3}
\end{aligned} \tag{8-23}$$

この式において、さらに p_{t+3} を p_{t+4} に置き換え、また、その式の p_{t+4} をさらに置き換えていくと、結局、p_t は無限の先までの配当の割引現在価値に等しくなる。すなわち、次式を得る。

$$p_t = \sum_{j=1}^{\infty} \frac{d_{t+j-1}}{(1+r)^j} \tag{8-24}$$

この式の右辺は、株価のマーケット・ファンダメンタルズと呼ばれる株価の理論値である。配当仮説は、無限の先までの予想配当流列を債券利子率で割り引いた現在価値で株価が決まることを意味する。

もちろん、将来の配当や将来の利子率の動向を現時点で完全に予見することは困難である。将来の配当流列に不確実性があるときには、安全資産で運用する場合よりも株式で運用する方がリスクは大きい。リスクがある分（リスク・プレミアム）だけ株式に対する需要は減少し、それだけ株価も低下する。現在の株価が低下することで株式保有の期待収益率が上昇し、リスクを考慮して、安全資産との裁定が働

く。したがって、リスクを考慮すると、株価はリスクを考慮しない場合よりも低下する。リスク・プレミアムの分だけ将来の配当を現在価値化する際の割引率が上昇するためである。

▶ 株式市場の効率性

　株価に関する配当仮説は、資産一般の価格の決まり方に適用できる。マーケット・ファンダメンタルズに基づく資産価格形成理論を土地の場合に応用すれば、地代（土地の賃貸料）の現在から将来までの割引現在価値で地価が決まる。債券であれば、現在から将来までの利子支払いの割引現在価値で債券価格が決まる。しかし、現実の株価あるいは地価は、配当あるいは地代の割引現在価値で決まる理論的な水準とかけ離れている状況も少なくない。これは、現実の世界でバブル（定義はp.250 参照）が無視できないことを意味する。株価決定の配当仮説（地価決定の地代仮説）は、どのくらい現実的な仮説なのであろうか。この問題は実証分析の課題であり、さまざまな研究の成果が蓄積されている。

　株式市場が効率的であると、市場への参加者は将来の企業の収益について合理的な予想を形成し、裁定行動は完全に行われる。言い換えると、完全競争市場であり、かつ、期待形成に関して合理的な主体からなる市場が効率的な資産市場である。

　株価の配当仮説では、投資家の合理的行動は通常次の2つの仮定によって記述される。

(1) 各投資家は、各株式の本来的な実体価値、すなわち、株式保有から将来獲得できると予想される配当だけを基準として投資決定をする
(2) 各投資家は、他の投資家も同様に、予想される配当のみに基づいて投資し、その結果として株価の市場価格が決定されると考える

　このような状況において、株価は配当仮説で決まる。しかし、現実には市場への参加者が合理的な予想形成をしているとは限らないし、裁定行動が完全に行われているかもわからない。株式市場が効率的に運営されているかどうかを実証的にテストするには、株価の配当仮説が当てはまるかどうかをテストすればよい。

　この代表的試みが株価の分散制約テスト（volatility test）である。このテストは、株価の形成に関する次の仮定から導出される。

(1) 株式保有に対して投資家の要求する収益率、すなわち、株式保有の機会費用

は一定である
(2) 株価は、投資家が要求する収益率を割引率とする実質配当の割引現在価値に等しく決定される
(3) 将来配当に関する期待形成は合理的である

分散制約テストは、事後的な配当の流れから、配当仮説に基づいて事後的に計算できる株価の理論値と実際の株価とを比較する。実際の株価が株式市場で形成されるときには、将来の配当の流れはわからないから、予想するしかない。この予想が合理的に行われるとすると、実際の株価は事後的な配当の流れから計算される理論値よりも、そのばらつき（分散）が小さくなる。なぜなら、実際の配当を企業が行うときには、将来の時点になってはじめて予想可能となるさまざまなショック要因を反映しているから、それがばらつく分だけ理論値も大きく変動しているはずだからである。

ところが、実際のデータで検証してみると、実現した配当から計算された理論値よりも、実際の株価の方が大きく変動している。これは、合理的期待形成と配当仮説を前提とした株式市場の効率性に大きな疑問を投げかける。株価が理論的に課せられる上限をはるかに超えて変動していると、

- 株式市場での裁定（前述の（2）の仮定）が成立していないか
- 予想が合理的でないか
- バブルが存在するか

のいずれかを意味する。裁定式の成立と合理的期待形成を前提とすれば、こうした実証結果はバブルの存在を示唆している。

▶ 配当仮説とバブル

ところで (8-24) 式の配当仮説は (8-22) 式の裁定式を満たすが、(8-24) 式のみが (8-22) 式を満たすわけではない。いま、t 期の株価 p_t について

$$p_t = p_t^* + b_t \tag{8-25}$$

としてみよう。ここで、p^* は配当仮説 (8-24) 式で決まる株価の理論値である。b_t は株価がファンダメンタルズである配当に対応する水準（＝理論値）から乖離した程度を反映しており、バブルの指標とみなせる。もし、

$$b_t(1+r) = b_{t+1} \tag{8-26}$$

が成立していれば、(8-25) 式で決まる p_t も (8-22) 式の裁定関係を満足している。

このように、バブルとは現実の資産価格の不安定な変動のうち理論値で説明しきれない部分を指す。(8-26) 式は、将来の株価が少なくとも債券の利子率と同率のキャピタル・ゲインを生むものと予想されている限り、いくらでもバブルが存在する可能性を示唆している。株価の配当仮説はバブルの可能性を排除し、株価が無限に発散しないと想定している。株価に限らず、資産価格が無限大にまで発散すると考えるのは、非現実的だろう。こうした非現実的な状況を排除する考え方は、長期的な合理的期待形成仮説と呼ばれる。しかし、バブルを排除する論理的な必然性はない。裁定行動のみを前提とすれば、必ずしもバブルの可能性は排除できない。

合理的な裁定行動と資産市場の効率性を前提としてもバブルが存在しうるのは、直感的には次のように説明される。配当仮説は株価の水準に関する仮説であるが、裁定条件は株価の上昇によるキャピタル・ゲインを含む収益率が問題となっている。これは、(8-22) 式を書き直して、

$$r = \frac{p_{t+1} - p_t + d_t}{p_t} \tag{8-22}'$$

の形にすると理解できる。投資家が株価は上昇すると考えると、株式の取得価格がファンダメンタルズに対応する水準（理論価格）を上回っていても、債券の収益率以上の収益を確保することが可能であり、そのことがまた株価を上昇させる。

バブルを説明する際にまず問題となるのが、バブルの発生メカニズムである。バブルが発生するためには、バブルが無限に持続可能であるか、あるいはバブルの崩壊が不確実なものでなければならない。バブルが無限に持続可能であるためには、無限の数の市場参加者が次から次へ登場する必要がある。

バブルの発生要因にはいくつかの可能性が指摘されている。たとえば、一種のネズミ講のような無限連鎖のゲームである。これは、他人の資金を先に借り入れた人がその返済をどんどん先送りする状況に対応しており、無限に参加者が登場すれば、バブルという早い者勝ちの利得が可能となる。また、非常に稀にしか起こらないが、いったん生じると大きな影響のある事態に対する合理的反応として、現時点で資産価格がファンダメンタルズから乖離するケース（ペソ問題）もある。ペソ問題とは、1976 年、メキシコ・ペソの平価切り下げ（対外価値の引き下げ）に対する期待によってペソが先物市場で過小評価され続けた事実に由来している。特に、

実現する確率は低いが、実現すると為替レートの大幅な変動を引き起こすような将来の外生的与件や政策・制度の変化に関する期待が現在の為替レートに影響を与える現象を指す。そのようなファンダメンタルズに影響を与えるものとしては、政治的、軍事的情勢の変化（政権交代や戦争の勃発）、通貨供給ルール、平価の変更など種々の要因が幅広く考えられる。

▶ 一般物価水準と貨幣供給

ところで、一般物価水準 p は貨幣と財の相対価格であるが、貨幣という金融資産の価格であるとも考えられる。よって、資産価格の裁定式と同様な式を用いて、p を定式化することができる。いま、貨幣需要関数を次のように定式化しよう。

$$m_t - p_t = -\gamma(p_{t+1} - p_t) \tag{8-27}$$

ここで、m_t は t 期の貨幣供給量（対数）、p_t は t 期の価格（対数）、γ はインフレ率が上昇したとき貨幣需要がどれだけ減少するかを示すパラメータ（貨幣需要のインフレ弾力性）である。$m_t - p_t$ は実質貨幣残高（対数）、$p_{t+1} - p_t$ はインフレ率（対数）を意味している。この式を書き直すと、次式を得る。

$$p_t = m_t + \gamma(p_{t+1} - p_t) \tag{8-28}$$

これは、(8-22) 式を書き直して、

$$p_t = \frac{1}{r}d_t + \frac{1}{r}(p_{t+1} - p_t)$$

とした式、つまり今期の価格 p_t が m_t という配当と $p_{t+1} - p_t$ というキャピタル・ゲインの合計からなるという資産市場の裁定条件と、形式的には同じ形の式である。

p_t について解けば、次式を得る。

$$p_t = \frac{m_t}{1+\gamma} + \frac{\gamma p_{t+1}}{1+\gamma} \tag{8-29}$$

この式の p_{t+1} を同様の関係式を用いて、p_{t+2} に置き換えると、次式を得る。

$$p_t = \frac{m_t}{1+\gamma} + \frac{\gamma m_{t+1}}{(1+\gamma)^2} + \frac{\gamma^2 p_{t+2}}{(1+\gamma)^2} \tag{8-30}$$

さらに p_{t+2} を p_{t+3} に置き換えて、無限の先まで p の置き換えをすると、結局次式を得る。

$$p_t = \sum_{j=1}^{\infty} \frac{\gamma^{j-1} m_{t+j-1}}{(1+\gamma)^j} \tag{8-31}$$

この式は、物価水準が将来の貨幣供給の γ でウェイトされた割引現在価値に等しいことを意味しており、(8-24) 式に対応する。すなわち、ストック価格の一般的な決定メカニズムと同様に、将来の貨幣供給の動向により、現在の価格水準が大きく影響される。将来政府が貨幣供給を拡大させるという予想があると、実際の貨幣供給が変化しなくても、それが予想された時点ですぐに価格は上昇する。

経済変動の経済学者

サイモン・スミス・クズネッツ (Simon Smith Kuznets、1901 年～1985 年)

アメリカの経済学者、統計学者。アメリカの経済時系列データに 15 年から 20 年の周期的変動（クズネッツ循環）があることを示し、1971 年にノーベル経済学賞を受賞。

ニコライ・ドミートリエヴィチ・コンドラチェフ (Nikolai Dmitriyevich Kondratiev、1892 年～1938 年)

ロシア（ソビエト連邦）の経済学者。国民経済が 40～60 年規模の好不況からなる景気循環（コンドラチェフ循環）を持つことを示した。

ヨーゼフ・アロイス・シュンペーター (Joseph Alois Schumpeter、1883 年～1950 年)

アメリカの経済学者。企業者によるイノベーション（革新）がマクロ経済を変動させると主張した。

第 9 章

世代と経済学

公債発行と課税

▶ 世代重複モデル

　少子高齢化社会では、世代の観点からの研究が積極的に行われており、経済学でも盛んになっている。特にわが国は、高齢化のスピードが世界一である上に、財政赤字を累増させている点でも世界で突出している。こうした社会では、経済政策の効果も世代間で大きく異なる。本章では財政赤字の世代間負担について議論したい。公債発行が常態化し、将来世代への負担の先送りが懸念されるわが国において、この問題への対処はもっとも重要な政策課題の1つである。

　世代の経済問題を分析する手法もさまざまなものがあるが、中でも有力な理論モデルは世代重複モデルである。世代重複モデルは、ミクロ経済学でもマクロ経済学でも、モデル化の標準的な手法の1つとして広く活用されている。このモデルは、公債発行の問題のみならず、経済成長や貨幣の役割、資源配分の効率性の分析などさまざまな応用分野で用いられている。

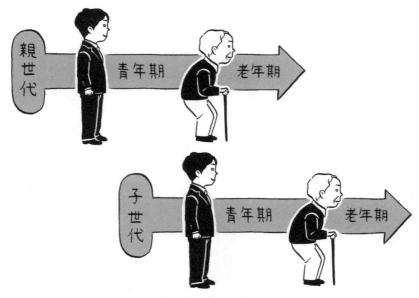

世代の経済問題を分析する

2つの世代が共存しながら交代していく標準的な2期間世代重複モデルを想定する。それぞれの世代は2期間（青年期と老年期）生存する。ある世代が青年期のときに親の世代は老年期である。その世代が老年期になると、親世代はいなくなり、子どもの世代が青年期として登場する。そのように常に2世代が重複して存在しているモデルである。2世代のみが重複する世界は非現実的である。実際の世界では多くの世代が共存している。子どもの世代や若者の世代、子育てのファミリー世代、働き盛りの中年世代、引退した老年世代など、さまざまな世代が重複している。こうした多くの世代を考慮したモデル化も可能であるし、事実、シミュレーション分析では1年単位で異なる世代の共存を想定した60年程度の多期間世代重複モデルも使われている。しかし理論的な議論は、2つの世代（青年世代と老年世代）のみの重複を考える単純なモデルで十分に分析可能である。この場合、1期（青年期と老年期のそれぞれ）は30年程度と想定してよい。なお、このモデルでは人々が経済活動を自力で行う時期を想定するので、誕生から労働市場に入るまでの子どもの時期は明示的に考慮していない。したがって実年齢にたとえると、青年期は20代から50代、老年期は60代から80代くらいに相当する。

ある世代が老年期になると、次の世代が青年期としてモデルに登場する。各世代は、青年期に働いて労働所得を得て、それを消費と老年期への貯蓄にまわす。老年期には、貯蓄の元本と収益をすべてその期の消費にまわす。

この節では公債発行と課税という2つの事象をより純粋な形で比較するため、政府の財源調達が公債発行のみによる場合と課税のみによる場合を取り上げる。政府は0期に一定の政府支出を行う。そのための財源調達手段として公債発行と課税のどちらかを選択する。公債が将来世代に与える負担は、他の財源調達の手段と比較して、将来世代の経済厚生がどのような影響を受けるかで分析できる。

課税調達の場合と公債調達の場合で、将来世代の効用の変化にどのような相違が見られるのかを分析してみよう。課税と公債という2つの調達手段の相違を明確にするため、課税の場合は0期ですべて調達し、公債の場合は無限に借換債を発行し続けるものとする。また単純化のため、1期以降ではなんら政府支出を行わないとする。

▶ 課税調達の場合

まず課税調達の場合から、将来世代に与える影響を検討するモデルを構築しよう。i期に青年期となる世代を世代iと呼ぶと、世代0に属する代表的個人の最適

化行動は次のように定式化される。

最大化 　　$U(c_0^1, c_1^2)$

制約条件 　$c_0^1 = w_0 - s_0 - T_0$ 　　　　　　　　　　　　　　　　　(9-1)
　　　　　$c_1^2 = (1 + r_1)s_0$

ここで、c_i^1 と c_{i+1}^2 は世代 i の代表的個人の青年期と老年期の消費量、w_i は i 期の賃金率（＝賃金所得）、s_i は世代 i の代表的個人の貯蓄、r_i は i 期での資本利子率、T_0 は世代 0 の 1 人あたりの一括固定税額である。世代 0 は 0 期のみ賃金所得を得て、それをその期の消費と貯蓄と税の支払いにまわす。1 期では 0 期の貯蓄元本と収益をすべて消費にまわす。政府は 0 期のみで課税する。なお、青年期の 1 人あたりの労働供給は外生的に一定であり、1 に基準化している。

(9-1) 式の最大化問題を解くと、世代 0 の 1 人あたりの貯蓄関数は次のようになる。

$$s_0 = S(w_0 - T_0, r_1) \tag{9-2}$$

第 2 章の「3　消費と貯蓄」でも説明したように、来期の消費は正常財であるから世代 0 の貯蓄は可処分所得 $w_0 - T_0$ の増加関数であるが、利子率に関しては代替効果と所得効果が相殺する方向に働くから貯蓄への効果は不確定になる。

0 期の政府の予算制約として、次式が成立する。議論を単純化するため、1 期以降では政府はなんら経済活動をしないと想定する。

$$g_0 = T_0 \tag{9-3}$$

ここで、g_0 は世代 0 の（1 人あたりで測った）政府支出である。これは消費的な公共支出[注1]であって、0 期限りであり、将来世代へのなんの便益ももたらさないと想定する。

世代 0 の貯蓄は、1 期に資本ストックとして生産に用いられる。なお、0 期における老年世代は負の貯蓄をして資源を消費する。マクロ経済全体の貯蓄は青年世代のプラスの貯蓄と老年世代のマイナスの貯蓄との差額になり、この額だけ資本ストッ

注1　消費的な公共支出：公務員の人件費（公共的なサービス提供の費用）、教育費など、その期にだけ便益がある経常的な支出。

クは増大する。したがって、次式で定式化される「青年世代の貯蓄＝次期の資本ストック」という関係式は「マクロの貯蓄＝投資（あるいは青年世代のプラスの貯蓄と老年世代のマイナスの貯蓄の差額＝資本ストックの増分）」とは一致していない。

$$L_0 s_0 = K_1$$

なお、L_0 は世代 0 の人口、L_1 は世代 1 の人口、K_1 は第 1 期の資本ストックである。この式の両辺を L_0 で割ると、

$$s_0 = \frac{K_1}{L_1} \frac{L_1}{L_0}$$

となる。ここから次式を得る。

$$s_0 = (1+n)k_1 \tag{9-4}$$

この式は世代重複モデルでの資本蓄積式とみなせる。ここで、n はすべての期で一定の人口成長率 $\frac{L_1}{L_0} - 1$、k_1 は 1 期での資本労働比率 $\frac{K_1}{L_1}$ である。

世代 1 以降の将来世代における個人の最適化行動は、次式で与えられる[注2]。

$$\begin{aligned}
\text{最大化} \quad & U(c_t^1, c_{t+1}^2) \\
\text{制約条件} \quad & c_t^1 = w_t - s_t \\
& c_{t+1}^2 = (1+r_{t+1})s_t \quad (t = 1, 2, \cdots)
\end{aligned} \tag{9-5}$$

0 期での政府支出はすべて世代 0 への課税で賄われるから、世代 1 は課税されない。もちろん、世代 2 以降の将来世代も課税されない。つまり、世代 1 以降は実質的に政府の活動が存在しない。したがって、世代 t の貯蓄関数は、

$$s_t = S(w_t, r_{t+1}) \tag{9-6}$$

となる。(9-4) 式に対応して、$t+1$ 期以降の資本蓄積は次のように定式化される。

$$s_t = (1+n)k_{t+1} \tag{9-7}$$

注2　世代を示す添え字：i は、現在世代である世代 0 から無限の先の世代までの全世代を対象としている。一方、t は、世代 1 以降の将来世代を総称している。

最後に、資本と労働の最適な生産投入の関係を表す要素価格フロンティア[注3]より、常に

$$w_t = w(r_t), \qquad w'(r_t) = -k_t \tag{9-8}$$

が成立する。この式は、生産に投入される資本と労働が最適となる条件、すなわち「利子率＝資本の限界生産」と「賃金率＝労働の限界生産」を示す関係式

$$r_t = f'(k_t), \qquad w_t = f(k_t) - r_t k_t \tag{9-9}$$

について、$r_t = f'(k_t)$ を k_t について解き、その式を $w_t = f(k_t) - r_t k_t$ に代入すると得られる。なお、関数 $f(k_t)$ は (7-6) 式と同じマクロ生産関数である。(7-6) 式を t 期における 1 人あたりの生産 $y_t = \dfrac{Y}{L}$ と $k_t = \dfrac{K}{L}$ で置き換えると、

$$y_t = f(k_t)$$

となる。企業は L の 1 単位あたりの利潤 $f(k_t) - r_t k_t - w_t$ を k_t について最大化するように行動するから、完全競争を仮定し、企業の利潤を k について微分してゼロとおくと (9-9) 式が導かれる。生産関数では限界生産が逓減すると仮定されているため $f' > 0$ かつ $f'' < 0$ であり、r_t と k_t には負の相関がある。

したがってこの世代重複モデルは、r_0 と g_0 を初期値とした次の 2 式にまとめられる。

$$S[w(r_0) - g_0, r_1] = -(1+n)w'(r_1) \tag{9-10}$$
$$S[w(r_t), r_{t+1}] = -(1+n)w'(r_{t+1}) \tag{9-11}$$

あるいは、(9-10) 式より r_1 が求められるから、r_1 を初期値とすると (9-11) 式だけでモデルを表すこともできる。

課税調達のケースにおいて体系が安定していると仮定しよう。安定条件は次のようになる。

注3　要素価格フロンティア：資本と労働の最適な生産投入に対応する要素価格（利子率と賃金率）の組合せを示す曲線。利子率が上昇すれば、資本から労働への代替が必要になるため賃金率を下げる必要がある。したがって、両方の要素価格は負の関係になる。

$$-1 < \frac{r_{t+1}}{r_t} < 1$$

これは、資本と労働の代替の弾力性が高ければ成立する。生産要素間での代替可能性が高いと、生産構造を柔軟に変化できるので、モデルはより安定的になる。この条件はもっともらしいだろう。

さて、この経済モデルにおける将来世代の効用の変化を調べてみよう。世代 t の効用を U_t と表すことにする。世代 t にとっての初期値である r_t が小さいほど、あるいは世代 t が生まれてくるときに前の世代から与えられる資本蓄積の水準 k_t が高いほど、彼(彼女)の効用は高くなる。k_t が高いと、w_t が高くなるからである。w_t の上昇は t 期に彼(彼女)に与えられる補助金の増加と同じであるから、U_t が上昇すると考えるのはもっともらしい。ただし、資本が蓄積するケース($k_{t+1} > k_t$)では、k_{t+1} も高くなるので r_{t+1} は低くなる。k_t の上昇(r_t の低下)は U_t にとってプラスに、r_{t+1} の低下はマイナスに働く。安定条件のもとでは、資本と労働の代替可能性が高く、k_t の増加で w_t が大きく増加すると考えられるから、前者の効果が後者の効果を上回り、総合的にはプラスに働く可能性が高い。したがって、資本労働比率が単調に増加する成長経路では各世代の効用も単調に増加する。経済成長は経済厚生を向上させる。

r_1 が定常状態での利子率 r^* よりも大きい(1 期の資本労働比率が長期均衡での資本労働比率よりも小さい)と仮定すると、安定条件より資本蓄積は単調に増加し、各世代の効用も長期均衡での効用 U^* に向かって単調に増加する。経済が成長する以上、将来世代の効用が増大するのはもっともらしい。

▶ 公債調達の場合

次に、公債調達の世代重複モデルを定式化しよう。世代 0 の代表的個人の最適化行動は、(9-1) 式の代わりに、

最大化　　$U(c_0^1, c_0^2)$

制約条件　$c_0^1 = w_0 - s_0 - b_0$ 　　　　　　　　　　　　　　(9-12)
　　　　　$c_1^2 = (1 + r_1)(s_0 + b_0)$

となる。ここで、b_0 と s_0 はそれぞれ世代 0 の 1 人あたりの公債発行量と民間貯蓄である。公債と資本の収益率は同じであり、両者は完全代替であると考える。このとき、彼(彼女)の貯蓄関数は次のようになる。

$$s_0 = S(w_0, r_1) - b_0 \tag{9-13}$$

すなわち、彼（彼女）にとっては b_0 も s_0 もまったく同一の貯蓄手段であるから、最適な総貯蓄 $S(w_0, r_1)$ の内訳は無差別になる。$S(w_0, r_1)$ は s_0 と b_0 の合計に等しい。

政府の予算制約式は、(9-3) 式の代わりに次式となる。

$$g_0 = b_0 \tag{9-14}$$

また、青年世代の民間貯蓄は次期の資本ストックになるから、1 期における資本ストックは (9-4) 式で与えられる。

世代 1 以降の将来世代に関して課税調達の場合と違うのは、公債が借換債の形で無限に発行され続け、増税がずっと先送りされる点である。1 期以降における政府の予算制約式は次のようになる。

$$L_t b_t = L_{t-1} b_{t-1}(1 + r_t) \tag{9-15}$$

ここで、L_t は世代 t の人口、b_t は世代 t における 1 人あたりの公債発行量である。将来世代も (9-12) 式と同様の公債を考慮した最適化行動をとり、(9-13) 式と同じ形の貯蓄関数を得る。モデルの構造は、政府の政策以外は課税調達の場合と同じなので、(9-7)(9-8) 式は課税調達の場合と同様にここでも成立する。したがってこの世代重複モデルは、r_0 と b_0 を初期値とした次の 2 式にまとめられる。

$$b_{t+1} = \frac{(1 + r_{t+1})b_t}{1 + n} \tag{9-16}$$

$$S[w(r_t), r_{t+1}] = -(1+n)w'(r_{t+1}) + b_t \tag{9-17}$$

▶ 位相図による分析

この経済の動学的特徴は、位相図を用いて分析できる。位相線を書くには、r_{t+1} と b_{t+1} をそれぞれ、r_t と b_t の関数の形に書き直す必要がある。まず (9-17) 式から次式を得る。

$$r_{t+1} = R(r_t, b_t) \tag{9-18}$$

ここで

$$R_r = \frac{\partial r_{t+1}}{\partial r_t} = -\frac{S_w w'}{S_r + (1+n)w''} \tag{9-19-1}$$

$$R_b = \frac{\partial r_{t+1}}{\partial b_t} = \frac{1}{S_r + (1+n)w''} \tag{9-19-2}$$

である。なお、S_w と S_r は S を w_t と r_t のそれぞれで偏微分したときの微分係数である。r_t の変化を分析するため、$r_{t+1} = r_t$ となる (b, r) の組合せを考える。これが位相線 rr である。(9-18) 式よりこの線は次の式で与えられる。

$$r = R(r, b) \tag{9-20}$$

(9-20) 式を微分すると、次式を得る。これが位相線 rr の傾きを決める。

$$\frac{db}{dr} = (1+n)w'' + S_w w' + S_r \tag{9-21}$$

(9-21) 式は資本と労働における代替の弾力性が大きいとプラスになる。これは w'' の大きさに対応し、これが大きいほどモデルは安定になる。不等式 $(1+n)w'' + S_w w' + S_r > 0$ は、このような世代重複型の基本モデル（公債発行がない純粋な世代重複モデル）の安定条件である。これを仮定する。また S_r の符号は不確定なので、単純化のためにこれをゼロとする。したがって、rr 線は右上がりとなる。(9-19-2) 式から $\frac{\partial r_{t+1}}{\partial b_t}$ はプラスである。これは、rr 線の上方で $r_{t+1} > r_t$ となり、下方で $r_{t+1} < r_t$ となることを意味する。つまり、もし b が変化しないとすれば、位相線 rr の上方で r は増加し、下方で r は減少する。

次に b_t の動きを分析する。(9-16) 式から次式を得る。

$$b_{t+1} = \hat{B}(r_{t+1}, b_t)$$

(9-18) 式をこの式に代入すると、次式を得る。

$$b_{t+1} = \hat{B}[R(r_t, b_t), b_t] = B(r_t, b_t) \tag{9-22}$$

ここで

$$B_r = \frac{\partial b_{t+1}}{\partial r_t} = \frac{R_r b}{1+n} \tag{9-23-1}$$

$$B_b = \frac{\partial b_{t+1}}{\partial b_t} = \frac{R_b b + 1 + r}{1 + n} \tag{9-23-2}$$

である。定常状態において（9-22）式を満たす (b, r) の組合せが位相線 bb であり、これを微分して次式を得る。これが位相線 bb の傾きになる。

$$\frac{\mathrm{d}b}{\mathrm{d}r} = -\frac{R_r}{R_b} = S_w w' \tag{9-24}$$

これは負であり、位相線 bb は右下がりになる。(9-23-1) 式から、bb 線の右側では $b_{t+1} > b_t$ となり、左側では $b_{t+1} < b_t$ となる。つまり、r が変化しない場合、bb 線の右側で b は増加し、左側で b は減少する。$b = 0$ のときの r を r^* と示すと、この r^* は課税調達の場合の長期均衡の r^* と一致する。

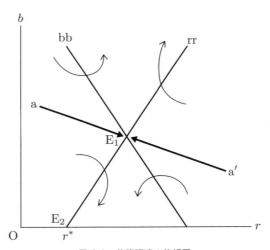

図 9.1 公債調達の位相図

bb 曲線と rr 曲線をまとめると、**図 9.1** に示す位相図を得る。長期均衡点 E_1 は不安定な均衡点（鞍点）である。境界線 aa′ は長期均衡点 E_1 に収束する唯一の経路を示す。境界線 aa′ の右上方に経済があれば、最終的に b と r はともに増加し続ける状況になる。これは、いずれ公債残高が増大し、資本蓄積が減少していく破局的状況である。境界線 aa′ の左下方に経済がある場合、$b = 0$ となったときにそれ以上の公債発行をやめれば、E_2 点へ収束する。

さて、公債調達の場合に将来世代の効用がどう変化するのかを分析しよう。世代

t の効用は、その世代にとって与件である r_t および b_t の水準に依存する。最初に b_t を固定しておいて r_t が U_t に与える効果 $\dfrac{\partial U_t}{\partial r_t}$ を調べてみよう。これは課税調達の場合の r_t が U_t に与える効果と同様である。よって同様の議論より、$\dfrac{\partial U_t}{\partial r_t} < 0$ となる。資本蓄積が増加すると、賃金所得も増加するため、資本蓄積によるこの直接的な効果は将来世代の効用を増加させる。次に r_t を固定しておいて、課税調達の場合の安定条件のもとで b_t が U_t に与える効果を調べる。b_t の上昇は r_{t+1} を上昇させる。同じ r_t のもとで r_{t+1} が上昇すれば、世代 t の生涯にわたる消費機会は拡大するから、U_t は増加する。すなわち $\dfrac{\partial U_t}{\partial b_t} > 0$ といえる。したがって、r が減少し、b が増加する経路で U_t は単調に増加する。しかし r と b が同方向に変化する経路では、両方の効果が相殺する方向に働くから、U_t に与える総合的効果は不確定である。r が増加し b が減少するケースは、r が減少し b が増加するケースとはちょうど反対であるから、U_t は単調に減少する。

ここまでの分析に基づいて、0 期での政府支出の拡大を公債調達で賄う場合に将来世代の効用が受ける影響をまとめてみよう。課税の場合と同じく、当初は資本蓄積が増加する状況 ($r_0 > r^*$) を想定する。公債調達の効果を考察するため、おもに b が増加する場合に注目すると、$g_0 = b_0$ の大きさに応じて 3 つのケースに分けることができる。

(i) b_0 が境界線 aa′ 上にあるケース

E_1 点へ収束するケースだから、b が増加し、r が減少する。U_t は単調に増加する。長期的に $r = n$ の黄金律の効用水準に収束していく。もっとも望ましいケースである。

(ii) b_0 が境界線 aa′ の下方にあるケース

E_2 点へ収束するケースである。$r > n$ の状況では、r が低下し、b が増加するから、U_t は増加する。$r < n$ になると、効用の変化は不確定となる。b がゼロになったときに、それ以上の b の調整をやめて均衡財政を維持すれば、長期的に $b = 0$、$r = r^*$ である課税調達の場合の効用水準 U^* に収束していく。

(iii) b_0 が境界線 aa' の上方にあるケース

b_0 が (i) の場合より大きく、長期的に r と b がともに増加していくケースである。当初は r が減少して b が増加するから効用は増加するが、rr 曲線を越えると r が上昇し始めて効用の変化は不確定となる。r と b がともに増加し続けると、やがて民間貯蓄がゼロに近づき、r の上昇すなわち資本蓄積が減少する効果が支配的となり、効用は低下する。よって、長期的に効用は最低水準に落ち込む。

▶ 公債の負担とはなにか

課税調達と公債調達の比較を通じて公債の負担とはなにかを考えてみよう。最初に、課税方法の相違が世代 0 の効用に及ぼす影響を考える。政府支出が世代 0 の効用に与える効果は、課税調達ではマイナスである。もちろんこれは、政府支出の直接の便益を無視したもので、税負担それ自体の効果である。0 期に世代 0 に課せられる税額が増加すれば、その世代の効用は当然減少する。これに対して、公債調達の場合は世代 0 の効用が増加する。なぜなら、(9-12) 式より g_0 の増加は s_0 を減少させて r_1 を上昇させ、U_0 を上昇させるからである。$g_0 = 0$ のとき、当然調達方法に関わらず U_0 は等しいから、$g_0 > 0$ のとき、課税調達よりも公債調達の方が U_0 は高い。すなわち現在世代（世代 0）にとって、課税よりも公債で調達する方が税負担を先送りできるため効用は高く、その意味で負担が軽い。

では、世代 1 以降の将来世代はどうであろうか。現在世代に近い将来世代と現在世代から遠く離れた将来世代に区別して考えることが有益だろう。まず前者を代表するものとして、世代 1 を取り上げる。課税調達の場合、g_0 が U_1 に与える効果はマイナスである。g_0 の増加は、(9-10) 式より s_0 を減少させて r_1 を上昇させ、w_1 を減少させるので (9-5) 式より U_1 を低下させる。これに対して公債調達の場合は、$r_0 > n$ で rr 線の下方に初期状態がある限り、すなわち r_1 が r_0 より小さく、b_0 より b_1 が大きい限り、U_1 は U_0 より高い。g_0 の増加は U_0 にプラスに働くから、U_1 にもプラスに働くことがわかる。したがって世代 1 にとっても、公債調達の方が課税調達よりも効用が高くなる。すなわち、現在世代と近い将来世代にとっては、現在世代と同様に公債調達の方が効用は高く負担は軽い。公債の償還が先送りされる限り、公債の負担は現在世代と近い将来世代には転嫁されない。

次に、現在世代から遠く離れた世代として、$t \to \infty$ の長期均衡下にある遠い将来世代を取り上げる。課税調達の場合、長期均衡における r^* は g_0 とは独立に決ま

るから、長期均衡における将来世代の効用は g_0 に依存せず、$g_0 = 0$ の場合と一致する。公債調達の場合は、g_0 の大きさによって3つに分けて考えることができる。境界線 aa′ 上にある g_0 を g_0^* とおくと、$g_0 = g_0^*$ のケースでは、$r = n$ の黄金律に収束する。黄金律下の世代の効用は長期均衡下にある世代の効用の中ではもっとも高いから、公債調達の場合よりも高い。したがってこのケースでは、公債の負担は長期的にも生じない。$g_0 < g_0^*$ のケースでは、課税調達と同じ長期均衡が実現できるから、長期均衡下の世代の効用も等しい。よって公債の負担は生じない。$g_0 > g_0^*$ のケースでは、公債調達を行うと将来世代の効用は最低水準まで落ち込む。したがって、このケースでは公債の負担が長期的に生じている。

　これらの結果は、次のようにまとめることができる。公債の償還を無限の先まで先送りするとき、必ずしも利害はすべての将来世代にとって共通とは限らない。将来世代といっても、どの程度先の将来世代を問題とするかが重要である。すなわち、公債の負担が将来世代に転嫁されるとしても、それは現在世代に近い将来世代ではなく、現在世代から遠く離れた将来世代である。公債の償還のために借換債が発行されて増税が先送りされる場合、現在世代に近い将来世代にとって公債の発行の効果はむしろプラスとなる。また遠く離れた将来世代にとっても、$g_0 < g_0^*$ であれば、公債の負担は生じない。$g_0 = g_0^*$ なら長期的にもプラスとなる。公債の負担は、$g_0 > g_0^*$ のケースで、遠く離れた将来世代に生じるという意味で限定的に解釈すべきである。ただし、公債調達は現在世代に負担を感じさせずに便益をもたらすから、借換債の発行で増税が先送りされる状況では g_0 が増加しやすい。これは $g_0 > g_0^*$ となる可能性を高くする。

　民主主義では選挙で政策が決まる。将来世代に選挙権はないから、将来世代の意向を反映する政策は実施されにくい。現在世代が将来世代のことを多少とも考慮して政策を決める場合でも、現在世代に近い将来世代の方を重視すると考えられる。遠く離れた将来世代の厚生を重視する現在世代はまれだろう。したがって、公債調達の場合は安易に公債が発行されて、公債の負担が借換債の発行という形で将来にずっと先送りされがちになる。

2 中立命題

▶ リカードの中立命題

　前節では、課税調達と比較して、公債発行によって負担が将来世代に転嫁される可能性を指摘した。この節では、それと正反対の議論として、両方の調達方法に差異はなく、公債発行によってもなんら負担が将来世代に転嫁されないとする主張（中立命題）を検討しよう。

　公債発行と公債償還とが同一の世代に限定されているなら、あるいは代表的家計が無限期間生存しているなら、ある一定の政府支出を公債発行か課税調達かで賄うのはまったく同じ効果を持つ。これは、人々が自らの生涯におけるすべての期間に関心を持つことを前提としている。公債の償還のためにいずれ増税されるのが確実にわかっているなら、いつ増税されるかはあまり重要ではない。課税調達のときと現在価値で見て同じ税金を支払うのであれば、公債発行と課税調達とに差はない。この議論はリカードの中立命題と呼ばれている。

　生涯にわたる予算制約式に基づいて最適化行動をする限り、どの時点で課税されてもその現在価値は同じであり、生涯にわたる予算制約も同じとなる。課税と公債とでなんら相違はない。この命題は、人々が異時点間で自由に資金を貸し借りできる、流動性制約がない状態であること、そして政府が将来増税する必要があることを人々が正しく認識していることを前提としている。このリカードの中立命題は、その仮定を認める限り理論的に妥当である。

　リカードの中立命題を簡単な数値例で考えてみよう。政府支出は一定であるとし、今年1万円の減税を実施し、その財源として公債を発行するとしよう。公債は1年満期であり、来年に償還される。利子率を5％とすると、来年には1万500円だけ償還のために増税しなければならない。今年1万円減税される代わりに、来年1万500円の増税が行われる。人々の税負担の総額はどう変化するだろうか。税負担の現在価値は、

$$-1 + \frac{1.05}{1+0.05} = 0 \tag{9-25}$$

となる。すなわち、今年の減税と来年の増税とは、ちょうど相殺されてネットではゼロとなる。税負担の総額が変わらなければ、その人の恒常的な所得も変化せず、

したがって消費も変化しない。今年の減税政策によって今年の消費は刺激されず、また来年の増税政策によっても来年の消費は変化しない。

では公債の満期が来年にくるのではなく、もっと先まで伸ばされると、この議論はどうなるだろうか。政府は公債をいったん発行すると償還することをせず、毎年毎年利子だけを支払い続ける。来年以降、政府は毎年500円だけ利子を支払うから、その分だけ増税しなくてはならない。したがって今年1万円減税する代わりに、来年以降500円だけ毎年増税が行われる。税負担の総額と現在価値を求めると、無限等比数列の和の公式より

$$-1 + \frac{0.05}{1.05} + \frac{0.05}{(1.05)^2} + \cdots = -1 + \frac{0.05}{1.05} \frac{1}{1 - \frac{1}{1.05}} = -1 + 1 = 0 \quad (9\text{-}26)$$

となる。今度のケースでも、今年の減税と来年以降の増税はちょうど相殺されてネットではゼロとなる。公債をいつ償還するかは、利払いのための増税を考慮に入れるとそれほど重要なことではない。

▶ バローの中立命題

リカードの中立命題が非現実的であるケースは、公債発行と公債償還とが世代をまたいでなされるときである。すなわち、現在発行する公債の償還を先送りし、借換債を発行していけば、現在世代が死んでから公債が償還されることになる。あるいは先の数値例で説明した、償還しないで利払い分だけ将来世代に増税が行われるケースのように、無限の先まで増税が及ぶこともある。この場合、公債を発行してそれを先送りする現在世代は、償還のための増税という負担を将来世代に転嫁することができる。リカードの中立命題は成立しない。前節の議論では、こうした状況を想定した。

この場合にも課税と公債の無差別を主張するのが、遺産による世代間での自発的な再配分効果を考慮するバローの中立命題である。バローは、親の世代が子の効用にも関心を持つことを指摘し、その結果、子の子である孫の世代、さらにその子であるひ孫の世代の効用にも関心を持つことを示した。これは結局、無限の先の世代についてまで間接的に関心を持つことを意味する。よって、いくら公債の償還が先送りされても、人々は自らの生涯の間に償還があるときと同じように行動する。とすれば、公債発行と償還のための課税が同一の世代で行われなくても、中立命題が成立する。公債の償還が先送りされればその分だけ、将来世代の負担が増えないよ

うに現在世代は遺産を増やす。遺産を納税準備金として将来世代に残すと考えてもよい。

前節の世代重複モデルを修正して、バローの中立命題を説明しよう。このモデルに遺産 e_t を導入すると、世代 t の代表的個人の予算制約は次のように定式化される。

$$c_t^1 = w_t - s_t - T_t^1 + \frac{e_t}{1+n} - b_t \tag{9-27}$$

$$c_{t+1}^2 = (1+r_{t+1})(s_t + b_t) - T_{t+1}^2 - e_{t+1} \tag{9-28}$$

ここで、$\dfrac{e_t}{1+n}$ は青年期に受け取る遺産の大きさ、e_{t+1} は老年期に子どもに残す遺産の大きさである。T_t^1 と T_{t+1}^2 はそれぞれ、t 期に青年期の世代に課せられる税金、$t+1$ 期に老年期の世代に課せられる税金を表す。

ここで遺産動機が問題となる。バローが想定している利他的動機の遺産モデルでは、親は遺産額それ自体ではなく子どもの経済厚生に関心を持つと考える。このとき親の効用関数は、次のように定式化される。

$$U_t = u_t + \sigma_A U_{t+1} \tag{9-29}$$

ここで、u_t は親自身の消費から得られる効用 $u(c_t^1, c_{t+1}^2)$ であり、$0 < \sigma_A < 1$ は自分の子どもの効用が1単位増加したときに親の効用が増加する比率（あるいは割引率）の大きさを示す。

世代 t（親世代）の個人は次のような最大化問題を解く。

$$\begin{aligned}
W = & u\left[w(r_t) - s_t - b_t - T_t^1 + \frac{e_t}{1+n},\right.\\
& \left.(1+r_{t+1})(s_t + b_t) - T_{t+1}^2 - e_{t+1}\right] + \\
& \sigma_A\left\{u\left[w(r_{t+1}) - s_{t+1} - b_{t+1} - T_{t+1}^1 + \frac{e_{t+1}}{1+n},\right.\right.\\
& \left.\left.(1+r_{t+2})(s_{t+1} + b_{t+1}) - T_{t+2}^2 - e_{t+2}\right] + \sigma_A U_{t+2}\right\}
\end{aligned} \tag{9-30}$$

最適化の条件は、s_t と e_{t+1} に関して次のようになる。なお、s_t と e_{t+1} は消費量 c_t^1、c_{t+1}^2、c_{t+1}^1 に含まれる形で表現されている。

$$\frac{\partial u}{\partial c_t^1} = (1+r_{t+1})\frac{\partial u}{\partial c_{t+1}^2} \tag{9-31}$$

$$(1+n)\frac{\partial u}{\partial c_{t+1}^2} = \sigma_A \frac{\partial u}{\partial c_{t+1}^1} \tag{9-32}$$

これらの最適条件は、(9-30) 式を s_t と e_{t+1} のそれぞれについて偏微分することで導出しており、公債とは独立であるから、公的な再分配政策は完全に中立的となる。

長期均衡を想定すると、長期的な利子率 r_A は次のようになる。

$$n = \sigma_A(1+r_A) - 1 \tag{9-33}$$

これは、(9-31)(9-32) 式で $c_t^1 = c_{t+1}^1 = c^1$、$r_{t+1} = r_t = r_A$、$c_{t+1}^2 = c^2$ とすることで導出しており、b とは独立である。

ここで、有効遺産を

$$e_t^* = \tau_t^2 + e_t \tag{9-34}$$

と定義しよう。なお、τ_t^1、τ_t^2、τ_{t+1}^2 については次の式が成り立っている。

$$\tau_t^1 + \frac{1}{1+n}\tau_t^2 = 0 \tag{9-35}$$

$$\tau_t^1 \equiv b_t + T_t^1 \tag{9-36}$$

$$\tau_{t+1}^2 \equiv -(1+r_{t+1})b_t + T_{t+1}^2 \tag{9-37}$$

ここで、τ_t^1 は t 期に青年世代が政府に支払うお金の合計(税金と公債の購入量)、τ_{t+1}^2 は $t+1$ 期に老年世代が政府に支払うネットのお金(税金から公債の償還金を差し引いた金額)で定義されている。それぞれは 1 人あたりで表している。(9-35) 式は t 期の公債のやりとりも考慮した税金に関する政府の予算制約式である。たとえば、$\tau_t^1 > 0$ なら $\tau_t^2 < 0$ である。t 期の青年世代から資源をとって、それを同じ期の老年世代に補助金として配分している。逆のケースは、老年世代から青年世代への再分配である。つまり、τ_t^1 と τ_t^2 の組合せの変更は、世代間の再分配政策の変更を意味する。

このとき、家計の予算制約式は

$$c_t^1 = w_t - s_t + \frac{e_t^*}{1+n} \tag{9-38}$$

$$c_{t+1}^2 = (1 + r_{t+1})s_t - e_{t+1}^* \tag{9-39}$$

となる。これらの式を最適条件に代入すると、e_t^* の最適な経路が決定される。τ^1 と τ^2（あるいは b と T^1 と T^2）で実施される公的な世代間再分配政策は、民間の遺産 e による適切な調整によって完全に相殺される。もし政府が b を増大すれば、最適な有効遺産の大きさを維持するように家計は遺産 e を増加させて、政府による再分配政策の効果を完全に相殺してしまう。

▶ 理論的な論争

　バローの中立命題では遺産動機が重要な経済的活動として考えられている。たしかに、遺産の大きさは現実の資本蓄積に大きな影響を与えている。アメリカの実証研究では、資本蓄積のうち3分の2以上が遺産と関係する貯蓄に対応しているという結果も報告されている。わが国でも遺産は巨額にのぼっている。しかし、現実の遺産が大きいからといって、それは必ずしもバローが想定している利他的遺産行動であるとは限らない。人々は自らの生存期間が不確実なために、自分の老後資金にあてようとした資産を使い切れずに死んでしまい、結果として意図せざる遺産を残すかもしれない。あるいは、遺産という行為自体に効用を感じる[注4]かもしれない。また、親と子のかけひきで遺産が決まるかもしれない（戦略的遺産行動）。子どもに老後の面倒を見てもらう代わりに遺産を渡すことは、実際にもよくある。一般に、遺産動機が利他的でない場合に中立命題は成立しない。遺産動機は中立命題を議論する上で重要であるが、どの遺産動機が支配的かについては明確な答えが出ていない。

　負の遺産を残せないとすれば、異世代間での自発的な所得の再分配にも限界が生じる。政府による世代間の再分配を完全に相殺するには、ちょうどそれに見合った自発的な遺産の調整が必要であるが、もしそのために負の遺産が必要となるなら、非負制約があるためそれを実現することはできない。バロー的な遺産動機を持っていても、その程度があまり強くない場合、すなわち親が子の世代の効用をあまり自分の効用に置き換えない場合、非負制約の条件が効いて中立命題が成立しない可能性が生じる。

　もし家族が利他的な動機で結びついているならば、祖先をどんどんさかのぼって

注4　遺産額が効用関数に入ってくるような選好を持っている場合。つまり、自分の消費が増加すれば効用も増加するが、それと同じ意味で、遺産が増加すれば自分の効用も増加すると考えて遺産を残すケース。

いくと、ほとんどすべての個人はなんらかの血縁関係にあることになり、他人を含めて同じ世代内のほとんどすべての人々が、自らの利他的な関心の範囲内に入ってくる。その結果、政府による同一世代内での再分配政策も無効になる。この結論が非現実的であるとすれば、その前提となっている利他的な遺産動機自体に問題がある。そうであるなら、公債残高の変化は実質的な効果を持ち、減税が消費を刺激する効果も出てくる。その意味では、リカードの中立命題の方がバローの中立命題よりも現実に当てはまりやすい。

　中立命題が成立する可能性はバローの議論によってある程度は現実的となった。ここで、その政策的意義についてまとめてみよう。主要な政策的な含意は、財政赤字のマクロ経済的効果が否定されることである。財政赤字を拡大させても景気を刺激することはなく、利子率を上昇させて民間需要を押し退けるクラウディング・アウト効果を引き起こすこともない。また、世代間での政策的な再分配政策の効果も否定されるから、年金の世代間損得問題も否定される。

　中立命題を成立させる理論的な想定はかなり厳しい。現実にそれらの条件が完全に成立しているとはいえない。だからといって、中立命題を非現実的な命題だとして棄却すべきだろうか。程度の差はあれ、およそ経済分析における命題が現実に厳密な形で成立することはない。しかし、その中にある程度のもっともらしさがあれば、その命題は政策的にも意味を持つと評価すべきであろう。中立命題もある程度の妥当性があれば、政策論議においても無視すべきではない。

　中立命題が完全に成立するケースが極端なケースだとすれば、中立命題がまったく成立しないケースもまた極端なケースだろう。人々は最適な消費計画を立てる際に、多少は政府の予算制約も考慮し、短期的な可処分所得のみならず、より長い期間の予算制約のもとで行動する。中立命題の現実的な妥当性は、そのときの経済環境にも依存しており、実際の経済状況を加味して分析すべき課題である。理論的には、そうした中立命題で想定される状況がある程度は成立しそうであることを考慮し、財政政策の有効性に対する多くの疑念を割り引いて受けとめる必要がある。

　なお、政府支出を一定としている仮定に注意したい。中立命題は、政府支出を一定とした上で財源を調達する手段の代替を議論するものであって、政府支出が変化したときのものではない。公債発行によって得た財源を減税ではなく政府支出の増加に用いれば、そのような政策は中立命題下でもマクロ経済的な効果を持つ。現実の財政政策で重要なのが支出面での変化であるとすれば、中立命題下でも財政政策の効果は無視できない。中立命題のもとでもっとも重要な財政変数は政府支出であり、それが効率的に支出されているかどうかが問題となる。

❸ 財政破綻

▶ 財政の持続可能性

　この節では、財政運営がどういう状況で維持できなくなるのかを議論してみよう。財政運営が破綻していくのかいかないのか、あるいは公債発行が維持できるのかできないのかについて考える。大まかにいうと、公債残高が経済規模（＝GDP）より大きなスピードで累積しない限り、財政は破産しない。逆に公債残高がGDPの増加率以上のスピードで増加すれば、財政はいずれ破綻する。財政収支の長期的な動向は、公債残高の初期値（＝現在時点での公債残高）と、その後の将来における財政状況（政府支出、新規の公債発行額、税収）に依存する。

　利払い費の大きさだけ追加的に公債発行の圧力が加わるから、毎期のネットの収支（＝政府支出－税収）がゼロであれば、公債残高の増加スピードは利子率の大きさに対応している。したがって経済成長率が利子率よりも大きければ、新規の公債発行が大幅でない限り、対GDP比で見た公債残高は発散せず、政府は公債をきちんと償還することが可能となる。なぜなら、税収もGDPと同じ速度で増加すると考えられるからである。このケースでは、政府がある程度公債を発行できるし、そうすることが得になる。

　利払い費を除いた財政赤字、すなわち「利払い費を除いた歳出－税収」で定義される「ネットの収支の赤字幅」を、「プライマリー・バランスの赤字幅（あるいは基礎的財政赤字）」という。これは、「公債の新規発行額－公債の利払い費」にも等しい。この財政赤字は、財政収支が長期的に維持可能であるかどうかを判断する基準として有益である。税収を政府支出が上回る状態を長期的に続けることはできない。たとえば公債残高が増加しているときに、プライマリー・バランスで見た財政赤字も拡大しているなら、この状態は維持可能でないと判断できる。逆に、公債残高が拡大しているときに、基礎的財政赤字が縮小しているなら、やがてプライマリー・バランスで見た財政収支は黒字になるから、長期的に財政収支は維持可能になる。したがって、少なくとも、公債残高と基礎的財政赤字が長期的に負の相関を示すことが、財政運営の持続可能性にとって必要になる。

▶ 政府の予算制約式

公債発行を考慮した政府の予算制約式は、次のように書ける。

$$\dot{B} = G + rB - T \tag{9-40}$$

ここで G は政府支出、B は公債残高、T は税収、そして r は利子率である。$\dot{B}$ は新規の公債発行額を示す。なお、第 7 章と同様に、変数の上に・を付けることで時間に関する微分係数であることを表している。GDP（= Y）との比率で表すと、次式を得る。

$$\frac{\dot{B}}{Y} = g + rb - t \tag{9-41}$$

ここで $g = \frac{G}{Y}$、$b = \frac{B}{Y}$、$t = \frac{T}{Y}$ であり、G、B、T をそれぞれ対 GDP 比率で表したものである。b を時間について微分することにより、次式の関係が得られる。

$$\frac{\dot{B}}{B} - \frac{\dot{Y}}{Y} = \frac{\dot{b}}{b} \tag{9-42}$$

両辺に b を掛けることで次式に書き直せる。

$$\dot{b} = \frac{\dot{B}}{Y} - \frac{\dot{Y}}{Y}b \tag{9-43}$$

(9-41) 式を (9-43) 式に代入して、動学的な政府の予算制約式の基本形を導出できる。

$$\dot{b} = g + rb - t - nb = (g - t) + (r - n)b \tag{9-44}$$

ここで $n = \frac{\dot{Y}}{Y}$ は成長率である。$g - t$ は基礎的財政収支（プライマリー・バランス）の赤字幅、$(r - n)b$ は利子率と成長率のギャップに公債残高対 GDP の比率を掛けたものである。この式に基づいて、いくつかの特別なケースを見ておこう。

● その 1：$g = t$ のケース

基礎的財政収支が均衡していれば（すなわち $g = t$）、金利と成長率の大小関係が

問題となる。このとき、(9-44) 式は次のようになる。

$$\dot{b} = (r-n)b \tag{9-45}$$

もし $r > n$ なら、政府の予算制約は維持可能でなくなる（つまり財政運営が破綻する）。逆の場合は可能である。維持可能性を確保するには、$r < n$ の条件が必要になる。これはドーマー条件と呼ばれる。

図9.2 (i) は $r > n$ のケースの b の動向を示す。$r > n$ であるから、b は増加し続ける。**図9.2** (ii) は $r < n$ であり動学的に安定的な状況を示す。なお、**図9.2** (i) (ii) の原点を通る直線は、(9-45) 式を図示したものであり、この傾きの正負が予算制約の維持可能性にとって重要となる。たとえ $g > t$ でも、つまり基礎的財政収支が赤字のままでも、$g - t$ の大きさが一定であれば動学的特徴は $g = t$ のときと同じである。この場合、(9-44) 式の第 1 項（図では切片に対応）がプラスの一定値になり、**図9.2** (i) (ii) の直線はその大きさだけ上方にシフトするが、(i) の場合に発散し、(ii) の場合に収束するという性質は変わらないからである。しかし、もし $g - t$ が b に依存するなら、ドーマー条件は意味を失う。このケースでは次で説明するボーン条件を考慮する必要がある。

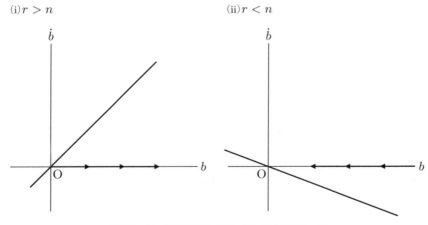

図 9.2 (i) 発散するケースと (ii) 収束するケース

その2：$r=n$のケース

金利と成長率が同じであれば、基礎的財政収支の動向が問題となる。このケースで（9-44）式は次式に帰着する。

$$\dot{b} = g - t \tag{9-46}$$

もし$g>t$なら、政府の予算は維持可能でなくなり、逆の場合は可能になる。これは基礎的財政収支が赤字か黒字かが重要であることを意味する。もし基礎的財政収支が外生的に一定であれば、その収支が赤字である限り$g-t>0$となるから財政は必ず破綻する。

しかし、基礎的財政収支が赤字であるか黒字であるかが内生的に変化する場合、公債残高対GDPの比率bと$g-t$の関係が問題となる。もしbが大きくなれば、政府はその赤字幅を縮小させる財政再建策を講じるだろう。このとき、基礎的財政収支の赤字幅$P=g-t$はbの減少関数となる。

$$P = P(b) \tag{9-47}$$

もしPがbの減少関数なら、$P>0$の領域でも財政は持続可能になりうる。この条件$P'(b)<0$はボーン条件と呼ばれる。たとえ$r-n$がゼロでなくても、任意の値で一定であれば、この議論は同様に成立する。その場合、維持可能性を確保する条件は$P'+r-n<0$となる。これは、$r-n$を含めたbと$\dot{b}$の関係を示す直線の傾きが負になるために必要な条件である。つまり、P'の絶対値は$r-n$よりも大きくなる必要がある。

図9.3に示すように、$P(b)$曲線が右下がりであり$\dot{b}=0$直線とE点で交わるならば、このE点は安定的な均衡点になる。bが当初大きな値をとっても、bは次第に均衡点Eへと低下していく。

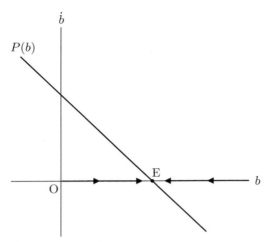

図 9.3 維持可能なケース

その3：$g + rb - t = 0$のケース

$g + rb - t = 0$ が成り立つとき、(9-44) 式は次の式に帰着する。

$$\dot{b} = -nb \tag{9-48}$$

$n > 0$ であれば、政府の予算は維持可能になり、逆の場合は維持できなくなる。$g + rb - t$ がゼロに限らず一定であれば、同じ議論が成立する。そのような場合、財政が持続可能であるためにはプラスの経済成長が必須の条件である。当初の財政赤字幅の GDP 比率 $g + rb - t$ がかなり大きくても、成長経済でこの値が GDP 比率で固定されていれば、維持可能性の議論は成立する。

ところで EU の 28 カ国は、安定成長協定（SGP）を締結して経済と通貨の統合を維持しようとしている。財政運営に関する条件は次の 2 つである。

(1) 財政赤字を GDP 比で 3 ％以内に抑制する
(2) 公債残高を GDP 比で 60 ％以内に抑制する

言い換えると、b の目標値は 0.6 で $g + rb - t$ の目標値は 0.03 となる。これらの目標値が財政の維持可能性と整合するものであるためには、$n = 0.05$ が満たされる必要がある。これは、(9-44) 式にこれらの値を代入し、長期的に b が一定（$\dot{b} = 0$）となる条件として求められる。つまり 5 ％の経済成長率が、EU の財政運営におけ

る目標値に基づいて維持可能な財政を実現するために必要な成長率になる。

▶ 金利形成と財政危機

　現実のデータを見ると、財政赤字の規模と公債の金利の関係は必ずしも単純ではない。一般的には、財政赤字の規模が大きく、大量の公債を発行しようとする場合、市場で公債を消化するには金利が相当高くなる必要がある。しかしわが国では1990年代に入ってから財政赤字が拡大して大量の公債が発行されているにもかかわらず、歴史的な低金利状態のままである。ここで、金利形成と財政危機との関係を考えてみよう。

　日銀の異次元金融緩和政策に見られるように、金融政策は金利水準に大きく影響する。財政赤字が累増しても金融政策がそれをサポートするように緩和されれば、金利は低水準で維持される。わが国で日銀が国債を大量に購入し続ける限り、金利が上昇しないのは自然である（第6章で説明したように、買いオペによって貨幣供給が増加し、金利は下がる）。しかし日銀が国債をずっと購入し続けると、事実上、日銀の国債引き受けと同じとなるので、財政規律[注5]が緩み、貨幣供給の無制限の増加をもたらし、不安定なインフレーションが進行するかもしれない。以降では金融政策を所与とし、そのもとでの財政赤字と金利形成との関係を考えてみよう。

　現在の財政収支が赤字であるにもかかわらず公債が低い金利で消化されているとすれば、それは、投資家が財政の将来を楽観視しており、やがては財政収支が黒字となり、長期的に政府の収支が破綻しないと考えているからである。しかし、財政収支の赤字が拡大して公債残高が累積していけば、将来の財政収支が十分に黒字になるという予想を修正せざるを得ないだろう。もし、民間の投資家がこのように認識すれば、公債に対する信頼性は揺らぐことになり、金利の上昇など財政破綻の兆候が観察される。

　ここで金利形成と財政危機における政府の対応との関係について考えてみよう。政府の財政運営を信頼せず、市場が公債を消化するのを拒否すると、誰も新規の公債を保有しなくなるとともに、既存の公債を保有している投資家もその公債の即時償還を政府に求めるだろう。こうした財政危機が生じたとき、政府のとり得る対応は2つある。1つは、デフォルト（債務不履行）を宣言して、すでに発行している公債の債務を拒否することである。もう1つは、すべての公債を直ちに償還するこ

注5　財政規律の欠如：無駄な歳出が増加すること。歳出は税金で賄われるのが普通であるが、税負担なしに歳出が可能だと思ってしまうと、コスト意識が働かないので、便益の乏しい歳出が増加してしまう。

とを決めて、その財源を確保するために増税することである。

第2の選択をとるかどうかは、短期的な増税のコストがどの程度大きいかに依存する。理論的には、短期的に大増税を行うことは可能であろう。しかし、課税構造が遍在している場合、大幅な増税ではその課税の対象となる納税者の抵抗や負担が大きくなり、短期的な増税のコストはかなり大きくなる。逆に課税構造が効率的で均一であれば、短期的な増税のコストはそれほど大きくならない。したがって課税構造がどの程度不均衡であるかどうかで、デフォルトを宣言するかきちんと償還するかが決まる。

▶ 非ケインズ効果

非ケインズ効果とは、現時点の財政支出が非効率である場合や税負担が将来に先送りされている場合など一定の財政状況や経済環境のもとにおいて、歳出削減や増税がむしろ民間需要の自律的な回復をもたらす効果である。こうした状況では、通常のケインズ効果とは逆に、財政再建と景気回復という二兎を同時に追うことが可能になる。非ケインズ効果が生じるかどうかは、財政改革の継続性、政策変更を行う時点での財政状況、将来の財政運営への期待に依存する。

デンマークとアイルランドでは、1980年代初頭にいずれも大幅な財政赤字が生じ、これに対処するために1982年から財政健全化政策が試みられた。この財政運営の効果は対照的であった。デンマークでは、緊縮的な財政運営にもかかわらず民間需要が増加し、財政再建と景気回復が同時に達成された。これに対しアイルランドでは、財政再建が景気にマイナスの影響を与えるという通常のケインズ効果が見られた。またアイルランドでは、1987年から再び財政健全化政策が行われたが、このときには財政再建と景気回復が同時に達成され、財政再建が成功した。財政再建中の民間消費の増加は、ケインズモデルでは十分に説明することができないが、政府支出の削減によって将来の財政状況の見通しが好転し、民間消費の増加につながったと考えられる。

一般的に、財政赤字や政府債務残高が一定の水準以下におさまっている「平時」では通常のケインズ効果が観測されるが、財政赤字や政府債務残高が一定の水準を超えた「非常時」には政府支出の削減や増税が民間消費の増加をもたらすという非ケインズ効果が認められる。日本を対象とした実証分析でも、歳出面での非ケインズ効果は必ずしも棄却されていない。特に、1980年代の財政再建期間に歳出削減が民間消費の増加をもたらした可能性が指摘されている。財政健全化政策が非効率

な歳出の削減につながるなら、景気対策としても一定の役割を果たすといえる。

世代の経済学者

ピーター・ダイアモンド（Peter Arthur Diamond、1940年～）

アメリカの経済学者。サーチ理論に基づくマクロ労働市場の分析で、2010年にデール・モーテンセン、クリストファー・ピサリデスとともにノーベル経済学賞を受賞。

ロバート・ジョセフ・バロー（Robert Joseph Barro、1944年～）

アメリカの経済学者。景気循環論、経済成長論の分野で研究し、1974年の論文で公債の中立命題を示した。

第10章

経済学の将来

自然科学への接近

▶ 経済学と自然科学

　一昔前は、理数系が好きではないから文系を選択したが、文学は学問としてつかみ所がなくてよくわからないし、法律は無味乾燥で条文解釈が堅苦しいので、消去法で経済学を勉強しようという人も多かった。経済学にも文系特有のつかみ所のなさはある。しかし、最近の経済学はミクロ・マクロの標準的な経済学（昔は近代経済学、いまは主流派経済学とも呼ばれている）を基礎としており、文系の学問の中では理系（自然科学）との親和性がもっとも高くなっている。

　これまで本書で説明してきたように、経済学では数学的思考、モデルによる理論分析とデータに基づく実証分析が基本である。社会科学の分野ではもっとも制度化されており、自然科学に近い分析手法を使っている。より具体的には、経済学では数式を用いたモデル構築と、それに基づく定性的な理論分析、定量的なシミュレーション分析や、そこで得られる理論的仮説を現実のデータでチェックする実証分析が標準である。こうした研究姿勢は自然科学と共通する。

　自然科学は世界共通の学問体系であるから、どこの国の大学でも共通の課程に基づいた授業が行われている。これはアカデミックな学問である以上当然のことであるが、社会科学や人文科学の分野では必ずしも当てはまらない。同じ国の中でも大学によって、あるいは教える先生によって講義の内容が多様であり、体系化されておらずトピックがバラバラな科目も多い。しかし、経済学に関しては、世界中どこの大学で誰が講義する場合でも、ミクロ経済学やマクロ経済学の標準的な授業内容はほぼ同じであるし、体系化されている。わが国でも標準的な経済学を教える大学ではどこでも、共通の課程に基づくミクロ経済学やマクロ経済学を教えている。その意味で、経済学は社会科学の中でももっとも標準化された学問である。したがって、対象とする学生は世界中に数多くいるから、国際的にベストセラーとなっている経済学のテキストには巨大な市場がある。

　経済学の学習方法は、数学や自然科学など理系の学習方法とよく似ている。経済学における分析は、まず議論の前提条件を明確にし、その中で、家計や企業などの経済主体の経済行動の目的を明示する。そして、さまざまな経済環境、経済制約がそうした経済主体の合理的行動にどのように影響するのかを論理的に考える。ま

た、市場での価格調整メカニズムなど、複数の経済主体間の利害を調整するプロセスについて理論モデルを構築して考察する。そして、理論仮説の妥当性を現実の経済データから検証する。こうした論理展開をそれぞれの段階を踏んで理解すれば、経済学の学習はそれほど困難ではない。

　全体の現象や個々の現象を見て、理論的な仮説を提示し、そこに与えられたいろいろな条件、外部ショックなどによって経済現象がどう変わるかをモデルで理論分析してデータで実証分析するという点で、自然科学との類似性は大きい。ただし、経済学は自然科学とは異なり、現実の人間による複雑な経済現象を取り扱う。そこでは自然科学でよく用いられる制御された実験室でのさまざまな実験による検証が利用しづらい。また、利用可能なデータが限定されているなどの制約もある。そのため、ある経済問題を分析する際に正しい結果が必ず1つだけ存在するわけではない。場合によっては複数の正解がある。相対立する仮説が共存して、なかなか決着が付かないことも多い。そこが経済学のつかみ所のない点であるが、同時に、これは社会科学特有のおもしろい面でもある。

▶ 経済学の有効性

　自由な市場と完全競争が経済社会でもっとも効率的な資源配分と運営をもたらすという経済学の基本理念は、非現実的と批判されている。たしかに、完全競争市場は現実にはあまり存在していないし、現実の市場で資源配分の効率性が達成できるという保障もない。

　しかし、これまで多くの経済学者は、現実の経済問題に対して経済学が政策的にも有効であることをもっともらしく示そうとしてきた。たとえばミクロ経済学は、独占や寡占といった市場の失敗の弊害を分析する基礎として有効に機能している。現実の独占禁止法制や寡占対策などでは、経済学の知見が有効に活用されている。また、政府による不必要な規制が経済的損失をもたらすことについては、多くの説得的なミクロ実証分析が蓄積されている。マクロ経済学も、国際金融危機などの大きなマイナスのマクロ・ショックに対して重要な処方箋を提示してきた。中でも、裁量的な財政金融政策で総需要の落ち込みを回避するケインズ的な考え方は、マクロ経済活動の変動幅を小さくし、悲観的な経済主体の期待を改善する上で有効に機能してきた。もちろん、マクロ経済学はケインズ経済学だけではないし、新古典派のマクロ経済学は景気対応的な裁量政策に懐疑的である。それでも、消費などの重要な経済変数は異時点間で平準化させることが望ましく、それには政府の役割があ

る程度必要であることは、多くの経済学者の一致した立場である。

　新古典派の経済学ではさらに、人々が経済合理的に行動するという立場から、従来は経済学の分析対象とみなされていなかった家族内での人間関係や結婚、離婚、出産、育児という行動の分析にまで経済学が有効かつ適用可能であることを示した。また、犯罪や戦争といった政治・社会問題にも経済学を適用した研究が盛んであり、興味ある結果を出して現実の社会政策に大きな影響を与えている。法律の分野でも「法と経済学」という学際的な学問領域が確立され、法制度の経済学的な分析が盛んに行われている。

　さらに1980年代以降、経済学はゲーム理論の発展とともに大きく変貌した。相手の行動を合理的に想定して、それへの反応として自らの最適行動を戦略的に決定するというゲーム理論の考え方は、少数の企業が相手の行動を読み合う寡占市場の分析に適している。こうした手法は、政府の経済政策に対する企業や家計の反応を分析する際にも有効である。相互依存関係を考慮しつつ、経済行動を分析することが経済学の標準的な手法となる中で、ゲーム理論は経済学において不可欠な分析手法として定着していった。

　また、メカニズム・デザインも理論経済学の有望な研究分野になった。これは情報の非対称性を前提として、各経済主体の意思決定と社会的な仕組みの関連性をメカニズムとして定式化し、異なるメカニズムがどのような帰結を導くかを分析する。メカニズム・デザインの研究例は、労働契約、金融契約、金融仲介システムなど多岐にわたる。中でも、オークション理論はさまざまなオークション・ルールをメカニズムとして定式化し、異なるオークション・ルールがどの程度望ましい配分を導くかを分析するものであり、実際に入学選抜方法や電力自由化[注1]などで利用されている。最近では、定量的モデルによるシミュレーション分析も活発に行われている。ゲーム理論や政治経済学の発展を背景に、政策当局の利己的行動を明示することで、政治的要因により経済活動がどのように影響されるのかも活発に研究されている。

　このように、ミクロ的な最適化行動を前提とした経済学はさまざまな形で発展し、今日の経済学は経済問題のみならず広く現実社会の多くの問題を考察するときに有益な判断材料を提供している。その際に有効なのが論理的思考であり、数式で構成される経済理論モデルである。すぐれた貢献でノーベル経済学賞を受賞した経

注1　たとえば「ブラインド・シングルプライス・オークション方式」という入札が実施されている（http://www.jepx.org/outline/）。この方式では他社の入札量と価格を外に見せず、商品ごとに入札された量と価格を売り買い別に積算し、売りと買いが交差する点が約定価格・約定量となる。

済学者の多くが理系の出身者であることは、偶然ではない。

経済合理性への批判

　それでも、人間の経済行動を分析する以上、経済学には標準的な自然科学の手法とは異なる思考や制約も多い。対象となるものが物体ではなく人間の経済行動であるから、標準的なミクロ経済学でも市場取引の効率性などを議論するにあたりさまざまな撹乱要因（経済外部性や情報の非対称性など）を考慮する必要があるし、まして、マクロ経済学は市場メカニズムの効率性を必ずしも前提としていないので、経済合理性では割り切りにくい経済現象（非自発的失業や不況など）も取り扱う。

　そして経済合理性を最初から仮定して、自由に、あるいは半ば強引に理論モデルを構築する標準的アプローチに対しては、モデル設定が恣意的で勝手すぎるとか現実の経済行動を描写しきれていないとか、そもそも人は利己的に経済合理性のみで行動するものではないとか、さまざまな批判もある。

　こうした難点を考慮して、経済合理性に一定のぶれを許容したり、より現実的でデータでの検証に耐えうるアプローチを模索したりする試みも行われるようになってきた。古くは1970年代に政府の失敗を強調する「公共選択の理論」が、標準的な経済政策論の考え方を批判し、政府はさまざまな利益団体の妥協の産物であり、慈悲的な政府を想定して最適な政策論を議論するのは的外れであると主張した。公共選択の理論は伝統的な経済学への批判として一定の影響を及ぼし、その創始者であるブキャナンは1986年にノーベル賞を受賞した。しかし、発表当時の公共選択の理論はそのアカデミックな枠組みに精緻さを欠いていたため、標準的な経済学者の多くになかなか受け入れられなかった。一方で、ケインズ経済学の曖昧なミクロ的基礎を批判した新古典派経済学は経済合理性をより精緻化することを志向し、経済学は数学的にますます高度化し、抽象的で厳密な学問体系となり、多くの経済学者に受け入れられた。だが、そうした精緻化された理論やそれに基づくシミュレーションでは現実の経済現象を十分に説明しきれないという批判も大きくなってきた。それの代表的なものが行動経済学や実験経済学と呼ばれる立場である。

行動経済学と実験経済学

　行動経済学は、標準的な経済学のように合理的経済人を前提とするのではなく、実際の人間が一見非合理的と思われる選択や行動をする状況を想定して、彼らがど

のように行動しているのかを心理学や医学の知見も活用して分析する。医学の視点で人間の脳をスキャンしたり、心理学と同様の実験を用いて行動パターンを考慮したりする。標準的な経済学では人々は経済合理性を追求すると想定しているが、行動経済学ではこうした大前提自体も分析対象としている。人々の経済行動を定式化する際に主観的なバイアスを考慮することで、客観的な（本来あるべき）最適化行動からの乖離も許容しながら、より現実的な経済行動とその政策的含意を分析することが可能となる。

また、実験経済学は、経済学的な問題に対して実験的手法による研究を行う。自然科学のようにある実験環境を設計し、謝金などによって被験者を動機付け、人々の経済的行動の参考となる実験データを収集する。そして、こうして得られるデータから仮説の妥当性を検証して、経済合理的行動の妥当性や市場メカニズムの実態などを分析する。

興味ある結果

こうした手法では、いくつか興味深い結果も得られている。たとえば、行動経済学から見る男女の違いである。行動経済学の多くの実験によると、男性は競争を好み女性は競争を回避するという。仕事の報酬体系を選ばせると、男性はより競争的な報酬体系を選ぶ一方、女性は固定給に近い報酬体系を選ぶことが多い。小学生の短距離走では、男子は競争になるとタイムが速くなるのに対して、女子は競争であってもなくてもタイムは変わらない。こうした男女差に関する結果が事実としても、それが経済活動とどう関係するのか疑問という批判もあるが、男女での雇用・賃金格差の解明に少しは役に立つかもしれない。

また、経済学的に同じ選択肢でも、数字データの見せ方など「フレーム」を変えると、選択結果に影響がある点も指摘されている。たとえば、「1ヶ月で3万円貯める」と「1日1000円ずつ30日で3万円貯める」、あるいは、「1ヶ月で3000円を貯めて商品を手に入れる」と「1ヶ月間毎日1杯100円のコーヒーを我慢して商品を手に入れる」。これらの選択肢はいずれも経済学的に見れば同じような内容だが、言い方を変えるだけで印象は変わり、人々の選択にも影響する。

現在志向バイアスも注目されている。これは、未来の利益よりも目先の利益を優先してしまう心理、すなわち、時間選好率の大きさに関わる。「いまもらえる10万円」あるいは「1年後にもらえる11万円」という2つの選択肢を考える。この種の質問では多くの人が前者を選ぶ傾向があるという。現在の低金利環境では、年率

10％の金利で運用できる安全資産はない。したがって、経済合理性で判断する限り後者を選択する方が得である。それでも前者を選択する人は、未来の利益よりも目の前の利益をとにかく優先したいという心理なのだろう。目先のことになると時間選好率が極端に高くなるのは、たとえば、夏休みの宿題を先延ばしにして遊んでしまうのも同じ現象だと解釈できる。

　また、現状のデフォルト（初期設定）をそのまま選択するバイアスも指摘されている。給料から天引きされる確定拠出年金の場合、天引きされる割合を労働者が選択できる場合が多い。そのとき、初期設定である割合（たとえば5％）が組み込まれているとすると、多くの人はそのままその割合での天引きに応じる。自分で別の天引き率に変更することが制度上可能であっても、わざわざ天引き率を変更する人は少ない。

　このアプローチでは生身の人間が、経済学が想定する合理的で利己的な行動をとるわけではないことを重視する。ただし、これらは心理学では既知の結果であり、行動経済学は心理学の成果を経済現象に応用したに過ぎないという批判もある。いずれにしても、行動経済学と心理学の境界は曖昧になっている。

　実験経済学は、経済合理性を前提とした理論モデルで得られた予想がどの程度実際に当てはまるかを、仮想の実験空間を設定して、被実験者からのデータを収集することで検証しようとする。人々は経済合理性に従わない振る舞いをするときでも、完全にランダムで非合理的な行動をするわけではない。一見非合理的に思える人間の経済行動にもある程度の規則性や経済合理性はあるだろう。実験経済学ではこの点に注目して、その合理性の程度をいろいろと実験の設定を工夫することで検証する。

　たとえば、「数当てゲーム（美人投票ゲーム）」がある。各参加者が、0～100までの整数から数字を1つ選ぶ。その数字を全員分集計し、平均値を計算する。さらに平均値に1よりも小さな数字を掛けて出た数字を当選番号とする。そして、最初に選んだ数字がこの当選番号に一番近かった人が勝ちというルールを想定する。

　合理的な想定をもとにナッシュ均衡を考える。他の参加者を出しぬいて、少し小さめの数を選ばなければゲームには勝てない。全員が同じことを考えるとすれば、結局、全員が0を選ぶ（選ばざるをえない）のがナッシュ均衡＝非協力ゲームの最適戦略である。しかし、実際の実験結果では多くの人がプラスの大きな数字を選択している。

　次に、「公共財ゲーム」と呼ばれるゲームを紹介する。人々は1人あたり50枚のコインを持っている。それを私的財に使えば、1枚あたり1万円の便益があり、そ

れを公共財のために使えば1枚あたり5千円の便益がそのグループすべての人に与えられるとする。5人が1つのグループを形成している。したがって、公共財の私的便益は5千円であるのに対し、社会的便益は2万5千円である。パレート最適解はすべてのコインを公共財に使うことであり、ナッシュ均衡解はすべてのコインを私的財に使うことである。ただ乗りは合理的なナッシュ均衡解として、利己的な個人の利害から必ず生じる。しかし、これまでの実験結果によると、ただ乗りの現象はそれほど顕著に観察されず、あまり有意ではない。多くの人がある程度の貢献を行うが、同じゲームを何回も繰り返すと次第に貢献の割合が減少していくことも実験結果で再現されている。

このような実験研究によって、標準的なゲーム理論が示唆する予測と異なる結果が次々と提出されるようになった。こうした実験結果は非協力ゲームをより現実的な枠組みで再構築させるきっかけになっている。

2 経済物理学

▶ 物理学との対比

物理学に、複雑系[注2]やフラクタル[注3]などを対象とする統計物理学という分野が存在する。この理論の枠を広げ、生物を対象にする物理学として生物物理学がある。さらに経済現象を対象とする新しい研究分野として、経済学に物理学的な手法を取り入れようとする経済物理学という分野が生まれた。

たとえば、標準的な経済学では需要曲線と供給曲線の交点で価格が決まると考える。しかし、実際の市場経済では需給が均衡して売れ残りもないという状態が常に観察されるわけではなく、在庫変動は無視できない。標準的な経済学でも需要や供給に確率的な変動要因を考慮した分析はあるが、経済物理学ではこの均衡点からのズレを揺らぎとして扱い、統計物理学の技術を用いて分析していく。経済物理学は金融理論への物理学的アプローチとしても有望視されており、数理ファイナンスと

注2 複雑系:多くの要素は複雑にからみ合っており、非線形の相互依存関係で全体のシステムが成り立っているという考え方。
注3 フラクタル:自己相似性を数学的に表現するもの。

ともに経済学の一分野となっている。

　たとえば、経済物理学では市場における揺らぎの中に高頻度で観察される細かいデータからその規則性、特徴を取り出し、統計物理学的アプローチを用いることでその市場の特性をより深く分析する。観察間隔が秒以下の単位でデータ化される例としては、株式市場のデータ、外国為替市場のデータなどがある。外国為替市場の取引システムでは、売値が買値を下回るリスクなしの裁定利潤機会が出現することがある。さらに、円、ドル、ユーロといった3つの通貨を利用した裁定取引でも、想定外の裁定利潤機会が発生することがある。このような裁定の利潤機会は市場の効率性を想定する限り想定しにくいし、出現したとしてもそれを認識しにくい。こうした想定外のデータの発生頻度、発生から消滅までの継続時間が市場のマイクロストラクチャー（市場取引の詳細な仕組み）の変遷とともにどのように変わってきたかを分析するには物理学的手法が適している。

　また、IT技術の発達とともに、取引注文を出すコンピューターを活用することで、高速・高頻度トレードが可能になった。こうしたIT環境の変化が資産価格変動に及ぼす研究も盛んである。たとえば、時系列解析の視点から資産価格の変動に関する細かいデータを解析し、市場の統計的性質が時々刻々と変化する特性を考察する。標準的な経済学ではこうした変動を単純なランダムウォーク（一定時間ごとに次に現れる位置が無作為（ランダム）な方向に移動する運動）として定式化しているが、市場変動で特徴的に観測されるのはベキ分布（第1章の「正規分布」参照）という指摘がある。

　金融市場以外にも経済物理学の研究は応用されている。たとえば、国内約100万社の企業間における取引ネットワークの構造とその上での金の流れをビッグデータで分析する例がある。ビッグデータの分析には物理学による拡張重力型方程式の活用、精緻なデータ解析や数理モデルの開発が有効とされている。また、計算機上に人工的につくり出された架空の市場でシミュレーションすることで、市場の急激な変動などの現象を分析する試みもある。このように、時系列解析、ビッグデータ分析や数理モデルに基づくシミュレーションをリアルタイムで実施するシステムを構築することで、金融市場の異常な変動を早期に検出し、金融危機を未然に回避するための施策も可能となる。

▶ 物理学の有用性

　経済物理学では、統計物理学で扱う細かいデータ分析技術を経済現象に適用す

る。最近になって、物理学の枠組みで経済データを扱うことが盛んになった背景には、標準的なミクロ経済学やマクロ経済学では分析しきれないビッグデータの存在がある。既存の経済学や金融理論では処理しきれないデータの存在が、現在の複雑な経済現象において認識されるようになったのである。

　ところで、現象を理解するための理論を構築する観点からは、物理学も経済学も同じようなアプローチを採用している。経済学では人や企業行動などの経済現象を観察して、そこから経済現象に関する仮説を理論モデル化したり、データで検証したりする。物理学でも普遍的な仕組みを解明する理論モデルを構築する。経済学と物理学の理論モデルは当然異なるが、説明したい現象をモデル化する手法には共通のものがある。たとえば、経済学では経済主体は経済合理性で動き、企業は利潤最大化を目的とすることが前提になる。これは、物理学における宇宙の動きを普遍的に説明しようとするのと似ている。また、複雑系を解析する手法では、自然科学と社会科学の両方で共通する言語が用いられる。もっとも大きな違いは、理論モデルやその帰結について対立があった場合、実験による審判で決着を付けられるかという点である。

　最終的にどのモデルが正しいかは、実験で確かめるのが適切だろう。しかし、経済学では現象に関わるさまざまな要因をコントロールして実験することが困難である。実験によるデータ収集に限界があるため、経済学ではすでに存在するデータを利用したり、調査によりデータを収集したりして分析する方法が用いられる。そのため、経済学の実験にはノイズが多くなってしまう。物理学の方が比較的純粋な実験でデータをとらえられる。ただし、物理学で実証研究をするには大規模な実験装置を要するため、時間も資金もかかり、たくさんの実験はできないという制約がある。

　経済学で細かいミクロのビッグデータに注目が集まっているが、これは物理学で素粒子レベルで分析することと似ている。物理学でミクロ・レベルまで現象を突き詰めようとしたように、経済物理学でもより細かいミクロ・レベルまで掘り下げて、微少な経済現象を緻密に分析する研究が見られる。IT環境の整備により、経済学者がなにもしなくても自然にビッグデータがたくさん集まるようになった。人間の経済活動の履歴がログデータとして蓄積され、実証研究に用いることができる。ただし、人間の場合は、その時々の環境や持っている履歴、所得、あるいは外部ショックなどのいろいろな要因によって行動が変化することがある。物理学では他の要因をコントロールしながらシンプルに検証できるので、経済学よりもその点で扱いやすい。

経済学の場合、他の状態がすべて同じになるようコントロールするのは難しく、政策介入の効果などを確かめるのが難しい。人々が先を見越して行動していると、与件とされる経済変数もそれによって影響されるため、どれが内生変数でどれが外生変数かという識別が困難になる。そこで、自然災害など「真に」外生的なショックを用いた経済現象の分析が役立つ。

3 データの有効性

▶ データの分析

経済現象は多岐に及ぶため、大量のデータが潜在的には存在している。従来は政府統計など、4半期や年次の限られたサンプル調査でしか経済変数のデータは利用可能でなかった。しかし最近では、インターネット上のログデータが利用可能になっている。たとえば、どのホームページに行ったのか、どこを見てなにを購入したのかというように、無数の人々の経済行動の履歴が全部残る。インターネット社会ではビッグデータが蓄積され、研究者が外部から利用可能なデータもある。さらに、ログデータによって消費行動がより詳しくわかるようになった。商品の販売時点の情報の分析では個々の消費者の行動結果を入手できる。いままでは経済学研究者が恣意的に仮定していた消費者の細かい経済行動を、個々のデータから確かめることができるのだ。

もちろん、データの利用価値は知りたいことや研究したいことがなにかに依存する。なにを明らかにしたいかにより、同じデータでも利用価値は変わってくる。ビジネスに生かしたい企業はビジネスのためにデータを利用して、それに有用なモデルを開発する。経済学者が経済行動を分析する場合、自らが解明したい経済現象を説明できる理論モデルを構築し、それをデータに適合させてその有効性を検証する。データの利用価値をいかに高められるかは、研究者の腕の見せ所である。

▶ 経済学の将来

経済学は、18世紀の古典派経済学の時代では経済社会をどう見るのかという経済思想が中心であった。アダム・スミスの「見えざる手」の議論も現実の経済システ

ムに対する思想的な解釈とみなせる。その後は、数理経済学の発展にともなって、精緻なモデル分析が主流となった。ミクロ経済学の基礎となっている一般均衡理論は、その集大成ともいえる抽象的かつ数理的に美しいモデルである。その後、現実の経済現象を解明する手段として、統計学や計量経済学が発展した。特に、1990年代以降はコンピューターでの計量分析技術が飛躍的に向上したことで、実証的な経済分析は大きく発達した。今日の経済学においては理論分析だけでは不十分であり、データに裏打ちされた実証研究が主流となっている。エビデンスに基づく実証分析の支持をともなってはじめて、理論モデルの妥当性が認められる時代になってきた。

しかし、経済分析で利用可能なデータには制約も大きい。そこで、関心のあるデータを経済学者が自ら収集しようという流れが出てきた。これが実験経済学が盛んになってきた背景である。また、ビッグデータなどの大量のデータも利用可能になり、経済物理学による分析も深められ、得られた理論をデータと統合する研究が可能になっている。それでも自然科学から見ると、経済学で相異なるモデルがいまだに共存している点は気になるだろう。膨大な実証分析結果が蓄積されても、対立する理論モデルの優劣についてはなかなか決着しないのが経済学の現状である。

標準的な経済学は、経済主体は経済合理的に行動するという前提で分析してきた。これに対して、そうした前提にとらわれない視点で心理学や医学の知見を用いて、これまで利用可能でなかった経済行動以外のデータも検証することによって、人々は必ずしも経済合理性だけでは動いていないことを強調するのが、前述の行動経済学である。たとえば、企業や家計は利潤や私的な効用だけを求めているのではなく、社会的責任やなんらかの貢献、絆を求めているのかもしれない。だが個々の経済主体の行動を先入観なしに分析するのはやっかいな仕事である。研究者の思い込みでアプローチすると、科学としての客観性に欠けるという批判もある。それでも、そうした分析を積み重ねていくことで、経済合理性という前提に基づく理論モデルの非現実性を少しずつ改善していくことができるかもしれない。

このように、標準的な経済学はこれまで重要な成果を蓄積してきたが、同時に、その限界も指摘されている。標準的な経済学をより現実的な科学に深化・発展させることで、こうした難点を克服すべきだろう。その際、標準的な経済学を捨てて、新しく行動経済学、実験経済学や経済物理学を研究するのではなく、これらの代替的手法のメリットもとり込む形で経済学自体を発展させることが建設的である。そのためにも、まずは標準的な経済学の基本的な手法、考え方、ロジックを理解して、それらを活用することが重要になる。批判を謙虚に受け入れつつ、経済合理性に基

づく理論モデルを改善することで、経済学の明るい未来が描ける。経済学を知らない理系の研究者が経済学を学んで経済社会現象を分析することは、経済学の発展のために意味がある。

経済学の発展のために……

 行動経済学者

リチャード・セイラー（Richard H. Thaler、1945年〜）

　アメリカの経済学者。心理学に基づく人間行動を重視する行動経済学の権威で、2017年にノーベル経済学賞を受賞。

用語解説

数字・アルファベット

- **1次同次**
  ある関数 $F(X,Y)$ の X、Y をすべて α 倍したとき、その関数の値も α 倍になること
- **IS 曲線**
  財市場が均衡するような GDP と利子率の組合せ
- **LM 曲線**
  貨幣市場を均衡させる利子率と GDP の組合せ

あ行

- **安全資産**
  収益率が保障されていて、リスクのない資産
- **安定化機能**
  市場経済が不安定な状態にあるときにそれを是正する機能
- **安定成長協定**
  EU 加盟国がマーストリヒト条約で取り決めた財政赤字是正手続きの規則
- **異次元金融緩和政策**
  2013 年 4 月 3 日、4 日の日本銀行金融政策決定会合で導入が決定された非伝統的で積極的な金融緩和策の通称
- **一括固定税**
  課税ベースが経済活動とは独立な課税
- **一般均衡分析**
  モデルの中ですべての経済変数を説明する分析
- **一般物価水準**
  数多くの財・サービスの価格を全体としてとらえた国民経済の一般的な物価の総称

か行

- **外部経済**
  他の経済主体の活動に良い影響を与える外部性
- **外部性**
  ある経済主体の活動が市場を通さないで直接別の経済主体の環境に影響を与えること
- **外部不経済**
  他の経済主体の活動に悪い影響を与える外部性
- **価格**
  財・サービスを市場で購入する際に支払う対価
- **価格差別**
  異なる経済主体（家計）に同じ財を供給するときに、異なる価格を設定すること
- **価格弾力性**
  価格が 1 ％低下するとき、その財の需要が何％拡大するかを示す
- **寡占**
  ある産業で財を供給する企業が少数であり、それぞれが価格支配力を持っている状況
- **貨幣供給**
  中央銀行による民間に対する貨幣という金融資産の提供
- **貨幣市場**
  貨幣の取引が行われる市場
- **貨幣需要**
  貨幣に対する需要。取引需要と資産需要からなる
- **可変費用**
  生産量に依存しており、短期的にも調整可能な費用

用語解説

- **借換債**
  すでに発行した債券の償還資金を調達するために、新たに発行する債券
- **カルテル**
  寡占企業が協調して価格を上昇させたり、生産量を抑制させたりすること
- **関数の特定化**
  関数を特定の形に具体化すること
- **間接効用関数**
  家計の効用最大化行動を前提として、最大化される効用が価格と所得の関数として表されることを関数の形で表したもの
- **完全競争**
  すべての企業や家計がプライス・テーカーとして行動する市場
- **完全競争企業**
  プライス・テーカーとして行動する企業
- **完全雇用GDP**
  労働者が完全雇用されて生産されるGDP
- **機会費用**
  利益を得る機会がありながら、それを活用しないことで失う経済的な利益
- **企業**
  生産活動を行う主体
- **危険資産**
  収益率が保障されていない、リスクのある資産。リスク資産
- **基準金利**
  日銀が民間銀行に資金を貸し出すときの金利
- **基礎的財政収支（プライマリー・バランス）**
  利払い費を除いた歳出と税収との差額
- **期待効用**
  効用を得られる場合が複数あり、それぞれの場合になる確率が与えられているとき、そこから求められる効用の期待値

- **ギッフェン財**
  劣等財の中でも代替効果よりも所得効果の方が大きく、結果として価格が上昇したときに需要も増加する財
- **規範的分析**
  どのような政策が望ましいかをある一定の価値判断のもとで考察する分析
- **規模の経済**
  生産量が拡大するにつれて平均費用が減少すること。生産規模が拡大するほど、低い平均費用で生産できる
- **逆需要曲線**
  企業が直面する需要曲線を、需要を変化させたときに価格がどれだけ変化するかという観点から見たもの
- **キャピタル・ゲイン**
  資産価格の変動で生まれる所得
- **キャピタル・ロス**
  資産価格の変動で被る損失
- **均衡解**
  モデルのすべての式を満たす解。この解を満たすとき、経済は需要と供給などのバランスが取れた状況となる
- **均衡の状況**
  均衡から乖離したときに均衡に戻るかどうか（安定条件）、均衡解が1つに決まるか（解の一意性）など。これによって、経済状況が変動したときに同じ均衡に戻るのか、それとも別の均衡に移るのかが変化する
- **均衡予算乗数**
  均衡予算の原則（支出＝税収）のもとで政府支出を拡大するときにGDPに与える影響の大きさを示す乗数。1になる
- **均整成長**
  すべての経済変数が同じ率で成長している状態

- **金融**
  資金不足の主体に対して資金余剰の主体から資金を融通すること
- **金融機関**
  金融仲介の専門機関。銀行や証券会社
- **金融資産**
  機能、収益の予見性、発生形態、取引形態で分類される金融商品
- **金融市場**
  金融商品が取引される市場
- **金融商品**
  債権・債務の関係を表す証券や株式
- **クラウディング・アウト効果**
  政府支出の拡大により利子率が上昇すると、投資需要が抑制される。政府支出の拡大が事実上投資需要を押し退ける（クラウド・アウトする）こと
- **経済活動**
  財やサービスを生産、流通、消費する活動
- **経済主体**
  経済活動に携わって意思決定をする主体
- **限界効用**
  その財の消費量の増加分とその財の消費から得られる効用の増加分との比率
- **限界収入**
  生産を限界的に拡大するときに、収入がどれだけ増加するかを示す
- **限界消費性向**
  限界的に所得が1単位増加したときに、消費が何単位増加するかを示すもの
- **限界生産**
  ある生産要素の投入を追加的に拡大するときの生産の増加分
- **限界代替率**
  限界効用の比。効用を一定に維持するとき、他の財を1単位得たときにある財をいくつ手放してもよいかという概念
- **限界費用**
  生産を限界的に拡大したときの費用の増加分
- **限界変形率**
  資源制約のもとで、ある財の生産を1単位増加するときに生産を減らさなければならない他方の財の比率
- **限定合理性**
  完全な推論能力や情報処理能力を備えているという意味の合理性に対し、なんらかの制約ために限定された能力しか持たないこと
- **公開市場操作**
  中央銀行が手形や債券を債券市場で売ったり（売りオペ）、買ったり（買いオペ）することで、貨幣供給を操作すること
- **公共財**
  排除不可能性と消費の非競合性のある財
- **公平性**
  複数の個人間で経済活動の成果を適切に配分すること
- **効用関数**
  財・サービスの消費量とその消費から得られる満足度（＝効用）との関係を示す関数
- **効率性**
  資源をもっとも適切に配分して、経済活動の成果を最大にすること
- **コースの定理**
  当事者が自発的に交渉することで、資源の効率的な配分が実現し、しかもそれが権利の配分に依存しないことを主張する定理
- **コーナー解**
  最適化問題において、その解が領域の端点で成立している場合。経済数量に非負の制約が課されるとき、最適解がゼロとなる点で求められる

- **コール市場**
  金融機関が短期の資産を融通し合う市場
- **国内総生産（GDP）**
  ある一定期間にある国で新しく生産された財・サービスの付加価値の合計。マクロ経済活動の指標としてもっとも代表的なもの
- **固定費用**
  生産量とは無関係で短期的には調整不可能な費用

さ行

- **財・サービス**
  人間の経済的な欲望を満たす有形、無形のもの
- **財政赤字**
  政府支出と税収との差額。公債発行額に等しい
- **財政規律**
  必要な歳出がきちんと決められ、財政赤字が累増しない財政運営
- **裁量政策**
  政策当局がその場の判断で実施する政策
- **三面等価の原則**
  国民総生産が、生産面から見ても、分配面から見ても、支出面から見ても、すべて等しいこと
- **資源配分上の機能**
  市場メカニズムではうまくいかない資源配分を是正する機能
- **資産価格**
  土地、株などストックの価格。将来に対する期待で価格形成が大きく影響される
- **事実解明的分析**
  経済の現状や動きがどのようになっているのかを解明する分析
- **市場**
  需要と供給が調整され、財・サービスの交換が行われる場
- **市場の失敗**
  市場メカニズムでは資源の効率的な配分が達成されないこと
- **市場のマイクロストラクチャー**
  市場の詳細な仕組みや環境
- **市場メカニズム**
  価格調整によって社会的に必要な財に適切に資源が配分されること
- **自然独占**
  規模の経済が大きく働いた結果、事実上1つの企業が供給を独占している市場
- **私的財**
  排除可能性と消費の競合性のある財
- **支払い準備金**
  金融機関が日本銀行に預け入れる当座預金
- **資本財**
  資本設備など、生産に投入される資本ストック
- **社会的余剰**
  消費者余剰と生産者余剰（＝利潤）との合計
- **収穫一定**
  投入量を増加したときに、生産量が同じ割合で増加すること
- **収穫逓減**
  投入量を増加したときに、生産量が同じ割合以下にしか増加しないこと
- **収穫逓増**
  投入量を増加したときに、生産量が同じ割合以上に増加すること
- **囚人のディレンマ**
  カルテル行為のようにすべての企業が参加すれば利潤も増加するが、自分だけ抜けるとさらに大きな利潤が期待できるために、カルテルを維持するのが困難な状況

- **十分条件と必要条件**
  A ならば B が成立するとき、B は A（であるため）の必要条件、A は B（であるため）の十分条件という
- **主体的均衡**
  経済主体の個人的な最適化行動の条件を満たしていること
- **シュタッケルベルグ均衡**
  動学ゲームの1つであり、寡占モデルで先導者の企業が価格決定した後に、追随者の企業が価格決定を行うことで実現する均衡
- **需要曲線**
  家計の主体的均衡から決まる価格と需要量との関係を示した曲線
- **乗数**
  政府支出が外生的に1単位増加するとき、GDPが何単位増加するかを示す値
- **消費**
  財・サービスを購入して、経済的な満足を得ること
- **消費関数**
  家計の消費が所得の増加関数となることを、数式を用いて定式化したもの
- **消費者余剰**
  家計が市場で財を購入することで得られる利益
- **情報の非対称性**
  情報が経済主体間で共有されず、特に、家計に本当の情報が提供されない状態
- **所得**
  ある期間に家計が稼ぐ金額
- **所得効果**
  所得の拡大がある財の消費に与える効果
- **所得再分配機能**
  所得格差、資産格差を是正するために行われる公的な再分配
- **所得弾力性**
  所得が1％拡大するとき、その財の需要が何％拡大するかを示す

- **信用**
  金融機関が行う貸付
- **信用創造**
  現金通貨の増加が、預金準備率の逆数倍の預金通貨をもたらすプロセス
- **信用の供与**
  金融機関が貸付を実施すること
- **ストック**
  ある時点での資産の蓄積水準
- **政策のラグ**
  政策発動の必要性が生じてから実際に政策の効果が表れるまでの時間的な遅れ
- **生産関数**
  生産要素と生産物との技術的な関係を示したもの
- **生産者余剰**
  利潤
- **生産要素**
  生産に投入される資本や労働、土地など
- **正常財**
  所得効果がプラス、つまり所得の増加に従って需要が増加する財
- **政府**
  市場経済を補完する経済活動を行う公的な主体
- **競り人**
  市場で価格の調整を行う人
- **線形**
  1次式で表される関係
- **総費用**
  生産に要するすべての費用

た行

- **耐久消費財**
  車や自動車のように中長期にわたって消費可能な財
- **代替効果**
  効用水準が一定に維持されるときの、価格変化が需要に与える効果

用語解説

- **代替財**
  クロスの代替効果がプラスに働く財
- **ただ乗り**
  自分で費用を負担しないで、ある経済変数からの便益を享受すること
- **他の条件一定**
  経済分析をする際に、直接対象としない要因を一定と仮定する
- **中間財**
  企業の生産過程において他の財の完成までの中間で使用される財。なお、中間財を使用することによって出来上がる最終形態の完成した財は最終財という
- **中立命題**
  政府支出が一定のとき、その財源調達を公債発行によっても課税によっても、マクロ的な効果は同じであるという命題
- **貯蓄**
  所得のうち、現在消費しないで、将来の消費のために残されるもの
- **貯蓄性向**
  所得のうちどの程度を貯蓄に振り向けるかを示す
- **手形**
  商品代金の決済などに用いられる証券で、代金を一定の期日に支払うことを約束したもの
- **トービン効果**
  インフレーションで金融資産の保有が不利になり、実物資産の保有が刺激されることで、資本蓄積が促進される効果
- **独占企業**
  その市場に企業が1つしか存在しない状態におけるその企業
- **独占度**
  市場における企業の独占がどの程度強力かを示す指標。マークアップ率。最適条件では需要の価格弾力性の逆数となる

- **トレンド GDP**
  中長期で見て平均的な GDP、あるいは、資本や労働を正常なレベルで完全稼働、完全雇用して達成可能な潜在 GDP

な行

- **ナッシュ均衡**
  ゲームに参加する各プレーヤーが、相手の戦略を所与として、自分だけが戦略を変えると損をするため、お互いに最適な戦略を取り合っている状況

は行

- **排除不可能性**
  誰か特定の人をその財の消費から排除することが不可能
- **ハイパワード・マネー**
  中央銀行の債務項目である現金通貨に、民間銀行による中央銀行への預け金を加えたもの
- **バブル**
  理論的にもっともらしいと考えられる価格を現実の資産価格が上回るときの乖離幅
- **パレート改善**
  他の人の効用を減少させずに、ある人の効用を増加させることができること。パレート改善不可能な状態が、パレート最適である
- **非競合性**
  ある人の消費活動が他の人の同じ財の消費活動の妨げにならない
- **ピグー課税**
  外部不経済を及ぼす企業に課税することで、最適な資源配分を実現する方法
- **非耐久消費財**
  生鮮食料品のように保存の利かない消費財

- **評価関数**
  効用関数など、経済変数の価値を評価して数値の大きさで表す関数
- **費用曲線**
  ある生産量とその生産量をもっとも効率的に生産するときの費用との関係を示す曲線
- **付加価値**
  それぞれの経済主体がそれぞれの生産活動によって新しく付け加えた価値。生産額から中間投入物を差し引くと得られる
- **部分均衡分析**
  1つの市場のみに限定した分析
- **プライス・テーカー**
  価格を一定とみなしコントロールできない経済主体
- **プライス・メーカー**
  価格をコントロールできる経済主体
- **フロー**
  ある一定期間での経済活動の大きさ
- **平価切り下げ**
  固定為替相場制のもとで、一国通貨の対外価値を引き下げること
- **平均消費性向**
  所得のうち消費にまわる大きさを、所得と消費との比率で示すもの
- **平均費用**
  生産水準1単位あたりの費用
- **法定準備率操作**
  法定準備率（民間金融機関が受け入れた預金の一定割合を準備金として保有しなければならない、その一定割合）を中央銀行が操作して、金融を緩和したり引き締めたりする政策
- **補完財**
  クロスの代替効果がマイナスに働く財

ま行

- **マージン率**
  限界費用と比較して価格がどれだけ上乗せされているかを示す
- **マクロ経済学**
  国民経済全体の経済変数を分析する
- **マクロ財市場**
  一国全体の経済活動水準（GDP）の決定メカニズムを考察するために想定するマクロの仮想的な市場。GDPの需要と供給を調整する
- **マネタリスト**
  貨幣がマクロ経済で重要であることを強調する経済学者
- **見えざる手**
  市場メカニズムが価格というシグナルを通して資源の最適な配分をもたらすこと
- **ミクロ経済学**
  個々の経済主体の最適化行動を前提として、市場、産業の経済分析をする
- **無差別曲線**
  効用を一定に維持する2つの消費財の組合せを図示した曲線
- **無担保コール翌日物**
  無担保で翌日に返済する必要のある超短期の資金のやりとりで、コール市場で取引されるもの

や行

- **有効需要の原理**
  総需要の大きさにちょうど見合うだけの生産が行われるように、財市場での調整が行われるという考え方
- **誘導形**
  モデルを変形して、非説明変数を外生変数と政策変数からなる説明変数の関数として表すこと

- **要素価格フロンティア**
  資本と労働の最適な生産投入に対応する要素価格（利子率と賃金率）の組合せを示す曲線

ら行

- **利潤**
  売上から生産費を差し引いたもの
- **リミット・サイクル**
  安定的な景気循環のサイクル
- **流動性制約**
  借入意欲があっても借入ができないため、所得をすべて消費してしまうこと

- **累進税**
  所得と共に平均税率（＝税負担／所得）が上昇する税
- **劣等財**
  所得効果がマイナス、つまり所得の増加に従って需要が減少する財
- **労働供給**
  労働所得を得るために、余暇を犠牲にして働くこと

わ行

- **割引要因**
  将来の値を現在で評価する際のウェイト。1よりも小さい

索引

● 数字
1 次同次 208, 294
2 期間世代重複モデル 255
2 財の配分 42

● アルファベット
GDP 162, 297
IS=LM 分析 176
IS=LM モデル 171
IS 曲線 172, 294
LM 曲線 175, 294
TFP 213

● あ行
逢い引きのディレンマ 117, 120
安全資産 157, 294
安定化機能 294
安定性 23
安定成長協定 294
鞍点 24
遺産 267
遺産仮説 63
異次元金融緩和政策 294
位相図 26, 260
一時所得 157
一括固定税 62, 148, 294
一般均衡分析 6, 91, 294
一般均衡モデル 23, 90, 176
一般物価水準 251, 294
インセンティブ 3
失われた 20 年 245
売りオペ 182
黄金律 211
応用経済学 9
オークショナー 85
押し退け効果 179

● か行
買いオペ 182
外生変数 21
解の一意性 21
外部経済 124, 294
外部性 125, 294

外部不経済 124, 294
価格 294
価格差別 294
価格差別化 106
価格受容者 83
価格設定者 102
価格弾力性 55, 294
価格の資源配分機能 96
下級財 52
拡張期 229
可処分所得 53
数当てゲーム 287
課税 148
課税調達 255
寡占 108, 294
寡占市場 108
加速度原理 231
貨幣供給 294
貨幣市場 294
貨幣需要 294
貨幣的要因の景気循環論 237
可変費用 79, 294
下方転換点 229
借換債 295
カルテル 112, 295
カルテル解 111
環境維持の権利 135
環境汚染権 134
関数の特定化 295
間接効用関数 295
間接責任 74
完全競争 295
完全競争企業 102, 295
完全競争市場 81
完全雇用 GDP 178, 295
完全操業 204
完全代替 109
機会費用 4, 295
企業 295
危険資産 295
技術進歩 213
基準金利 295
基準金利政策 182

基礎的財政赤字	272
基礎的財政収支	295
期待インフレ率	186
期待効用	295
キッチン循環	230
ギッフェン財	54, 295
規範的分析	7, 295
規模の経済	102, 295
逆需要関数	102
逆需要曲線	102, 295
キャピタル・ゲイン	157, 295
キャピタル・ロス	175, 295
供給関数	82
均衡 GDP	178
均衡解	295
均衡価格	85
均衡循環理論	236
均衡の状況	295
均衡予算乗数	295
均衡予算乗数の定理	171
均整成長	295
金融	296
金融機関	296
金融資産	211, 296
金融市場	296
金融商品	296
金利形成	277
クールノー競争	109
クールノー均衡	110
クールノー反応関数	110
クズネッツ循環	230
クモの巣の理論	88
クラウディング・アウト効果	179, 271, 296
クラメルの公式	30
グロス	162
クロスの代替効果	54
景気循環	228
景気の谷	229
景気の山	229
経済活動	296
経済合理行動	2, 15
経済主体	296
経済物理学	288
ケインズ経済学	164
ケインズ・モデル	164
ゲームの木	117
ゲーム理論	114
限界	43
限界効用	18, 41, 296
限界効用逓減の法則	42
限界収入	82, 296
限界消費性向	64, 296
限界生産	296
限界代替率	43, 48, 95, 296
限界代替率逓減の法則	49
限界貯蓄性向	64
限界デメリット	43, 87
貯蓄の～	67
限界費用	76, 79, 82, 296
限界変形率	296
限界メリット	43, 87
消費の～	67
貯蓄の～	67
投資の～	230
現金財	238
現金制約モデル	238
建設循環	230
限定合理性	296
公害	125
公開市場操作	182, 296
公害排出権	129
公共財	124, 136, 296
公共財ゲーム	287
公共財の最適供給	137
公共財の自発的供給	140
公債調達	259
公債の負担	264
恒常所得	157, 197
厚生経済学	94
厚生経済学の基本定理	94, 107
公定歩合	182
公的年金課税	70
行動経済学	285
公平性	296
効用	3, 41, 92
効用関数	41, 296
効率性	296
合理的期待形成	236
合理的期待形成仮説	250
コースの定理	133, 296
コーナー解	296
コール市場	297
国際公共財	140
国内総生産	162, 297
国民純生産	163
国民所得	164
コスト	3
固定費用	78, 297

コブ=ダグラス関数	37
コンドラチェフ循環	230

● さ行

在庫循環	230
財・サービス	74, 297
財政赤字	297
財政危機	277
財政規律	297
財政破綻	272
最適化行動	3
最適化問題	15
最適条件	19
最適成長モデル	214
債務不履行	277
裁量政策	297
差別財	108
サムエルソンの公式	139
サンクコスト	80
三面等価の原則	163, 297
資源配分機能	84
資源配分上の機能	297
資産価格	297
事実解明的分析	7, 297
支出成長率	205
市場	297
市場均衡	84
市場の失敗	124, 297
市場の創設	129
市場のマイクロストラクチャー	297
市場メカニズム	297
自然成長率	205
自然独占	102, 297
実験経済学	286
実証的分析	7
実物資産	211
実物的循環理論	239
私的財	297
自動安定化装置	169
支払い準備金	297
シフト・パラメータ	167
資本財	297
資本集約度	208
資本ストック	209
資本損失	175
資本蓄積	209
資本労働比率	208
社会的余剰	297
社会保障	153
収穫一定	222, 297
収穫逓減	208, 297
収穫逓増	297
周期	229
収縮期	229
囚人のディレンマ	113, 297
十分条件と必要条件	298
主体的均衡	298
シュタッケルベルグ均衡	146, 298
需要曲線	298
準凹関数	37
純粋公共財	136
上級財	52
小国	189
乗数	298
乗数効果	32, 168
消費	298
消費関数	298
消費者余剰	93, 298
消費のオイラー方程式	66, 172
消費の非競合性	136
消費の平準化行動	67
消費配分行動	40
上方転換点	229
情報の非対称性	298
ショック	154
所得	298
所得格差	153
所得効果	45, 298
所得再分配機能	153, 298
所得税	62
所得弾力性	56, 298
新古典派経済学	164
新古典派成長モデル	208
新古典派の景気循環論	236
人的資本効果	71
振幅	229
新マネタリスト	186
信用	298
信用財	238
信用創造	183, 298
信用の供与	298
ストック	162, 298
ストック変数	25
スルーツキー方程式	52
静学モデル	22
正規分布	34
政策のラグ	187, 298
生産関数	298

生産者余剰	298
生産要素	298
正常財	45, 52, 298
成長会計	212
政府	298
政府支出拡大	216
政府支出乗数	166
制約式	18
制約付き最適化問題	19
動学モデルでの〜	24
世代重複モデル	254
設備投資循環	230
競り人	85, 298
ゼロ・サム・ゲーム	114
線形	298
全微分	17
全要素生産性	213
戦略	115
戦略的遺産行動	270
操業停止点	83
相対価格基準	40
双対原理	51
総費用	298
ソロー・モデル	209
損益分岐点	83

●た行

耐久消費財	298
対数正規分布	35
代替効果	45, 298
異時点間の〜	199
価格変化の〜	53
性質	69
政府支出の〜	200
代替財	54, 299
多期間世代重複モデル	255
多数財	96
ただ乗り	144, 299
他の条件一定	299
中間財	299
中間投入物	162
中立命題	191, 266, 299
超過供給	85
超過需要	85
超過負担	149, 151
貯蓄	299
貯蓄性向	299
定額税	148
定差方程式	23

定常状態	209
テイラー展開	32
手形	299
適正成長率	205
デフォルト	277
動学的なゲーム	117
動学的に効率的なケース	212
動学的に非効率なケース	212
動学モデル	23
同時ゲーム	117
同質財	108
等比数列	35
トービン効果	211, 299
ドーマー条件	274
独占	102
弊害	107
独占解	111
独占企業	299
独占市場	102
独占度	104, 299
トレンド GDP	228, 299

●な行

内生的循環モデル	242
内生的成長モデル	220
内生変数	21
ナイフの刃	206
ナッシュ均衡	115, 299
効率性	142
ナッシュ均衡アプローチ	141
ナッシュ均衡解	115
ナッシュ反応式	110
ニュー・ケインズ・モデル	189
ネット	162

●は行

排出権取引	130
排除不可能性	136, 299
配当仮説	246
ハイパワード・マネー	184, 299
バブル	250, 299
バランス基準	40
パレート改善	120, 299
パレート最適	94
パレート最適解	94
バローの中立命題	267
ハロッド・ドーマー・モデル	204
比較静学分析	31
非競合性	299

非協力ゲーム 287
非協力交渉ゲーム 147
ピグー課税 127, 299
非ケインズ効果 278
非耐久消費財 299
微分 15
微分方程式 24
評価関数 300
費用曲線 300
費用最小化 75
費用最小化問題 50
ビルト・イン・スタビライザー 169
比例税 62
付加価値 162, 300
複占 108
部分均衡分析 6, 90, 300
部分ゲーム完全均衡 119
プライス・テーカー 81, 83, 300
プライス・メーカー 102, 300
プライマリー・バランス 272, 295
プレーヤー 115
フロー 162, 300
フロー変数 25
分散制約テスト 248
ペイオフ 115
平価切り下げ 300
平均 43
平均消費性向 64, 300
平均費用 78, 300
ベキ分布 35
ペソ問題 250
偏微分 16
法定準備率 183
法定準備率操作 300
ボーン条件 275
補完財 55, 300
保険 155
補償需要関数 152
補償ルール 130
ホモセティック 69

●ま行
マークアップ率 104
マーケット・ファンダメンタルズ 247
マーシャル的調整過程 87
マージン率 104, 300
マクローリン展開 32

マクロ経済学 8, 162, 300
マクロ財市場 300
マネタリスト 186, 237, 300
見えざる手 96, 300
ミクロ経済学 8, 300
無限等比数列 36
無差別曲線 46, 300
無担保コール翌日物 182, 300
名目利子率 211
目的関数 18

●や行
有限等比数列 36
有効需要の原理 300
誘導形 300
要素価格フロンティア 258, 301
余暇 57
預金準備率 183
予備的動機仮説 63

●ら行
ライフサイクル仮説 63, 67
ラグランジュ関数 19
ラグランジュ乗数 19
リアル・ビジネス・サイクル理論 239
リカードの中立命題 266
利潤 301
利潤最大化 75
利潤最大化行動 81
リスク 154
リスク回避 157
リスク・プレミアム 247
リミット・サイクル 245, 301
流動性制約 301
流動性選好表 174
累進税 301
累進的所得税 62
累進的租税関数 62
劣等財 45, 52, 301
労働供給 301
労働供給曲線 57
労働供給の異時点間代替仮説 240

●わ行
割引要因 301
ワルラス的調整過程 85, 86

〈著者略歴〉

井 堀 利 宏（いほり としひろ）

東京大学大学院経済学研究科 元教授
政策研究大学院大学 特別教授
東京大学 名誉教授

1952年、岡山県生まれ。東京大学経済学部卒業、ジョンズ・ホプキンス大学博士号取得。東京都立大学（現：首都大学東京）経済学部助教授、大阪大学経済学部助教授を経て1993年、東京大学経済学部助教授。1994年、同大学教授。1996年、同大学院経済学研究科教授。1993年〜2015年の22年間、東京大学で教鞭をとる。2015年4月から2017年3月まで政策研究大学院大学教授、2017年4月より政策研究大学院大学特別教授。

〈主な著書〉

『大学4年間の経済学が10時間でざっと学べる』（KADOKAWA）
『あなたが払った税金の使われ方』（東洋経済新報社）
『財政再建は先送りできない』（岩波書店）
『図解雑学　マクロ経済学』（ナツメ社）
『入門ミクロ経済学　第2版』（新世社）

本文イラスト　白井 匠（白井図画室）

- 本書の内容に関する質問は、オーム社書籍編集局「（書名を明記）」係宛に、書状またはFAX（03-3293-2824）、E-mail（shoseki@ohmsha.co.jp）にてお願いします。お受けできる質問は本書で紹介した内容に限らせていただきます。なお、電話での質問にはお答えできませんので、あらかじめご了承ください。
- 万一、落丁・乱丁の場合は、送料当社負担でお取替えいたします。当社販売課宛にお送りください。
- 本書の一部の複写複製を希望される場合は、本書扉裏を参照してください。

JCOPY　＜(社)出版者著作権管理機構　委託出版物＞

経済学部は理系である！？

平成29年11月25日　第1版第1刷発行

著　　者　井堀利宏
発行者　村上和夫
発行所　株式会社 オーム社
　　　　郵便番号　101-8460
　　　　東京都千代田区神田錦町3-1
　　　　電話　03(3233)0641(代表)
　　　　URL http://www.ohmsha.co.jp/

© 井堀利宏 2017

組版　トップスタジオ　印刷・製本　三美印刷
ISBN978-4-274-22136-1　Printed in Japan

オーム社の経済学書籍

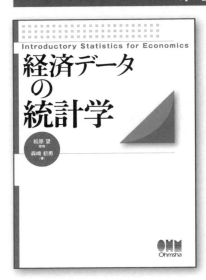

経済データの統計学

松原 望・森崎 初男 [共著]
A5判／並製／288ページ／定価(本体2,600円+税)

経済データの特徴をしっかり捉えられれば、うまく分析できるようになる！

　経済・経営系の学生を対象とした書籍の多くは、例題に経済データを扱っています。経済データを分析する際には、その特徴にあった分布、つまり対数正規分布を用いると正しい統計的推測ができます。ところが経済統計学の多くの書籍は、数学が苦手な読者のために、一般の統計学をやさしく解説することに力点が置かれているものが多く、実践的に経済データを使って解説するまでに至っていません。
　本書は3部構成で、第1部に経済データの特徴を、第2部に統計学の基礎と調査の対象となっている集団の特徴、少数の観測値から推測する統計的推測法、第3部には回帰モデルで経済予測を実践的に行えるようになるまでを解説しています。

《このような方にオススメ！》
経済データの分析を知りたい人・経済を学んでいる学生・エコノミスト

44の例題で学ぶ計量経済学

経済データを計量経済学的に分析する方法について
44の例題を通じて学ぶ!!

唐渡 広志 [著]
A5判／並製
368ページ
定価(本体3,200円+税)

David Rice [著]
宮本 久仁男 [監訳]
鈴木 順子 [訳]
A5判／並製
292ページ
定価(本体3,800円+税)

欠陥ソフトウェアの経済学
―― その高すぎる代償

不完全なソフトウェアに依存する社会を
経済の視点から指摘！

もっと詳しい情報をお届けできます。
　●書店に商品がない場合または直接ご注文の場合も
　　右記宛にご連絡ください。

ホームページ　http://www.ohmsha.co.jp/
TEL／FAX　TEL.03-3233-0643　FAX.03-3233-3440

(定価は変更される場合があります)　　上記書籍内で取り上げたサンプルプログラムとデータファイルは、オーム社ホームページよりダウンロードできます。